# Bewertung der Wandlungsfähigkeit in der automatisierten Fabrikplanung

# Evaluation of Changeability in Automated Factory Planning

Von der Fakultät für Maschinenwesen
der Rheinisch-Westfälischen Technischen Hochschule Aachen
zur Erlangung des akademischen Grades einer
Doktorin der Ingenieurwissenschaften
genehmigte Dissertation

vorgelegt von

Viviane Hahn

**Berichter/in:**

Univ.-Prof. Dr.-Ing. Dipl.-Wirt. Ing. Günther Schuh
Univ.-Prof. Dr.-Ing. Peter Burggräf, MBA

Tag der mündlichen Prüfung: 19. Juli 2022

ERGEBNISSE AUS DER PRODUKTIONSTECHNIK

**Viviane Hahn**

# Bewertung der Wandlungsfähigkeit in der automatisierten Fabrikplanung

**Herausgeber:**
Prof. Dr.-Ing. T. Bergs
Prof. Dr.-Ing. Dipl.-Wirt. Ing. G. Schuh
Prof. Dr.-Ing. C. Brecher
Prof. Dr.-Ing. R. H. Schmitt

Band 31/2022

**Bibliografische Information der Deutschen Nationalbibliothek**
Die Deutsche Nationalbibliothek verzeichnet diese Publikation in der Deutschen Nationalbibliografie; detaillierte bibliografische Daten sind im Internet über https://portal.dnb.de abrufbar.

Viviane Hahn:

Bewertung der Wandlungsfähigkeit in der automatisierten Fabrikplanung

1. Auflage, 2022

Gedruckt auf holz- und säurefreiem Papier, 100% chlorfrei gebleicht.

Apprimus Verlag, Aachen, 2022
Wissenschaftsverlag des Instituts für Industriekommunikation und Fachmedien
an der RWTH Aachen
Steinbachstr. 25, 52074 Aachen
Internet: www.apprimus-verlag.de, E-Mail: info@apprimus-verlag.de

Druck: CPI Druckdienstleistungen GmbH, Ferdinand-Jühlke-Straße 7 | 99095 Erfurt

ISBN 978-3-98555-102-6

D 82 (Diss. RWTH Aachen University, 2022)

# Zusammenfassung

Die Tendenz zur Individualisierung und hochfrequenten Neueinführungen von Produkten stellt das produzierende Gewerbe vor Herausforderungen. Durch die am Markt herrschende Volatilität sind Fabriken zu dynamischen Anpassungen gezwungen, um wettbewerbsfähig zu bleiben. Um dies zu erreichen, muss das Fabriklayout durch die Methoden der Layoutplanung angepasst werden. Die Dynamisierung der Planung kann durch ein Umdenken, Digitalisieren und Automatisieren der Layoutplanung erreicht werden und erfordert zudem die Dynamisierung der zukünftigen Umsetzung durch die Fokussierung auf die Wandlungsfähigkeit des Layouts. Diese befähigt dazu, dass notwendig werdende Anpassungen schneller und kostengünstiger umgesetzt werden können.

Im Rahmen dieser Arbeit wird bei den aktuellen Herausforderungen zur Dynamisierung der Layoutplanung angesetzt. Dazu wird das für die Layoutplanung unverzichtbare qualitative Planungsziel Wandlungsfähigkeit mit dem Ziel fokussiert, dieses für die Einbindung in ein automatisiertes System zur Fabrikplanung zu befähigen. Die automatisierte Fabrikplanung umfasst zum einen den Prozess der Erstellung von initialen Layoutvarianten auf Basis der Daten der Vorplanung, für die es bereits fähige Algorithmen gibt. Zum anderen umfasst sie den Prozess der Layoutoptimierung, bei dem eine Vielzahl an Layoutvarianten generiert werden. In diesem Prozess kann nach verschiedenen Planungszielen optimiert werden. Für das Kriterium der Wandlungsfähigkeit werden mathematische Regeln formuliert, denen die Optimierung des Layouts folgt und die als Grundlage der Auswahl der besten Layouts dienen. Die Regeln sind in Form von Metriken ausgedrückt und dienen der Bewertung von Layoutvarianten. Die so gewonnenen Bewertungsergebnisse sind wegweisend für die algorithmische Layoutoptimierung.

# Summary

The trend towards individualization and high-frequency new product launches poses challenges for the manufacturing industry. Due to the volatility prevailing on the market, factories are forced to make dynamic adjustments in order to remain competitive. To achieve this, the factory layout has to be designed by using layout planning methods. The dynamization of planning can be achieved by rethinking, digitizing and automating layout planning and also requires the dynamization of future implementation by focusing on the changeability of the layout. This enables necessary adaptations to be implemented faster and more cost-effectively.

In the context of this work, the current challenges for the dynamization of layout planning are addressed. For this purpose, the qualitative planning objective changeability, which is indispensable for layout planning, is focused on with the aim of enabling it for integration into an automated system for factory planning. Automated factory planning comprises on the one hand the process of creating initial layout variants on the basis of pre-planning data, for which capable algorithms already exist. On the other hand, it includes the process of layout optimization, in which a large number of layout variants are generated. In this process, optimization can be performed according to different planning objectives. For the changeability criterion, mathematical rules are formulated which are applied to the layout optimization and which serve as a basis for selecting the best layouts. The rules are expressed in the form of metrics and are used to evaluate layout variants. The evaluation results obtained in this way are pioneering for algorithmic layout optimization.

# Inhaltsverzeichnis

# Verzeichnis der Abbildungen

# Verzeichnis der Tabellen

# Verzeichnis der Abkürzungen

| | |
|---|---|
| BIM: | Building Information Modelling/Model |
| CAD: | Computer-Aided-Design |
| DMU: | Digital Mock-up |
| DNB: | Deutsche Nationalbibliothek |
| DR: | Design Recovery |
| DSR: | Design Science Research |
| DZ: | Digitaler Zwilling |
| $Err_x$: | Ergebniswert von x |
| FLP: | Facility Layout Problem |
| GA: | Genetischer Algorithmus |
| GBV: | Gemeinsamer Bibliotheksverbund |
| GD: | Generative Design |
| Ggf.: | Gegebenenfalls |
| i.d.R.: | In der Regel |
| IFC: | Industry Foundation Classes |
| KM: | Kognitive Modellierung |
| KNN: | Künstliche neuronale Netze |
| LP: | Layoutplanung |
| LV: | Layoutvariante |
| LW: | Layoutwandlungsfähigkeit |

| | |
|---|---|
| MCDM: | Methoden der multikriteriellen Entscheidungsunterstützung |
| mFLP: | Multi-objective FLP |
| MG: | Mobilitätsgrad |
| MK: | Materialhandhabungskosten |
| ML: | Machinelles Lernen |
| MOGA: | Multikriterieller genetischer Algorithmus |
| NSGA-II: | Non Dominated Sorting Genetic Algorithm |
| OR: | Operations Research |
| PRISMA: | Preferred Reporting Items for Systematic Reviews and Meta-Analyses |
| QAP: | Quadratic assignment problem |
| RE: | Reverse Engineering |
| sFLP: | Single-objective FLP |
| SLR: | Systematische Literaturrecherche |
| STARLITE: | Standards for Reporting Literature Searches |
| TGA: | Technische Gebäudeausstattungsplanung |
| TOPSIS: | Technique for Order Preference by Similarity to Ideal Solution |
| u. a.: | Unter anderem |
| $W_x$: | Funktion von x |
| WB: | Wandlungsbefähiger |
| WF: | Wandlungsfähigkeit |
| WPA: | Wandlungspotenzial |
| WPM: | Wandlungspotenzialmerkmale |
| z. B. | Zum Beispiel |
| 2D: | Zweidimensonal |
| 3D: | Dreidimensional |

# Verzeichnis der Formelzeichen

| | |
|---|---|
| $A_{Frei}$: | Restliche Fläche, welche nicht in Zukunft benötigt wird [$m^2$] |
| $A_{Gesamt}$: | Gesamtfläche [$m^2$] |
| $A_i$: | Layoutvariante i |
| $A_{Ist,i}$: | Ist-Fläche des Bereichs i [$m^2$] |
| $A_g$: | Größte zusammenhängende Fläche mit Mobilitätsgrad g [$m^2$] |
| $A_j$: | Fläche des Bereiches j [$m^2$] mit Anzahl der Bereiche j |
| $A_m$: | Modulare Bereichsfläche [m2] |
| $A_p$: | Fläche des Bereiches mit Medienprofil p [$m^2$] |
| $A_p^*$: | Summe der zu verbindenden Flächen mit demselben Medienprofil p [$m^2$] |
| $A_Q^*$: | Fläche des größten Rechtecks j [$m^2$] |
| $A_{R,i}$: | Fläche des restlichen Bereichs i [m2] |
| AT: | Anzahl der Traversalen pro Route |
| $A_v$: | Fläche des Verbindungsbereichs [$m^2$] |
| $A_{Zukunft,i}$: | Zukünftige Fläche des Bereiches j [$m^2$] |
| $A^*_{Zukunft,i}$: | Zukünftige Gesamtfläche des Layouts [m2] |
| $\beta_k$: | Einheitlicher Änderungsfaktor der Gewichtung k |
| $c_{ij}$: | Stück-Kostenwert (Kosten eine Einheit von i zu j zu transportieren |
| C: | Zentrale Peripherie |
| $C_i^*$: | Abstandsindex Layoutvariante i |

D: Anzahl der Arbeitsplätze innerhalb des Sichtfeldes eines sitzenden Nutzers

d. h.: Das heißt

$d_i$: Kürzeste Distanz eines Monumentes i zur statischen Wand [m]

$d_{ij}$: Distanz von Bereich i zu j

$\varepsilon$: Abweichung

$f_{ij}$: Materialfluss zwischen den Bereichen i und j

f: Fern (> 20 Fuß)

G: Graph aller Standorte die den Adjazenzanforderungen entsprechen

$g_j$: Mobilitätseinstufung des Bereichs j

$g^+$: Maximale Mobilitätsgewichtung

$g'_j$: Einheitlich geänderte Gewichtungen

$g_k$: Ursprüngliche Gewichtung k

$g'_k$: Einheitliche Änderung der Gewichtung k

$g^*_k$: Initiale Änderung der Gewichtung k

$g_k^{max}$: Höchste Gewichtung k

$l^*$: Kantenlänge der Module [m]

$\mu$: Zahl des Definitionsbereichs $(1, \infty)$

m: Anzahl der Monumente

na: Nah (<20 Fuß)

n: Summe bis n (maximale Anzahl)

NSP: Anzahl kürzester Wege

$P_p$: Anzahl verfügbarer Medien mit Medienprofil p

$r_{ij}$ : Numerischer Wert einer Nähebewertung zwischen Bereichen i und j

RL: Weglänge

$S_i$-: Abstand von Layoutvariante i zur Worst-Case-Lösung

$S_{i^+}$: Abstand von Layoutvariante i zur Best-Case-Lösung

SPL: Kürzeste Weglänge

TF: Tageslichtfaktor

V: Eckpunkte

$v_{ij}$: Teilkriterienausprägung j von Layoutvariante i

$v_j^-$: Ausprägung für Teilkriterium j der Worst-Case-Lösung

$v_j^+$: Ausprägung für Teilkriterium j der Best-Case-Lösung

VM: Vertikaler Multiplikator

W: Weiter Peripherie

$W_{ij}$: Ausprägung von Layoutvariante i für Teilkriterium j

$\widetilde{w}_{ij}$: Normierte Teilkriterienausprägung j von Layoutvariante i

$W_j$: Teilkriterien der Layoutwandlungsfähigkeit

$W_x$: Resultierender Wert aus Metrik x

$x_{ij}$: Zeigt benachbarte Bereiche an (x = 1, wenn Bereiche benachbart sind; sonst 0)

$\gamma$: Natürliche Zahl

$\gamma_k$: Initialer Änderungsfaktor der Gewichtung k

# 1 Einleitung

## 1.1 Motivation

Die Tendenz zur Individualisierung und hochfrequenten Neueinführungen von Produkten stellt das produzierende Gewerbe vor Herausforderungen. Durch die am Markt herrschende Volatilität sind Fabriken zu dynamischen Anpassungen gezwungen, um wettbewerbsfähig zu bleiben.[1] Dies setzt zum einen die Notwendigkeit zur Steigerung der Geschwindigkeit in der Fabrikplanung selber voraus. Zum anderen müssen aber auch die Voraussetzungen dafür, dass die physische Umsetzung der Anpassung schneller erfolgen kann, geschaffen werden.[2] Die Voraussetzungen für die Anpassungen der Fabrik werden innerhalb der Layoutplanung geschaffen, die das Herzstück der Fabrikplanung bildet.[3] Die Dynamisierung der Planung kann durch ein Umdenken, Digitalisieren und Automatisieren der Layoutplanung geschehen und die Dynamisierung der Umsetzung durch die Fokussierung auf eine layoutwandlungsfähige Planung.[4]

Die Layoutplanung dient der reaktiven und antizipativen Anpassung der Fabrik an neue Bedingungen.[5] Es werden verschiedene Planungsziele verfolgt, die als Leitfaden für die Erstellung und Auswahl einer Layoutvariante dienen.[6] Dabei gewinnt das Zielkriterium der Wandlungsfähigkeit zunehmend an Bedeutung, da dieses die Anpassung des Layouts an die vorherrschende Dynamik ermöglicht. Die Wandlungsfähigkeit wird oft synonym mit dem Begriff Flexibilität verwendet und ist durch ihre hohe Bedeutung für die antizipative Anpassung des Layouts an zukünftige Bedingungen aus keiner zeitgemäßen Layoutplanung wegzudenken. Durch die Planung eines wandlungsfähigen

1 Vgl. Wesebaum et al. (2016), Fabrikbewertung durch mathematische Modellierung, S. 100

2 Vgl. Graefenstein et al. (2018), Automatisierte Konfiguration von Fabrikplanungsverläufen, S. 58ff.

3 Vgl. Dombrowski et al. (2018), Fabrikplanung, S. 63; Chen (2012), Information management for factory planning and design, S. 24

4 Vgl. Lanza et al. (2018), Wandlungsfähige, menschzentrierte Strukturen in Fabriken, S. 6ff. Burggräf et al. (2021), Uncovering the evaluation of changeability, S. 285; Shariatzadeh et al. (2012), Software Evaluation Criteria for Rapid Factory Layout Planning, S. 299ff.

5 Vgl. Okpala et al. (2016), Plant Layouts' Analysis and Design, S. 201

6 Vgl. Abdul-Hamid et al. (1999), Choice of manufacturing plant layout, S. 399

Layouts wird ermöglicht, dass notwendig werdende Anpassungen schneller und kostengünstiger umgesetzt werden können.[7]

Die klassische Layoutplanung weist eine geringe Dynamik auf. Dies ist unter anderem durch das manuelle Vorgehen und die Partizipation vieler Planenden und Stakeholder bedingt.[8] Zudem stellt sie ein komplexes System mit vielen Einflussfaktoren dar.[9] Dies resultiert in sehr hohem Aufwand für die Planung eines Layouts, sodass oft Kosten- oder zeitlich gesetzte Planungsziele verfehlt werden.[10] Einen Ansatzpunkt zur Steigerung der Planungsgeschwindigkeit und Reduktion der bestehenden Komplexität bietet die Digitalisierung.[11] Durch diese wird die Möglichkeit der veränderlichen Abbildung komplexer Systeme als auch deren Analysierbarkeit und Simulierbarkeit geschaffen.[12] Zudem bringt die Planung des Layouts im digitalen Modell den Vorteil mit sich, dass Änderungen in der Planung einfacher und schneller umgesetzt und abgestimmt werden können. Außerdem kann die Geschwindigkeit einer Wandlungsplanung deutlich schneller und aufwandsärmer, basierend auf einem bereits implementierten Layout, durchgeführt werden.[13] Die Digitalisierung bildet die Grundlage, um die Layoutplanung neu zu denken. So wäre als nächster Schritt, die Automatisierung der Layoutplanung anzustreben.[14] Durch diese könnte der bisher durch die menschliche Kapazität eingeschränkte Planungsraum vollumfänglich ausgeschöpft und auch die außerhalb der menschlichen Vorstellungskraft liegenden Layoutvarianten einbezogen werden.[15] Dafür werden die Daten aus den der Layoutplanung vorgelagerten Schritte zur algorithmischen Layouterstellung verwendet und die Möglichkeit geboten, das Layout hinsichtlich der gesetzten Planungsziele zu optimieren.[16] So könnte eine größere und qualitativ hochwertigere Datenbasis aus einer Vielzahl an objektiv analysierten Layoutva-

[7] Vgl. Burggräf et al. (2021), Uncovering the evaluation of changeability, S. 285; Wiendahl et al. (2004), Justifying Changeability, S. 33ff.

[8] Vgl. Tisch et al. (2017), Utility-based Configuration of Learning Factories, S. 25ff. Burggräf et al. (2021), Uncovering the evaluation of changeability, S. 285f.

[9] Vgl. Dombrowski et al. (2018), Fabrikplanung, S. 63

[10] Vgl. Krunke (2017), Reifegradmanagement in der Fabrikplanung, S. 4

[11] Vgl. Schenk et al. (2014), Wandlungsfähige Fabrikmodelle, S. 655f.

[12] Vgl. Ruppert et al. (2020), Integration of real-time locating systems into digital twins, S. 1ff.

[13] Vgl. Shariatzadeh et al. (2012), Software Evaluation Criteria for Rapid Factory Layout Planning, S. 299ff.; Mottura et al. (2008), New challenges in collaborative virtual factory design, S. 17ff.

[14] Vgl. Burggräf et al. (2021), Fields of action towards automated facility layout design, S. 864ff.

[15] Vgl. Nagy et al. (2017), The Buzz Metric in Generative Space Planning, S. 187ff.

[16] Vgl. Burggräf et al. (2021), Uncovering the evaluation of changeability, S. 285ff.

rianten als Entscheidungsgrundlage für die Auswahl des besten Layouts genutzt werden.[17] Dabei steht die Entwicklung einer solchen automatisierten Layoutplanung jedoch vor der Hürde, dass die in der Praxis unverzichtbaren und menschlich intuitiv verwendeten qualitativen Kriterien für einen Algorithmus auswertbar gemacht werden müssen. Hierbei steht die Quantifizierung und maschinenlesbare Modellierung der Wandlungsfähigkeit im Fokus des Forschungsbedarfs.[18]

## 1.2 Zielsetzung der Arbeit

Im Rahmen dieser Arbeit soll bei den aktuellen Herausforderungen zur Dynamisierung der Layoutplanung angesetzt werden. Dazu soll das für die Layoutplanung unverzichtbare qualitative Planungsziel „Wandlungsfähigkeit" mit dem Ziel fokussiert werden, dieses für die Einbindung in ein automatisiertes System zur Fabrikplanung zu befähigen. Die automatisierte Fabrikplanung umfasst zum einen den Prozess der Erstellung von initialen Layoutvarianten (LV) auf Basis der Daten der Vorplanung, für die es bereits fähige Algorithmen gibt. Zum anderen umfasst sie den Prozess der Layoutoptimierung, bei dem eine Vielzahl an LV generiert werden. In diesem Prozess kann nach verschiedenen Planungszielen optimiert werden. Dazu müssen mathematische Regeln formuliert werden, denen die Optimierung des Layouts folgt und die als Grundlage der Auswahl der besten Layouts dienen. Die Regeln, die durch Metriken verkörpert werden, dienen der Bewertung von LV. Die so gewonnenen Bewertungsergebnisse sind wegweisend für die algorithmische Layoutoptimierung.

Als Grundlage dafür soll mithilfe dieser Arbeit definiert werden, wie ein wandlungsfähiges Layout charakterisiert ist. Dieses Verständnis soll in eine maschineninterpretierbare Form gebracht werden, also in die Form von Metriken transformiert und implementierbar modelliert werden. Ziel ist, dass die Layoutwandlungsfähigkeit (LW) ohne menschliche Eingriffe durch einen Algorithmus bewertet werden kann. Dabei soll die automatisierte Bewertung zu einer vergleichbaren Bewertung eines menschlichen Planenden führen.

Auf Basis der genannten Zielsetzung kann die zentrale Forschungsfrage formuliert werden:

---

[17] Vgl. Burggräf et al. (2021), Fields of action towards automated facility layout design, S. 864ff.

[18] Vgl. Burggräf et al. (2021), Uncovering the evaluation of changeability, S. 285f.

**Wie kann die Layoutwandlungsfähigkeit so modelliert werden, dass sie im Kontext der automatisierten Fabrikplanung bewertet werden kann?**

Aus der zentralen Forschungsfrage ergeben sich die folgenden Teilforschungsfragen, die verschiedene Themenbereiche adressieren und im Forschungsprozesses beantwortet werden müssen:

- Welche Indikatoren charakterisieren ein wandlungsfähiges Layout?
- Wie kann die LW maschinenlesbar modelliert werden?
- Wie kann die Reliabilität der LW-Metriken sichergestellt werden?
- Wie kann die Bewertung der LW algorithmisch umgesetzt werden?

## 1.3 Forschungsrahmenwerk gemäß des Design Science Research

Um ein Rahmenwerk und eine übergreifende Methodik für diese Forschungsarbeit zu nutzen, kann auf das Design Science Research (DSR), was im deutschen Sprachraum so viel wie Designwissenschaften bedeutet, zurückgegriffen werden. BUCKMINSTER FULLER, ein Pionier der Designwissenschaft, beschreibt diese folgendermaßen sinngemäß: „Die Funktion dessen, was ich als Designwissenschaft bezeichne, besteht darin, Probleme zu lösen, indem man neue Artefakte in die Umwelt einführt, deren Verfügbarkeit ihre spontane Verwendung durch die Menschen hervorruft und somit, zufällig, die Menschen dazu bringt, ihre bisherigen problemverursachenden Verhaltensweisen aufzugeben. Wenn Menschen zum Beispiel das lebenswichtige Bedürfnis haben, die tosenden Stromschnellen eines Flusses zu überqueren, würde ich als Designwissenschaftler eine Brücke für sie entwerfen, die sie, da bin ich mir sicher, spontan und für immer dazu veranlasst, das Risiko ihres Lebens aufzugeben, indem sie versuchen, ans andere Ufer zu schwimmen.“[19] Die Designwissenschaften sind in ihren Grundzügen für den Bereich der Informationswissenschaftsforschung entwickelt worden, finden aber auch zunehmend in anderen ähnlichen Wissenschaften Anwendung.[20] Die Wurzeln des DSR Paradigmas können auf die Ingenieurwissenschaften zurückgeführt und als problemlösend angesehen werden.[21] Es wird das Ziel verfolgt, anwendbare Innovationen hervorzubringen, die als Artefakte bezeichnet werden. Dabei dienen bereits existierende Theorien als Grundlage, die angewendet, modifiziert oder erweitert werden.[22]

[19] Vgl. Fuller et al. (1992), Cosmography, S. 8
[20] Vgl. Hevner (2007), A Three Cycle View of Design Science Research, S. 87f.
[21] Vgl. Hevner et al. (2004), Design science in information systems research, S. 76
[22] Vgl. Hevner et al. (2004), Design science in information systems research, S. 76

Artefakte können Konstrukte, Modelle, Methoden oder Instanzen sein.[23] DSR ist komplementär mit den Verhaltenswissenschaften (engl.: behavioral science).[24] HEVNER ET AL.[25] haben Zyklen der Designwissenschaftsforschung (Design Science Research Cycles) entwickelt, die die Abhängigkeiten der Aktivitäten verschiedener Bereiche hervorheben sollen und somit das Forschungsrahmenwerk bilden. Wie Abbildung 1 zeigt, besteht dieses aus drei überlagerten Zyklen, die als *Relevanzzyklus* (engl.: relevance cycle), *Rigorositätszyklus* (engl.: rigor cycle) und *Designzyklus* (engl.: design cycle) bezeichnet werden.[26]

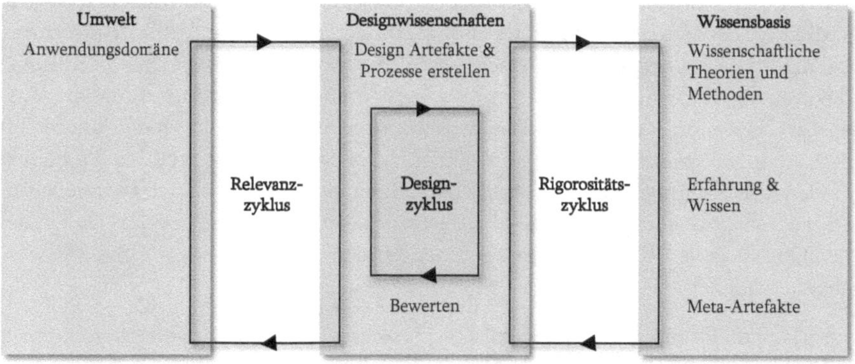


**Abbildung 1: Forschungsrahmenwerk der Designwissenschaften**

Dabei verbindet der *Relevanzzyklus* das kontextuelle Forschungsumfeld, in dem die Artefakte Anwendung finden, mit den designwissenschaftlichen Aktivitäten. Die sogenannte Anwendungsdomäne besteht aus Menschen, Organisationen und technischen Systemen. In dieser sollen Herausforderungen und Probleme identifiziert werden, die mittels der Designwissenschaften adressiert werden und so ein verwendbares Artefakt schaffen. Durch den Relevanzzyklus werden die Forschungsaktivitäten initiiert und aus dem Anwendungskontext Anforderungen und Akzeptanzkriterien zur Beurteilung einer guten Forschung definiert. Die Ergebnisse der Forschung sollen später in das Umfeld zurückgeführt werden. Der so entstehende Feldversuch bestimmt, ob weitere Iterationen des Relevanzzyklus nötig sind. Dies ist der Fall, wenn noch Defizite

[23] Vgl. Hevner et al. (2004), Design science in information systems research, S. 77; March et al. (1995), Design and natural science research on information technology, S. 251

[24] Vgl. Hevner et al. (2004), Design science in information systems research, S. 76f.

[25] Hevner (2007), A Three Cycle View of Design Science Research; Hevner et al. (2004), Design Science in Information Systems Research

[26] Vgl. Hevner (2007), A Three Cycle View of Design Science Research, S. 87f.

in den Funktionalitäten des Artefakts bestehen oder beispielsweise eine mangelnde Anwendbarkeit besteht. Zudem kann es der Fall sein, dass die gestellten Anforderungen sich als nicht korrekt herausstellen und durch die Rückmeldung der Anwendungsdomäne Verbesserungen vorgenommen werden können. Der Rigorositätszyklus verbindet diese wiederum mit der Wissensbasis, die unter anderem aus wissenschaftlichen Methoden, Erfahrung und Expertise besteht. Er dient der durchgängigen Nutzung der bestehenden wissenschaftlichen Theorien und ingenieurswissenschaftlichen Methoden. Dabei spielen die individuellen Erfahrungen eines jeden Forschenden sowie dessen Wahl und Anwendung der Theorien und Methoden eine große Rolle in der Artefaktbildung. Zudem sollen auf bestehende Methoden aufbauende Artefakte erschaffen und nicht nur gut bekannte Prozesse ausgeführt werden. Dabei können verschiedene Theorien zur Ideenbildung herangezogen werden und durch die Forschung die Wissensbasis erweitert werden. Im *Designzyklus* werden die Kernaktivitäten und damit die Iterationen zwischen Artefakterstellung, Artefaktbewertung und den damit verbundenen Forschungsprozessen abgebildet. Dieser zentrale Zyklus wird schneller als die anderen Zyklen iteriert. Dabei wird durch Bewertung und Feedback das Design des Artefakts verfeinert. Dies muss immer unter Betrachtung von Relevanz und Rigorosität geschehen.[27]

Um das Umfeld und die Wissensbasis des Forschenden besser zu verstehen, können diese, durch die Prinzipien von BINDER UND KANTOWSKY unterstützt, genauer erläutert werden. Demnach muss für den Prozess der wissenschaftlichen Forschung die Sichtweise und das Vorverständnis des Autors, auf dessen Prinzipien und Überzeugung die Forschungsarbeit beruht, offengelegt werden. Damit sollen dessen Darlegungen für den Außenstehenden nachvollziehbar werden. Dafür sind sowohl der wissenschaftstheoretische Bezugsrahmen als Erkenntnisperspektive der Autorin als auch das forschungsmethodologische Vorgehen zu beschreiben.[28]

Um die zugrunde liegende Erkenntnisperspektive dieser Dissertationsschrift transparent zu machen, erfolgt eine wissenschaftstheoretische Einordnung. Die Wissenschaften können in Real- und Formalwissenschaften aufgeteilt werden. Formalwissenschaften befassen sich damit, Zeichensysteme und Regeln zu dessen Verwendung aufzustellen, also mit der Konstruktion von Sprachen. Zu diesem Gebiet lassen sich beispielsweise die Philosophie, Logik oder Mathematik zuordnen. Ein weiteres Kennzeichen ist, dass sie keinen Realitätsbezug aufweisen und somit nur auf ihre logische Wahrheit

[27] Vgl. Hevner (2007), A Three Cycle View of Design Science Research, S. 88ff.
[28] Vgl. Binder et al. (1996), Technologiepotentiale, S. 3

überprüfbar sind. Realwissenschaften, zu denen die Ingenieurswissenschaften zugeordnet werden können, befassen sich mit der Beschreibung, Erklärung und Gestaltung empirisch wahrnehmbarer Wirklichkeitsausschnitte. Die Realwissenschaften lassen sich wiederum in Grundlagen- und angewandte Wissenschaften unterteilen. Erstere konzentrieren sich auf die Bildung von Erklärungsmodellen zur Erläuterung von Wirklichkeitsausschnitten. Letztere werden auch Handlungswissenschaften genannt. Sie entwickeln Entscheidungsmodelle und -prozesse und stellen dabei die Analyse menschlicher Handlungsalternativen mit dem Zweck der Gestaltung sozialer und technischer Systeme in den Fokus. Realwissenschaften weisen einen Realitätsbezug auf und müssen daher auf logische und faktische Wahrheit überprüft werden. Es werden die subjektiv wahrgenommenen Ausschnitte der Realität beschrieben.[29] Die vorliegende Arbeit betrachtet die Modellierung der Bewertung der LW zu deren Einbindung in die automatisierte Fabrikplanung. Sie kann den Ingenieurswissenschaften zugeordnet und in die Realwissenschaften eingeordnet werden. Zudem bilden sie die Schnittstelle zu den Grundlagen- bzw. den Handlungswissenschaften. Daraus resultierend, dass die Problemstellung dieser Arbeit maßgeblich aus dem Praxiszusammenhang entnommen wurde und die in dieser Arbeit entwickelten Bewertungsmethodik auf fabrikplanungsspezifische Ziele ausgerichtet ist, kann die vorliegende Dissertation folgerichtig den angewandten Handlungswissenschaften zugeordnet werden.[30]

## 1.4 Forschungsmethodologisches Vorgehen gemäß des Design Science Research

PFEFFERS ET AL.[31] haben eine Methodik entwickelt, um die Designwissenschaften verständlich und anwendbar zu machen. Sie soll ein akzeptiertes Rahmenwerk bilden, um erfolgreich designwissenschaftliche Arbeiten auszuführen und zu präsentieren. Bei der Entwicklung des Vorgehens wurde Wert darauf gelegt, dass dieses konsistent mit der bis dahin veröffentlichten Literatur ist. Das Vorgehen besteht aus sechs Schritten (vgl. Abbildung 2), wobei an jedem beliebigen Schritt begonnen werden kann. Der Einstiegspunkt hängt vom Kontext ab.[32]

---

29 Vgl. Ulrich et al. (1976), Wissenschaftstheoretische Grundlagen der BWL, S.305f.

30 Vgl. Schanz (2009), Wissenschaftsprogramme der Betriebswirtschaftslehre, S.111f.

31 Pfeffers et al. (2007), A Design Science Research Methodology

32 Vgl. Pfeffers et al. (2007), A Design Science Research Methodology, S. 45ff.

**Abbildung 2: Forschungsmethodologisches Vorgehen des DSR**

Der **erste Schritt** ist die Problemidentifikation und Motivation. Dabei muss das spezifische Problem definiert werden und der Mehrwert einer Lösung herausgestellt werden. Um die Komplexität des Problems begreifbar zu machen, kann es manchmal hilfreich sein, dieses aufzusplitten. Im **zweiten Schritt** wird das Ziel des Artefakts definiert. Dieses lässt sich aus der Problemdefinition und dem Wissen, was möglich und nötig ist, ableiten. Das Ziel kann dabei in einer quantitativen oder qualitativen Weise beschrieben werden. Dafür ist die Kenntnis über den Stand des Wissens als auch über mögliche Lösungsansätze und deren Effizienz nötig. Der **dritte Schritt** beinhaltet das Design und die Entwicklung des Artefakts. Wie zuvor beschrieben, gibt es verschiedene Typen, wie Modelle. Ein Artefakt kann aber auch beispielsweise neue Eigenschaften von technischen Ressourcen oder andere Designobjekte darstellen. In diesem Schritt werden die gewünschten Funktionalitäten und der Aufbau festgelegt, woraufhin das Artefakt entwickelt wird. Vorausgesetzt wird hierbei theoretisches Wissen, das als Basis für die Lösung in den Gestaltungsprozess eingebracht wird. In **Schritt vier** folgt die Demonstration des Nutzens des Artefakts zur Lösung mindestens einer Instanz des Problems. Dies kann beispielsweise über Experimente, Simulation, einen konkreten Anwendungsfall oder ähnliches gezeigt werden. Grundlage hierfür ist das Wissen über die Nutzung des Artefakts zur Problemlösung. Der **fünfte Schritt** ist die Evaluierung. Diese beinhaltet die Beobachtung als auch die Messung, wie gut das Artefakt zur Problemlösung beiträgt. Dabei gibt es unzählige Möglichkeiten zur Evaluierung, z. B. können Kundenfeedback, Zufriedenheitsumfragen, Simulationen oder Budget in diese eingebracht werden. Dazu müssen aber empirische Nachweise oder logische Beweise herangezogen werden. Durch die Erkenntnisse dieses Schritts kann entweder eine neue Iteration zur Verbesserung des Artefakts eingeleitet oder zum letzten **sechsten Schritt** übergegangen werden. Dieser besteht aus der Kommunikation des Problems und der Wichtigkeit dessen Lösung, des Artefakts, seiner Anwendbarkeit, Neuheit, Effektivität und der Rigorosität des Designs. Relevante Adressaten sind dabei andere Forscher und potenzielle Anwender.[33]

Die Anwendung der Richtlinien nach HEVNER ET AL. und Vorgehen nach PFEFFERS ET AL. wird in den einzelnen Kapiteln näher erläutert. In Kapitel 2 werden die Grundlagen zur Praxis der automatisierten Layoutbewertung dargestellt. Anschließend wird in Kapitel 3 der Stand des Wissens aufgezeigt. In Kapitel 4 wird das Artefakt zur Bewertung der LW im digitalen Zwilling vorgestellt. Die Herleitung sowie die Anwendung von diesem wird in Kapitel 5 erläutert. In Kapitel 6 folgt die Evaluierung des Artefakts, indem die Ergebnisse der automatisierten Bewertung mit der manuellen Bewertung durch Experten verglichen werden. Abschließend werden in Kapitel 7 die Inhalte zusammengefasst und ein Ausblick gegeben.

[33] Vgl. Pfeffers et al. (2007), A Design Science Research Methodology, S. 45ff.

# 2 Grundlagen zur Praxis der automatisierten Layoutbewertung

Gemäß der designwissenschaftlichen Theorie muss die Problemidentifikation und Motivation dargelegt werden. Die zu diesem ersten Schritt der Methodik gehörende Motivation und Teile der Problemidentifikation wurden bereits in Kapitel 1 erläutert. Durch die in diesem Kapitel folgenden Ausführungen wird ein tieferes Verständnis des Problems hergestellt und damit einhergehend der Wert eines Artefakts herausgestellt. Kontextgebend kann gesagt werden, dass die Digitalisierung einen immer größer werdenden Stellenwert, auch im Bereich der Planungsaktivitäten, einnimmt. Technologisch voranschreitende Planungswerkzeuge und Rechnerleistungen bieten zunehmend die Voraussetzungen dafür, sich häufig wiederholende Prozesse, wie die Layoutplanung (LP), schrittweise zu automatisieren. Voraussetzung dafür ist es, das manuelle Planungsvorgehen zu verstehen und die kritischen Herausforderungen zu identifizieren. Dem DSR folgend wird das Gesamtproblem heruntergebrochen und der Fokus auf das Ziel der Einbindung der LW in den automatisierten Bewertungsprozess gelegt. So widmet sich Kapitel 2.1 den Grundlagen zur automatisierten LP, in die der Prozess der Layoutbewertung eingeordnet werden kann. Anschließend wird auf die Signifikanz der Wandlungsfähigkeit für die Einbindung in der Planung und in der Umsetzung (vgl. Kapitel 2.2) eingegangen. Abschließend werden die digitalen Planungswerkzeuge zur LP vorgestellt (vgl. Kapitel 2.3).

## 2.1 Grundlagen der Layoutplanung

Die LP nimmt einen zentralen, essenziellen Stellenwert im Fabrikplanungsprozess ein.[34] Dieser wird nach VDI als „systematische, zielorientierte in aufeinander aufbauenden Phasen strukturierte und unter Zuhilfenahme von Methoden und Werkzeugen durchgeführter Prozess zur Planung einer Fabrik von der ersten Idee bis zum Hochlauf

[34] Vgl. Dombrowski et al. (2018), Fabrikplanung, S. 63; Chen (2012), Information management for factory planning and design, S. 24

der Produktion“[35] definiert. Gegenstand der LP ist die Anordnung von Planungsobjekten, z. B. Maschinen oder Anlagen, auf der zur Verfügung stehenden Planungsfläche.[36] Die LP betrifft lediglich den Gestaltungsteil der Fabrikplanung (FP) und klammert Aktivitäten, wie das Projektmanagement oder die Lieferkettenplanung, aus.[37] Dabei hängen die Aufgaben der LP stark davon ab, ob eine Fabrik neu geplant wird oder ob bestehende Fabrikstrukturen umgeplant werden.[38] Die Neuplanung ist durch einen hohen Planungsumfang charakterisiert, der von der Standortwahl bis zur Auswahl und Errichtung der Produktionsanlagen reicht. Dabei soll der Idealzustand der Fabrik abgebildet werden, da bei der Neuplanung nur wenig strukturelle Restriktionen beachtet werden müssen.[39] Dahingegen wird die bestehende Fabrikstruktur bei der Umplanung als Restriktion zugrunde gelegt. Dabei stellt die vorhandene Fabrik- und Betriebsmittelstruktur den Ausgangspunkt der Planung dar.[40] Im Rahmen des Aachener Fabrikplanungsvorgehens werden Planungsaufgaben und -inhalte der Fabrikplanung in einzelne Planungsmodule gekapselt.[41] Dadurch können Schnittstellen und notwenige Informationen, die aus Vorplanungen hervorgehen, aufgezeigt werden. Eingangs- und Ausgangsinformationen sind durch Pfeile am Planungsmodul gekennzeichnet.[42] Die LP existiert im Aachener Fabrikplanungsvorgehen als separates Planungsmodul (vgl. Abbildung 3).

[35] Vgl. Verein Deutscher Ingenieure (2011), VDI 5200 Blatt 1, S.3

[36] Vgl. Scholz (2010), Layoutplanung, S. 3

[37] Vgl. Chen (2012), Information management for factory planning and design, S. 10

[38] Vgl. Grundig (2015), Grundlagen der Fabrikplanung, S. 18

[39] Vgl. Aggteleky (1990), Fabrikplanung, S.29

[40] Vgl. Grundig (2015), Grundlagen der Fabrikplanung, S. 18f.

[41] Vgl. Krunke (2017), Reifegradmanagement in der Fabrikplanung, S. 63

[42] Vgl. Voet (2018), Baukastensysteme für die Fabrikplanung, S. 28

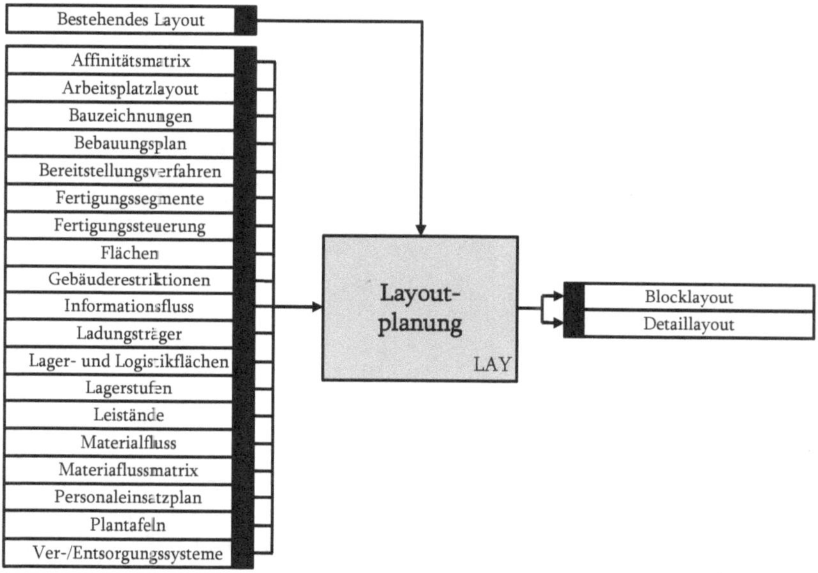


**Abbildung 3: Modul der Layoutplanung[43]**

Die Hauptaufgabe dieses Planungsmoduls besteht darin, die überwiegend abstrakten Ergebnisse vorgelagerter Planungsmodule auf der Seite der Eingangsinformationen in eine räumlich definierte Form (Block- oder Detaillayout) zu übersetzen.[44] Wie in der Abbildung detailliert dargestellt ist, spielen dabei vor allem Informationen und die daraus umgesetzte Visualisierung der Bereiche Produktionsstruktur, Produktionslogistikplanung, Kapazitätsplanung und Gebäuderestriktionen eine zentrale Rolle.[45]

In die Planung des Layouts fließen Informationen aus den Bereichen der Produktionssystemplanung, aber auch aus der Gebäude- und der Technischen Gebäudeausstattungsplanung (TGA) ein, wie auch der nachfolgenden Ontologie zu entnehmen ist:

[43] In Anlehnung an Nöcker (2012), Zustandsbasierte Fabrikplanung, S. 162; Meckelnborg (2015), Integrative Fabrikplanung, S. 235f.

[44] Vgl. Nöcker (2012), Zustandsbasierte Fabrikplanung, S.162

[45] Vgl. Chen (2012), Information management for factory planning and design, S. 25; Vgl. Schäfer (2019), Intuitive digitale Fabriklayoutplanung, S. 44

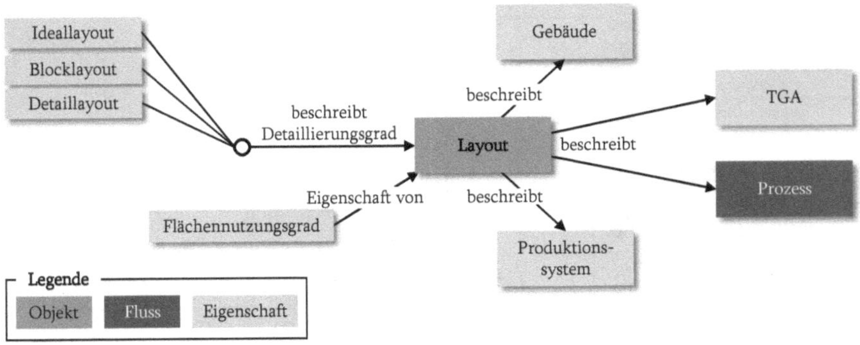


**Abbildung 4: Layoutontologie**[46]

Diese das Layout charakterisierenden detaillierten Zusammenhänge und Informationen sind den Detailontologien im Anhang (vgl. Anhang A.1) zu entnehmen. Dabei wurden die einzelnen Zusammenhänge auf Basis von CHEN[47] um die für diese Arbeit relevanten Details erweitert. Eine Herausforderung der LP ist die Integration und das Zusammenführen relevanter geometrischer und nicht-geometrischer, attributiver Informationen über beispielsweise Maschinen, Medien oder das Gebäude, die von verschiedenen Planenden erarbeitet werden. Dabei wird unter Informationen verstanden, dass Relationen zwischen Daten in einem spezifischen Kontext bestehen. Aus dieser Betrachtung geht hervor, dass das Layout mehr als nur die Betrachtung der Positionierung der einzelnen Ressourcen ist. Die in die Planung eingehenden Informationen zur Entwicklung von LV sind ebenfalls Teil des Layouts.[48]

### 2.1.1 Vorgehen der Layoutplanung

Die Erarbeitung eines Fabriklayouts kann in die vier Teilbereiche: *Materialflussplanung* und *Betriebsmittelanordnung*, *Flächenbedarfsplanung* sowie *Feinlayoutplanung* unterteilt werden. Meist erfolgt eine parallele Erarbeitung der Informationen dieser Bereiche. Dies erfordert eine iterative Planung, da die benötigten Informationen zum jeweiligen Zeitpunkt teilweise nicht in der nötigen Detailtiefe vorliegen und auf Basis

[46] In Anlehnung an Chen (2012), Information management for factory planning and design

[47] Chen (2012), Information management for factory planning and design

[48] Vgl. Chen (2012), Information management for factory planning and design, S. 2ff.

von Annahmen geplant werden. Nach Abschluss der Erstellungsplanung liegen verschiedene LV vor. Diese werden anschließend anhand geeigneter Bewertungskriterien beurteilt und auf Grundlage dessen das beste Layout ausgewählt.[49]

Den zentralen Bestandteil der Betrachtungen im Rahmen dieser Forschungsarbeit bildet die Groblayoutplanung. Diese findet auf verschiedenen Ebenen, wie der Planung der Werksstruktur, der Produktion oder der administrativen Bereiche, statt. Dabei findet die Planung in gegebenen, restriktionsbildenden Grenzen, wie der Grundstücks- oder Gebäudegrenze, statt. Das Ergebnis der Groblayoutplanung sind Blocklayoutvarianten. Um dorthin zu gelangen, werden die verschiedenen Funktionsflächen anhand ihres optimalen Materialflusses angeordnet, sodass ein *Ideallayout* entsteht.[50] So soll das Material möglichst kurze Wege zurückgelegen müssen und wenig Handhabungsaufwand entstehen.[51] Bei diesem ersten Schritt werden also Restriktionen und weitere Randbedingungen vernachlässigt. Diese werden im nächsten Schritt der *Reallayoutplanung* mit einbezogen und das Ideallayout weiterentwickelt. Darauf aufbauend erfolgt die Ausgestaltung der Bereiche in der *Feinlayoutplanung*.[52]

### 2.1.2 Layoutbewertung als Teil der Layoutplanung

Um aus einer Vielzahl von LV eine definierte Anzahl an in Frage kommender Lösungsmöglichkeiten auszuwählen, wird eine Bewertung der Varianten hinsichtlich der zu definierenden Ziele vorgenommen. Dabei wird zumeist die Qualität bzw. der Zielerfüllungsgrad einer LV durch eine Nutzwertanalyse quantifiziert.[53] Die Grundlage dafür bildet die Betrachtung geeigneter Bewertungs- oder Zielkriterien, die das Zielsystem darstellen.[54] Dabei bildet das übergeordnete Ziel des Planungsprozesses i.d.R. die langfristige Maximierung des Unternehmensgewinns.[55] Die Zielkriterien müssen im Bewertungsprozess einheitlich bezeichnet und zur Bildung eines gemeinsamen Bewertungsverständnisses für alle Planungsbeteiligten einheitlich definiert werden.[56] Zielkriterien dienen dazu, die Ziele der LP messbar und damit auch bewertbar zu machen.[57] Die Bewertung kann sowohl mittels quantitativen als auch mit qualitativen

---

49 Vgl. Burggräf et al. (2021), Layoutplanung, S. 409ff.
50 Vgl. Burggräf et al. (2021), Layoutplanung, S. 429ff.
51 Vgl. Sepehri (1986), Just-in-time, S. 294
52 Vgl. Burggräf et al. (2021), Layoutplanung, S. 429ff.
53 Vgl. Burggräf et al. (2021), Layoutplanung, S. 451ff.
54 Vgl. Verein Deutscher Ingenieure (2011), VDI 5200 Blatt 1, S.7
55 Vgl. Scholz (2010), Layoutplanung, S. 4
56 Vgl. Burggräf et al. (2021), Layoutplanung, S. 451ff.
57 Vgl. Erlach (2010), Die schlanke Fabrik, S. 297f.

Zielkriterien erfolgen.[58] Während sich quantitative Kriterien leicht über Messgrößen, wie Flächeneffizienz oder Umsetzungskosten, ausdrücken lassen, sind qualitative Kriterien aktuell nur schwer oder gar nicht messbar.[59] Ihre Bewertung ist daher sehr subjektiv geprägt und von der Erfahrung des Planers abhängig.[60] Zielkriterien dienen zum Vergleich von LV und legen durch ihre Ausprägung den Zielwert des Layouts fest. Zudem können sie vor allem bei mathematischen Verfahren der LP zur Optimierung der LV herangezogen werden.[61]

Zudem muss das Layout auf Erfüllung der Restriktionseinhaltung hin überprüft werden. Die Nichterfüllung einer Restriktion bedingt die Unzulässigkeit der LV. Damit sind die Restriktionen zwar ebenfalls Teil des Optimierungsprozesses, gehen jedoch nicht in den Zielwert der jeweiligen LV ein. Sie schränken die Menge realisierbarer LV ein.[62] Die Abgrenzung von Zielen und Restriktionen ist jedoch nicht immer eindeutig und hängt vom konkreten Planungsfall ab. Beispielsweise ist für die zur Verfügung stehende Planungsfläche zu unterscheiden, ob eine Neu- oder Umplanung der Fabrik erfolgt. Im ersten Fall erscheint es sinnvoll, ein Zielkriterium einzuführen, das eine möglichst hohe Flächeneffizienz anstrebt. Im Gegensatz dazu stellen die Maße der vorhandenen Gebäude im Fall einer Umplanung eine feste Restriktion dar.[63]

### 2.1.3 Mathematische Verfahren zur Unterstützung der Layoutplanung

Zur Unterstützung der LP wurden zahlreiche Methoden entwickelt, die sich in mathematische und graphische Verfahren unterteilen lassen.[64] Graphische Verfahren zur LP basieren auf einer möglichst übersichtlichen Darstellung der Materialflussbeziehungen zwischen den anzuordnenden Objekten. Die Positionierung der Planungsobjekte erfolgt manuell durch den Planenden und soll einen möglichst kurzen und gradlinigen Materialfluss ermöglichen.[65] Die mathematischen Verfahren entstammen primär der Forschung des „Facility Layout Problem" (Abkürzung: FLP; engl. Bezeichnung für Gebäude-/Anlagen-Layoutproblem), welche dem Operations Research zugeordnet wird.[66] Diese sind durch feste Rechenvorschriften sowie Algorithmen charakterisiert und können daher computergestützt durchgeführt werden. Dabei können analytische

[58] Vgl. Pawellek (2014), Strategieplanung, S. 84
[59] Vgl. Burggräf et al. (2021), Uncovering the evaluation of changeability, S. 285ff.
[60] Vgl. Schenk et al. (2014), Fabrikplanungsaufgaben, -vorgehensweise und -schritte, S. 344
[61] Vgl. Dangelmaier (1999), Fertigungsplanung, S.385
[62] Vgl. Wäscher (1982), Ziele und Restriktionen, S. 79
[63] Vgl. Dangelmaier (2001), Planung innerbetrieblicher Strukturen, S. 385
[64] Vgl. Pawellek (2014), Strukturplanung, S. 201
[65] Vgl. Krüger (2019), Gesamtmethodik zur mathematischen Anordnungsoptimierung, S. 23
[66] Vgl. Hosseini-Nasab et al. (2018), Classification of facility layout problems, S. 957

und heuristische Lösungsansätze angewendet werden. Während analytische Ansätze eine exakte Lösung liefern, ermitteln heuristische Ansätze nicht zwingend die global optimale Lösung, reduzieren dafür aber den Rechenaufwand. Heuristiken sind dadurch charakterisiert, dass festgelegte Entscheidungsoperatoren verwendet werden. Diese basieren auf Erfahrungswissen und können den Lösungsraum verkleinern, indem potenzielle Lösungen durch Einschränkungen vom Suchprozess ausgeschlossen werden.[67]

Das FLP ist definiert als Bestimmen der physischen Anordnung von Einheiten, wie die einer Produktionsstätte.[68] Zudem wird das FLP zumeist als Optimierungsproblem charakterisiert. Optimierungen werden genutzt, wenn komplizierte, umfangreiche Problemstellungen vorliegen, die die menschliche Entscheidungsfähigkeit übertreffen. Dieses besteht aus Gegebenem und Gesuchtem. Ersteres umfasst die bekannten Restriktionen und Letzteres besteht je nach Aufgabenstellung aus einem Wert oder einer Funktion. Dabei wird die Zielsetzung in der Regel durch eine zu maximierende oder minimierende Gütefunktion ausgedrückt.[69] Bezogen auf das FLP soll bei der Optimierung die effizienteste Anordnung von einer definierten Anzahl Bereiche ungleicher Flächen gefunden werden. Das Ergebnis ist ein Blocklayout, auf dem aufbauend das Detaillayout gestaltet werden kann. Klassischerweise wird dabei die Minimierung der Materialhandhabungskosten als zu optimierendes Zielkriterium genutzt. Dieses wird über die Materialhandhabungskosten (MK) gemessen, wie in den folgenden Metriken dargestellt:[70]

$$\text{MK (Bereichsnachbarschaften)} = \max \sum_i \sum_j (r_{ij}) \cdot x_{ij} \tag{2.1}$$

mit

$r_{ij}$: Numerischer Wert einer Nähebewertung zwischen Bereichen i und j

$x_{ij}$: x nimmt den Wert 1 an, wenn Bereiche benachbart sind; sonst 0

---

[67] Vgl. Krüger (2019), Gesamtmethodik zur mathematischen Anordnungsoptimierung, S. 23ff.

[68] Vgl. Meller et al. (1996), The facility layout problem, S. 351

[69] Vgl. Papageorgiou et al. (2015), Einleitung - Optimierung, S. 1ff.

[70] Vgl. Meller et al. (1996), The facility layout problem, S. 351f

$$\text{MK (Distanzen zwischen Bereichen)} = \min \sum_i \sum_j (f_{ij} \times c_{ij}) \cdot d_{ij} \tag{2.2}$$

mit

$f_{ij}$: Materialfluss zwischen den Bereichen i und j

$c_{ij}$: Stück-Kostenwert (Kosten, um eine Einheit von i zu j zu transportieren)

$d_{ij}$: Distanz von Bereich i zu j

Zudem werden Nebenbedingungen, z. B. das Verbot der Überlappung von Einheiten, berücksichtigt.[71]

Es muss zwischen Formulierungs- und Lösungsmethoden des FLP unterschieden werden. Die Formulierung geschieht beispielsweise über das „quadratic assignment problem" (QAP). Die angewendeten Lösungsmethoden sind abhängig von der Klassifizierung des FLP. Dieses kann in das single-objective FLP (sFLP) und multi-objective FLP (mFLP), also nach der Anzahl der betrachteten Ziele, unterteilt werden. Dabei ist im Rahmen dieser Arbeit vor allem das mFLP von Interesse, welches sowohl quantitative als auch qualitative Zielkriterien in der Layoutgestaltung mit einbezieht.[72] Je nach Gewichtung der jeweiligen Ziele entstehen unterschiedliche beste LV.[73] Dabei werden drei grundsätzliche Herangehensweisen genannt, um das mFLP zu lösen: Die erste Herangehensweise besteht darin, eine große Anzahl an Layouts mit einem zufallsbasierten Algorithmus erstellen zu lassen, unabhängig von den Präferenzen der später zu betrachtenden Zielkriterien. Alle Layouts werden anschließend den planenden Experten zur finalen manuellen Bewertung und Auswahl vorgelegt. Die zweite Möglichkeit besteht darin, das beste Layout zu erstellen, nachdem die Präferenzen des Planenden festgelegt wurden. Die dritte Herangehensweise ist, eine definierte Anzahl effizienter Layouts durch eine interaktive Methode erstellen zu lassen.[74] Darüber hinaus werden exakte Methoden, Heuristiken oder Metaheuristiken zur Lösung verwendet. Exakte Methoden können die optimale Lösungsfindung garantieren, werden aber bei komplizierten oder komplexen Problemstellungen i.d.R. nicht eingesetzt, da sie eine vertret-

[71] Vgl. Mateus (2000), Optimisation of the Facility Layout Problem, S. 8

[72] Vgl. Singh et al. (2010), An heuristic approach for multi-objective facility layout problem, S. 1171f.

[73] Vgl. Kundu et al. (2012), Metaheuristic in facility layout problems, S. 240

[74] Vgl. Singh et al. (2010), An heuristic approach for multi-objective facility layout problem, S. 1171f.

bare Rechenzeit überschreiten. Für solche Probleme haben sich verschiedene metaheuristische Algorithmen, wie beispielsweise Genetische Algorithmen oder Simulated Anneling, als praktikabel erwiesen. [75]

Die Bewertung der Layouts nach definierten Zielkriterien findet in der Regel im Zuge der Optimierung statt[76], die aus vielen einzelnen, sequentiell zu lösenden Schritten besteht. Dabei werden die LV nach realen, gegebenen Einschränkungen und für das Planungsziel festgelegten Zielkriterien untersucht.[77] Die explizite mathematische Modellierung qualitativer Zielkriterien in Form einer Zielfunktion ist schwierig und erfordert viel Aufwand und Expertenwissen.[78] Es sind wenige mathematisch formulierte, spezifische, qualitative Zielkriterien verfügbar, sodass für deren Implementierung maßgeschneiderte Lösungen entwickelt werden müssen.[79]

## 2.2 Signifikanz der Wandlungsfähigkeit in der Layoutplanung

Eines der wichtigsten qualitativen Ziele im Kontext der LP ist die Betrachtung der Wandlungsfähigkeit (WF). Diese hat in den letzten Jahren enorm an Bedeutung gewonnen.[80] Wie Praxis und Literatur zeigen, ist die Abgrenzung verschiedener, oft bedeutungssynonym verwendeter Begriffe, wie Veränderungsfähigkeit, Flexibilität oder Agilität, nicht eindeutig.[81] Aus diesem Grund werden die verschiedenen Begriffe im Folgenden kurz zueinander in Beziehung gesetzt (vgl. Kapitel 2.2.1). Darauffolgend wird auf die Wandlungsbefähiger (vgl. Kapitel 2.2.1), die die Voraussetzung für eine effiziente Umsetzung von Wandlungen darstellen, eingegangen. Schließlich wird auf die Wirkzusammenhänge der WF eingegangen und dadurch die Notwendigkeit der Betrachtung der WF in der Planung verdeutlicht (vgl. Kapitel 2.2.3).

[75] Vgl. Singh et al. (2006), A review of different approaches to the facility layout problems, S. 426f.

[76] Vgl. Herrmann (2007), Evaluating Design Optimization Models, S. 1f.

[77] Vgl. Shahin et al. (2011), Facility Layout Simulation and Optimization, S. 96

[78] Vgl. Azadivar et al. (2000), Facility layout optimization using simulation and genetic algorithms, S. 4370f.; Burggräf et al. (2021), Uncovering the evaluation of changeability, S. 296; Burggräf et al. (2021), Fields of action towards automated facility layout design, S. 867

[79] Vgl. Burggräf et al. (2021), Fields of action towards automated facility layout design, S. 864ff.

[80] Vgl. Loos (2013), Daten- und termingesteuerte Entscheidungsmethodik der Fabrikplanung, S.4

[81] Vgl. Wiendahl et al. (2014), Systematik der Veränderungsfähigkeit, S. 117

### 2.2.1 Die Wandlungsfähigkeit als Teil des Veränderungsprozesses

Die Veränderungsfähigkeit bildet den übergeordneten Rahmen der verschiedenen Begriffe.[82] Diese beschreibt im Allgemeinen die Fähigkeit, Anpassungen vornehmen zu können[83] und wird gemäß Abbildung 5 in fünf verschiedene Unternehmensebenen unterteilt.[84]

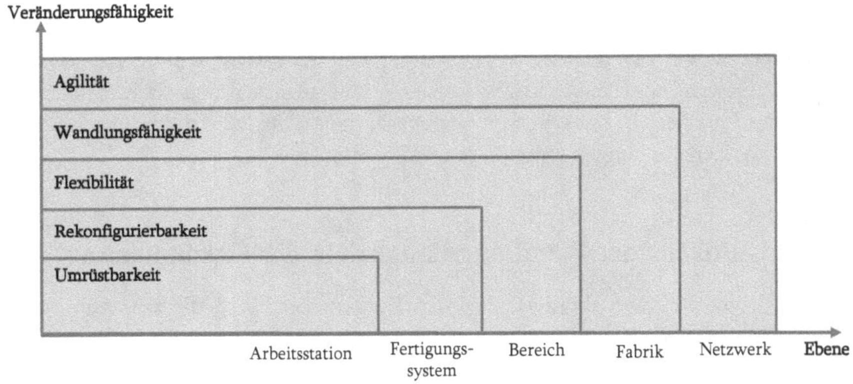


**Abbildung 5: Einordnung der Wandlungsfähigkeit[85]**

Die Ebenen reichen von der individuellen Arbeitsstation über das Fertigungssystem und Bereiche bis hin zur gesamten Fabrik, die wiederum einem Produktionsnetzwerk untergeordnet sind. Dabei wird die Veränderungsfähigkeit durch die den Ebenen zugeordneten Begriffe charakterisiert. Die WF wird auf der Fabrik- und Werksebene eingeordnet. Die Flexibilität wird der WF, durch Zuweisung zur Bereichsebene, untergeordnet. Die Agilität ist der WF übergeordnet und bezieht den Veränderungsprozess des gesamten Produktionsnetzwerks ein.[86] Da die beiden die Flexibilität und WF beschreibenden Ebenen (Bereich und Fabrik) eng miteinander verknüpft sind, werden die charakterisierenden Unterscheidungsmerkmale genauer betrachtet.

Der nicht ausschließlich dem Layout zugeordnete Begriff WF hat seinen Ursprung in der Frage, welches Ausmaß an Flexibilität eine Fabrik benötigt. Eine Abgrenzung der

[82] Vgl. Heinen et al. (2009), Wandlungsfähigkeit durch Mitarbeiterkompetenz, S. 836
[83] Vgl. Wiendahl et al. (2014), Systematik der Veränderungsfähigkeit, S. 117ff.
[84] Vgl. Heinen et al. (2009), Wandlungsfähigkeit durch Mitarbeiterkompetenz, S. 837
[85] In Anlehnung an Rauch (2013), Konzept eines wandlungsfähigen und modularen Produktionssystems, S. 49; Wiendahl et al. (2014), Systematik der Veränderungsfähigkeit, S. 133
[86] Vgl. Heinen et al. (2009), Wandlungsfähigkeit durch Mitarbeiterkompetenz, S. 837

WF zur Flexibilität trifft REINHART bereits 1997, indem er die WF als neue Dimension der Flexibilität beschreibt[87]. Diese charakterisiert sich aus einer Kombination von Flexibilität und Reaktionsfähigkeit. Dabei wird die Reaktionsfähigkeit als spontane und multidimensionale Komponente der WF beschrieben.[88] Es gibt zahlreiche Definitionen für WF im Fabrikplanungskontext, jedoch liegt keine einheitliche und keine spezifische Bezogene auf die LP vor. So wird nach BERGHOLZ ein System als wandlungsfähig bezeichnet, „wenn es aus sich selbst heraus über gezielt einsetzbare Prozess- und Strukturvariabilität sowie Verhaltensvariabilität verfügt. Wandlungsfähige Systeme sind in der Lage, neben reaktiven Anpassungen auch antizipative Eingriffe vorzunehmen. Diese Aktivitäten können auf Systemveränderungen wie auch auf Umfeldveränderungen hinwirken“[89]. JASPERNITE ET AL. folgend bedeutet WF „ein Fertigungssystem mit einfachen Mitteln umbauen zu können, um die Systemfunktionen an veränderte oder neue Anforderungen strukturell anzupassen“[90]. Gemäß WIENDAHL ET AL. ist WF „das Vermögen einer Fabrik, ausgehend von internen oder externen Auslösern, aktiv strukturelle Veränderungen auf allen Ebenen bei geringem Aufwand durchführen zu können“[91].

Flexibilität bezeichnet nach KRÜGER hingegen den definierten Handlungsspielraum zur Veränderung, der eine elastische Anpassung ohne substanzielle Veränderung der Fabrikstruktur ermöglicht.[92] Die Veränderungsfähigkeit der Fabrik ist durch die, zum Zeitpunkt der Planung festgelegten, Flexibilitätskorridore begrenzt. Innerhalb eines solchen Flexibilitätskorridors können durch vorgehaltene Maßnahmen Schwankungen, z. B. der Stückzahl, kompensiert werden (vgl. Abbildung 6).[93]

[87] Vgl. Reinhart (1997), Mit Schwung zum Aufschwung, S. 173ff.

[88] Vgl. Reinhart (2000), Im Denken und Handeln, S.24 f.

[89] Vgl. Bergholz (2006), Objektorientierte Fabrikplanung, S.41

[90] Vgl. Jaspernaite et al. (2015), "Plug-and-Produce" für Fertigungssysteme, S.183

[91] Vgl. Wiendahl et al. (2002), Wandlungsfähigkeit, S.122

[92] Vgl. Krüger (2019), Gesamtmethodik zur mathematischen Anordnungsoptimierung, S. 8f.

[93] Vgl. Wiendahl et al. (2014), Systematik der Veränderungsfähigkeit, S. 123

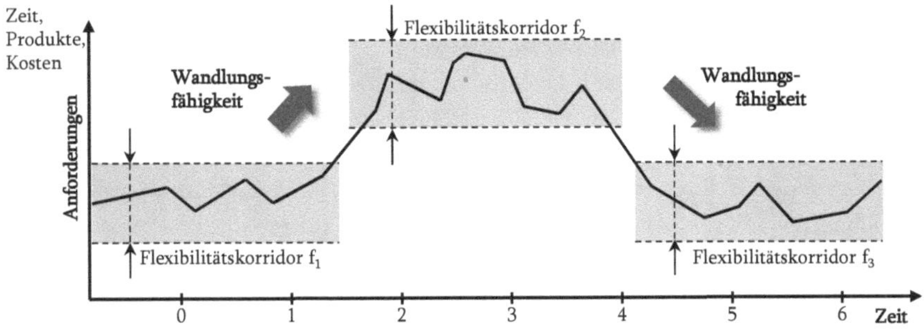


**Abbildung 6: Abgrenzung von Flexibilität und Wandlungsfähigkeit**[94]

Auf Basis dessen ermöglicht die WF eine schnelle Anpassung jenseits technologisch vorgehaltener Korridore ohne hohen Aufwand.[95] Nach WESTKÄMPER besteht die Anforderung an wandlungsfähige Systeme, neben reaktiven Anpassungen auch antizipative Eingriffe vorzunehmen.[96] Im Zuge dessen können technische Innovationen als Voraussetzung, aber auch als Auslöser von Umplanungen und Neukonfigurationen gesehen werden[97]. Dabei geht eine auf WF bedachte Planung der Fabrik mit der wandlungsfähigen Gestaltung des Unternehmens einher, was dessen Führung, Personal, Technik und Organisation beeinflusst.[98] Für den weiteren Verlauf der Arbeit muss die WF spezifisch für das Layout definiert und von den anderen Bedeutungen abgegrenzt werden (vgl. Kapitel 4.3.1). Dafür muss die WF jedoch zuerst tiefergehend in ihren weiteren Zusammenhängen verstanden werden. So wird der Begriff der WF insbesondere durch WIENDAHL und HERNÁNDEZ geprägt. Sie definieren fünf charakteristische Wandlungsbefähiger (WB): Skalierbarkeit, Modularität, Mobilität, Kompatibilität und Universalität. Durch ihre Berücksichtigung in der Planung stellen diese die Basis für eine erfolgreiche Umsetzung einer Wandlungsplanung dar[99].

[94] In Anlehnung an Wiendahl et al. (2014), Systematik der Veränderungsfähigkeit, S. 123

[95] Vgl. Zäh (2008), Münchener Kolloquium, S. 45ff.

[96] Vgl. Westkämper et al. (2000), Ansätze zur Wandlungsfähigkeit von Produktionsunternehmen; Wiendahl et al. (2014), Systematik der Veränderungsfähigkeit, S. 124

[97] Vgl. Westkämper et al. (2000), Ansätze zur Wandlungsfähigkeit von Produktionsunternehmen, S. 22ff.

[98] Vgl. Westkämper et al. (2009), Wandlungsfähige Produktionsunternehmen, S. 123

[99] Vgl. Hernández et al. (2005), Die wandlungsfähige Fabrik, S. 213; Lanza et al. (2018), Wandlungsfähige, menschzentrierte Strukturen in Fabriken, S. 30f.

### 2.2.2 Wandlungsbefähiger als Grundlage der Wandlungsfähigkeit

Die Gestaltung eines wandlungsfähigen Layouts beruht auf der Einbeziehung einer Reihe von WB in die Planung, welche in Folge ihrer Eigenschaften die Veränderungsfähigkeit der Fabrik bei der Umsetzung von Wandlungsplanungen unterstützen. Diese werden in Abbildung 7 dargestellt und spiegeln die multidimensionale Facette der WF wider.

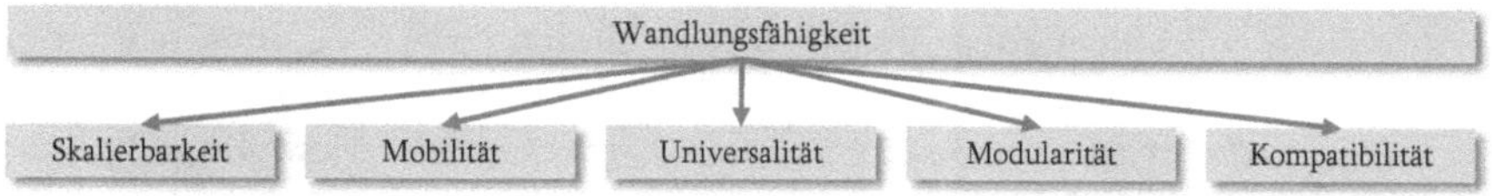


**Abbildung 7: Übersicht über die Wandlungsbefähiger**

Die *Skalierbarkeit* wird als Erweiterungs- oder Reduzierungsfähigkeit verstanden[100] und kann bildlich als „Atmungsfähigkeit" der Fabrik gesehen werden.[101] Diese wirkt sich auf den räumlichen, technischen und personellen Bedarf aus.[102] Insbesondere wird jedoch der räumliche Bedarf, welcher durch jegliche Art von Fabrikflächen charakterisiert wird, durch diesen WB adressiert.[103] Die räumliche Skalierbarkeit wird vorwiegend durch das Gebäude beschränkt. Für dessen Änderungen muss ein möglicher Rückbau oder die Erweiterung bautechnisch gewährleistet sein. Dies kann durch den modularen Aufbau des Gebäudes mit Hilfe von beweglichen Paneelen, Fassadenverkleidung und Büroabschnitten unterstützt werden. Des Weiteren muss die TGA des Gebäudes die Skalierbarkeit beispielsweise durch einen modularen Aufbau der Rohrleitungen zulassen.[104] Mit Fokus auf die Skalierbarkeit des technischen Bedarfs zeigt sich, dass dieser insbesondere die Betriebsmittelkapazität des Produktionssystems adressiert.[105] Dabei spielt die Reaktionsfähigkeit auf wechselnde Anforderungen unter begrenztem Mittel- und Zeiteinsatz eine wichtige Rolle.[106] Eine Lösung hierfür besteht insbesondere in dem Ansatz von „Plug and Produce"-Konzepten. Im Zuge der Betriebs-

[100] Vgl. Hernández et al. (2005), Die wandlungsfähige Fabrik, S. 213
[101] Vgl. Löffler (2011), Systematik der strategischen Strukturplanung, S. 32
[102] Vgl. ElMaraghy et al. (2009), Changeability, S. 5
[103] Vgl. Hernández et al. (2005), Die wandlungsfähige Fabrik, S. 213
[104] Vgl. Wiendahl et al. (2007), Changeable Manufacturing, S. 794
[105] Vgl. Krebs et al. (2011), Standardisierung im wandlungsfähigen Produktionssystem, S. 914ff.
[106] Vgl. Schuh et al. (2004), Skalierbare Produktionslinien in der Automobilindustrie, S. 377

mittelskalierbarkeit ist ebenso die Mobilität der Betriebsmittel von hoher Bedeutung.[107] Die Skalierbarkeit weist starke Interdependenzen zu den WB Modularität und Mobilität auf.

Neben der räumlichen Unabhängigkeit, die durch die Skalierbarkeit beschrieben wird, wird die örtliche Unabhängigkeit durch die *Mobilität* abgebildet. Diese umfasst sämtliche Elemente einer Fabrik wie Betriebsmittel, Gebäude und Gebäudeelemente. Durch die Mobilität wird die Fähigkeit beschrieben, Objekte des Fabriksystems zu bewegen. Dabei wird nicht streng zwischen mobilen und immobilen Objekten unterschieden, sondern explizit die Mobilität von allen Fabrikelementen berücksichtigt.[108] Diese Möglichkeit wird insbesondere durch die Betriebsmittel des jeweiligen Bereichs gewährleistet.[109] Die Mobilität wird in erster Instanz durch die Fähigkeit des jeweiligen Objektes, sich ohne erheblichen Zeit- und Kostenaufwand zu bewegen, beschrieben.[110] Zudem kann die Produktionsform die Mobilität des Layouts beeinflussen. So lassen sich beispielsweise Arbeitsinseln innerhalb einer mobilen Werkstattfertigung mit geringerem zeitlichen Aufwand räumlich umgestalten als stationäre Fertigungsstraßen einer Linienfertigung[111]. Innerhalb des Layouts liegen verschiedene Abhängigkeiten vor, welche durch die dynamischen Interaktionen zwischen den Layoutbereichen charakterisiert sind.[112]

Die *Universalität* sieht die Funktions- und Nutzungsneutralität der Fabrikobjekte vor. So soll die Möglichkeit bestehen, dass die Objekte des Produktionssystems verschiedene Aufgaben und Anforderungen erfüllen.[113] Infolgedessen sollten Ressourcen und Prozesse für vielseitige Anforderungen gestaltet werden.[114] Dies kann beispielsweise durch eine Überdimensionierung der Objekte erfüllt werden.[115] Zur Gewährleistung der Funktions- und Nutzungsneutralität sind einheitliche Schnittstellen der Medienversorgung notwendig.[116] Die Standardisierung von Fabrikelementen erfolgt durch eine Verbindung von Universalität, Kompatibilität und Modularität[117].

---

[107] Vgl. Wiendahl et al. (2007), Changeable Manufacturing, S. 794
[108] Vgl. Hernández et al. (2005), Die wandlungsfähige Fabrik, S. 213
[109] Vgl. Wiendahl et al. (2014), Systematik der Veränderungsfähigkeit, S. 122
[110] Vgl. Krebs et al. (2011), Standardisierung im wandlungsfähigen Produktionssystem, S. 916
[111] Vgl. Wiendahl et al. (2007), Changeable Manufacturing, S. 794
[112] Vgl. Albrecht et al. (2013), Multidimensional evaluation, S. 141
[113] Vgl. ElMaraghy et al. (2020), Changeable Manufacturing, S. 5f.
[114] Vgl. Wiendahl et al. (2014), Systematik der Veränderungsfähigkeit, S. 128
[115] Vgl. Krebs et al. (2011), Standardisierung im wandlungsfähigen Produktionssystem, S. 915
[116] Vgl. ElMaraghy et al. (2009), Changeability, S. 18
[117] Vgl. Wiendahl et al. (2014), Systematik der Veränderungsfähigkeit, S. 139

Die *Modularität* verfolgt den Ansatz Einheiten zu standardisieren. Diese Standardisierung betrifft nicht nur Betriebsmittel und Gebäude, sondern auch personelle und organisatorische Einheiten des Unternehmens.[118] In der LP kann diese beispielsweise durch vordefinierte Layoutelemente gefördert werden. Diese sollten vordefinierte Abmessungen, Funktionen und Schnittstellen beinhalten. Die so entstehenden Module sollten möglichst autonom handeln können und ohne zeitlichen und wirtschaftlichen Aufwand untereinander austauschbar sein.[119] Zudem besteht die Anforderung, dass der Austausch von Modulen das Gesamtsystem nicht einschränken darf.[120] Dies stellt eine Verknüpfung zur Universalität dar. In der Praxis wird die Modularität durch den Ansatz von „Plug-and-Produce"-Konzepten befähigt. In Bezug auf das Fabriklayout wird diese Unabhängigkeit dadurch erreicht, dass die Module nicht ortsgebunden sind. Die Handlungsfähigkeit von Fabriken wird durch den Aufbau der Medienversorgung innerhalb eines definierten Rasters erreicht.[121] Die erfolgreiche Umsetzung der Modularität benötigt ein gutes Maß an Mobilität, Kompatibilität und Universalität der Module.

Die *Kompatibilität* steht in einem engen Zusammenhang zur Modularität. So werden die aus der Computertechnik abgeleiteten „Plug-and-Produce"-Konzepte für Fertigungssysteme sowohl als Merkmalsausprägung der Kompatibilität als auch der Modularität verstanden. In Abgrenzung zur Modularität, die standardisierte Funktionen, wie beispielsweise Schnittstellen von Elementen, beschreibt, umfasst die Kompatibilität hingegen die Verfügbarkeit solcher Schnittstellen.[122] Der Überbegriff Kompatibilität beinhaltet die Vernetzungsfähigkeit des Produktionssystems sowie die (Des-)Integrationsfähigkeit einzelner Elemente.[123] Diese Fähigkeiten werden maßgeblich durch einheitliche Schnittstellen von Ressourcen und Prozessen bestimmt.[124] Um eine einheitliche Medienverfügbarkeit zu gewährleisten, kann die Versorgung über die Hallendecke erfolgen.[125] Bei der Gestaltung eines wandlungsfähigen Produktionssystems ist zu beachten, dass die Kompatibilität eng mit der Skalierbarkeit und der Modularität verknüpft ist.

---

[118] Vgl. Hernández et al. (2005), Die wandlungsfähige Fabrik, S. 214
[119] Vgl. ElMaraghy et al. (2020), Changeable Manufacturing, S. 6
[120] Vgl. Hernández et al. (2005), Die wandlungsfähige Fabrik, S. 214
[121] Vgl. Wiendahl et al. (2007), Changeable Manufacturing, S. 794
[122] Vgl. Hernández et al. (2005), Die wandlungsfähige Fabrik, S. 214
[123] Vgl. Wiendahl et al. (2014), Systematik der Veränderungsfähigkeit, S. 128
[124] Vgl. Krebs et al. (2011), Standardisierung im wandlungsfähigen Produktionssystem, S. 914
[125] Vgl. Wiendahl et al. (2007), Changeable Manufacturing, S. 794

### 2.2.3 Zusammenwirken der Wandlungsfaktoren

Um die WF im Fabrikkontext in ihrem vollen Umfang zu verstehen, müssen wechselwirkenden Einflüsse zwischen verschiedenen Faktoren betrachtet werden (vgl. Abbildung 8).

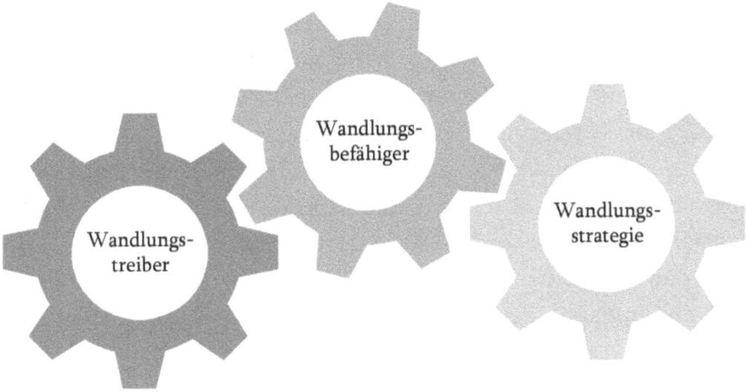


**Abbildung 8: Wechselbeziehungen der WF**[126]

Auslöser des Wandlungsprozesses stellen die Wandlungstreiber dar.[127] Diese können in externe Treiber und interne Treiber unterteilt werden. Bedürfnisse und Anforderungen von Umwelt, Politik und Gesellschaft nehmen Einfluss auf den Wandlungsbedarf.[128] LÖFFLER stellt die drei Hauptwandlungstreiber Märkte, Produkte und Produktionstechnologien heraus.[129] Eine große Rolle spielen dabei die Unvorhersehbarkeit volatiler Märkte, die durch zunehmende Internationalisierung gekennzeichnet sind. Zudem stellt eine schwer prognostizierbare Auftragslage Herausforderungen für die Produktion dar. Darüber hinaus geht der Trend zu kundenindividuellen Produkten und einer schwer handhabbaren Variantenvielfalt. Dies resultiert in einer Komplexitätssteigerung für die Produktion. Dazu kommt, dass technologisch neue Möglichkeiten für die Produktion verfügbar werden.[130] Interne Wandlungen werden dahingegen durch Innovationen innerhalb des Unternehmens ausgelöst.[131] Die Wandlungstreiber stoßen Wirkungsmechanismen an, die Ineffizienzen in den bestehenden Fabrikstrukturen entstehen lassen und in einem Wandlungsdruck resultieren. Beispiele hierfür

[126] In Anlehnung an ElMaraghy et al. (2009), Changeability, S. 3ff.

[127] Vgl. ElMaraghy et al. (2009), Changeability, S. 3ff.

[128] Vgl. Wiendahl et al. (2014), Planungsbasis, S. 34

[129] Vgl. Löffler (2011), Systematik der strategischen Strukturplanung, S. 29f.

[130] Vgl. Löffler (2011), Systematik der strategischen Strukturplanung, S. 28f.; ElMaraghy et al. (2009), Changeability, S. 9

[131] Vgl. Löffler (2011), Systematik der strategischen Strukturplanung, S. 28

sind Ineffizienzen durch vermehrte Umrüstungsvorgänge, lange Wege und Kapazitätsengpässe, die nur durch Anpassungen der Fabrik gelöst werden können.[132]

Um eine effiziente, durch die Wandlungstreiber angestoßene Wandlung der Fabrik durchführen zu können, ist die Integration von WB (vgl. Kapitel 2.2.1.) in die Planung essenziell.[133] Diese ermöglichen die erfolgreiche Durchführung der Wandlungsplanung in Hinblick auf die zugrundeliegende Wandlungsstrategie.[134] Nach ELMARAGHY ET AL. lassen sich drei verschiedene Strategieklassen unterscheiden, welche sich als notwendige, vorläufig ausreichende und neuauszurichtende kompetitive Ansätze klassifizieren lassen.[135] Unmittelbare notwendige Änderungen auf der operativen Ebene stellen erforderliche Strategien dar, um die Wettbewerbsfähigkeit und den Fortbestand des Unternehmens zu erhalten. Diese erforderlichen Änderungen erfolgen innerhalb von bestehenden Fabrikstrukturen, durch den Austausch oder die Erweiterung von Betriebsmitteln. Die zweite, eher taktisch getriebene Strategie ist auf die absehbare Zukunft ausgerichtet. Sie soll dem Unternehmen die Fähigkeit verleihen, innerhalb eines definierten Produktionsspektrums hinsichtlich Quantität, Qualität und Lieferzeiten agieren zu können. Diese Maßnahmen können beispielsweise durch die Veränderung von Fertigungsverfahren, Montage- und Logistikstrukturen umgesetzt werden. Schlussendlich kann eine neue Unternehmensstrategie die Wettbewerbsfähigkeit des Unternehmens steigern. Eine solche strategische, langfristig ausgerichtete Wandlungsstrategie zielt auf das Erlangen eines Wettbewerbsvorteils ab. Dies kann zu einer Umstellung des gesamten Produktionsprozesses führen. Eine solche Strategie kann beispielweise die Einführung von Six-Sigma oder Lean-Ansätzen darstellen.[136] Die angewendete Strategie geht in der Regel mit dem nötigen Aufwand des Wandels einher. Für diesen werden Equipment, Mitarbeiter, Wissen sowie Zeit gebraucht. Für gewöhnlich werden ab der Ebene einer taktischen Strategieanwendung Investitionskosten fällig.[137] Aufwand, Kosten und Zeit können durch eine Einbeziehung des Planungsziels der LW in der späteren Umsetzung minimiert werden.[138]

---

[132] Vgl. Löffler (2011), Systematik der strategischen Strukturplanung, S. 30

[133] Vgl. ElMaraghy et al. (2009), Changeability, S. 9

[134] Vgl. ElMaraghy et al. (2020), Changeable Manufacturing, S. 5

[135] Vgl. ElMaraghy et al. (2009), Changeability, S. 8ff.

[136] Vgl. Wiendahl et al. (2014), Systematik der Veränderungsfähigkeit, S. 132; ElMaraghy et al. (2009), Changeability, S. 8ff.

[137] Vgl. ElMaraghy et al. (2009), Changeability, S. 9

[138] Vgl. Wadhwa et al. (2005), Flexibility-enabled lead-time reduction in flexible systems, S. 3131ff.

## 2.3 Digitale Werkzeuge zur Layoutplanung

Im Rahmen der Digitalisierung werden immer mehr computerbasierte Planungswerkzeuge bereitgestellt. Diese müssen zur Erreichung der Vision der Automatisierung sich oft wiederholender Tätigkeiten und der Erreichung der Steigerung der Planungsqualität und Reaktionsfähigkeit fortlaufend weiterentwickelt werden. Die digitale Fabrikplanung beschreibt einen ganzheitlichen Planungsansatz, der durch die Nutzung digitaler Werkzeuge dabei unterstützen kann, die hohe Komplexität in der LP zu bewältigen.[139] Dazu werden in Kapitel 2.3.1 die Digitale Fabrik und die Planungsdimensionen vorgestellt. In Kapitel 2.3.2 wird auf das Building Information Modeling eingegangen.

### 2.3.1 Digitale Fabrikmodelle zur Layoutplanung

Gemäß VDI 4499 ist die Digitale Fabrik „der Oberbegriff für ein umfassendes Netzwerk von digitalen Modellen, Methoden und Werkzeugen – u. a. der Simulation und der dreidimensionalen Visualisierung (…).“[140] Neben der reinen Fabrikplanung werden durch die Digitale Fabrik jedoch auch darüber hinaus gehende Planungen, die Evaluierung und Verbesserungen von Produkt, Prozessen und Ressourcen ganzheitlich betrachtet.[141] Im Rahmen dieser Arbeit wird die Betrachtung auf die Modellierung der Umfänge der Fabrik, insbesondere des Layouts, gelegt. Durch entsprechende Software kann das Gebäude als auch die Betriebseinrichtung in einem dreidimensionalen (3D) Modell beschrieben werden. Dabei wird i.d.R. eine zweidimensionale (2D) Modellierung in ein 3D-Modell überführt. Als Software hierfür werden fachspezifische Computer-Aided-Design (CAD)-Programme verwendet.[142] Dabei werden zumeist die Fabrikobjekte vereinfacht durch ihre wesentlichen sichtbaren Geometrien modelliert. Die Vereinfachung und Informationsreduktion führt dazu, dass das Modell schneller geladen werden kann und so gerade die Belange der LP unterstützt werden, bei der die Objekte oft neu angeordnet werden müssen.[143]

Modelle können als abstrakte Gebilde oder Abbildungen von Originalen verstanden werden, die für einen bestimmten Zweck ein Original repräsentieren. Dabei müssen

[139] Vgl. Pawellek (2014), Strukturplanung, S. 183; Pawellek (2014), EDV-Unterstützung, S. 375
[140] Vgl. Verein Deutscher Ingenieure (2011), VDI 4499, S. 3
[141] Vgl. Verein Deutscher Ingenieure (2011), VDI 4499, S. 3
[142] Vgl. Wiendahl et al. (2014), Projektmanagement, S. 559ff.
[143] Vgl. Bracht et al. (2018), Anwendungsfelder der Digitalen Fabrik, S. 45f.

nicht alle Eigenschaften des Originals aufgewiesen werden.[144] Die Modelle sollten realitätsnah sein und für den Untersuchungszweck entsprechende charakteristische Eigenschaften aufweisen. CAD-Programme können der Klasse der Geometriemodelle zugeordnet werden.[145] Durch die digitale Modellierung wird zudem eine über die einmalige Planung hinausgehende Planung im Sinne einer wandlungsfähigen Fabrik unterstützt.[146] Außerdem kann durch die 3D-Planung eine Kollisionsfreiheit zwischen Planungsobjekten geprüft werden. Das Modell dient als anschauliches Planungsergebnis, welches als Diskussionsgrundlage für alle Planungsbeteiligten herangezogen werden kann.[147]

**Digitale 2D-Layoutplanung**

Es haben sich verschiedene Tools zur 2D-LP etabliert, wie der Planungstisch, ein PowerPoint Add-In zur geometrischen Planung oder CAD-basierte Programme.[148] Ersterer besteht aus einem horizontal aufgebauten Großbildschirm, auf dem ein 2D-Layout angezeigt wird. Dieses besteht aus manipulierbaren Objekten, welche meist durch eine Touchscreenoberfläche direkt bewegt werden können. Der Planungstisch wird vor allem zur interaktiven Planung innerhalb eines Planungsteams angewendet. Aus der jeweiligen Anordnung heraus können verschiedene Kennzahlen, wie beispielweise die Flächenausnutzung oder die Materialflussintensität, ausgelesen werden. Darüber hinaus kann über einen verbundenen Beamer eine räumliche Visualisierung des Layouts auf einer gesonderten Projektionsfläche erzeugt werden.[149] Das Fabrikplanungs-PowerPoint Add-In ist hingegen kompatibel mit Microsoft-PowerPoint. Es kann zur Groblayoutplanung angewendet werden und dient der schnellen, maßstabsgetreuen und präsentierfertigen Blocklayoutplanung. Vorteilhaft dabei ist, dass eine Einarbeitung in eine der, oft als kompliziert empfundenen, Planungssoftwares entfällt.[150] Häufig dienen 2D-Modellierungen als Skizzierwerkzeug für 3D-CAD-Modellierungen. Dabei können zweidimensionale Geometrieelemente erzeugt werden. Zur Modellierung

[144] Vgl. Vajna et al. (2009), Grundlagen der Modellbildung, S. 130f.; VDI-Fachbereich Produktentwicklung und Mechatronik (2011), VDI 2249

[145] Vgl. Vajna et al. (2009), Grundlagen der Modellbildung, S. 130ff.

[146] Vgl. Wiendahl et al. (2014), Projektmanagement, S. 559

[147] Vgl. Bracht et al. (2018), Anwendungsfelder der Digitalen Fabrik, S. 45

[148] Vgl. Werkzeugmaschinenlabor der RWTH Aachen Universität (2021), Fabrikplanungs-PowerPoint; Wiendahl et al. (2014), Projektmanagement, S. 561

[149] Vgl. Wiendahl et al. (2014), Projektmanagement, S. 561

[150] Vgl. Werkzeugmaschinenlabor der RWTH Aachen Universität (2021), Fabrikplanungs-PowerPoint

kann auf verschiedene Elemente wie Punkte, Linien, Strecken, Kegelschnitte, Freiformkurven, Splines oder Freiformflächen zurückgegriffen werden.[151] Ein für die LP häufig genutztes 2D-CAD-Programm ist beispielsweise AutoCAD.[152]

**Digitale 3D-Layoutplanung**

Durch die digitale 3D-Modellierung können das Fabrikgebäude sowie seine Einrichtungen und Fabrikanlagen zusammengeführt werden. Diese Modellierung wird von BRACHT auch als Fabrik Digital Mock-up (DMU) bezeichnet.[153] Typische Software für diesen Zweck sind fachspezifische CAD-Programme.[154] 3D-Modelle bieten eine vollständigere und eindeutigere Objektbeschreibung durch eine weitere geometrische Dimension als reine 2D-Modelle. Ein Vorteil gegenüber der 2D-Modellierung ist, dass Probleme früh erkennt und vermieden werden können, insbesondere Fehler in der Planung nachgelagerter Phasen. Zudem erleichtern die Modelle die Kommunikation zwischen Planenden und weiteren Stakeholdern. Bei der Modellerstellung sollte ein festes Referenzsystem definiert werden, welches nicht im Laufe des Projektes verändert wird. Dieses bietet eine Referenz in Bezug auf das Koordinatensystem und Geometrieelemente (meistens Flächen). Damit wird der Zweck verfolgt, dass Fremdmodelle ohne großen Aufwand importiert und geändert werden können. Zudem kann so der Modellaufbau jederzeit nachvollzogen werden. Durch die Verwendung von Volumenmodellen können den Objekten Volumen- und Materialinformationen zugeordnet werden. Sie bestehen aus topologisch geschlossenen Flächenverbänden, die die Objekthülle oder Objektoberfläche bilden.[155]

Basierend auf dem konventionellen CAD-System bauen das parametrische und featurebasierte CAD-System auf. Parametrische CAD-Systeme sind dadurch gekennzeichnet, dass Beziehungen zwischen den in der Regel geometrischen Elementen abgelegt sind. Diese können anstatt oder neben festen Werten der Elemente vorhanden sein.[156] Als Parameter werden im mathematischen Sinne die Koeffizienten einer Gleichung bezeichnet. Im technischen Sinne wiederum ist ein Parameter eine Systemfunktion beschreibende Eigenschaft.[157] Diese können nach Regeln festgelegte Wertebereiche und Beziehungen untereinander aufweisen. Dadurch kann eine Gestaltungslogik in das

[151] Vgl. Vajna et al. (2009), Modellerstellung und -anwendung, S. 161ff.
[152] Vgl. Autodesk Inc. (2021), AutoCAD
[153] Vgl. Bracht et al. (2018), Stand der Umsetzung sowie der Bezug zu Industrie 4.0, S. 14
[154] Vgl. Wiendahl et al. (2014), Projektmanagement, S. 561
[155] Vgl. Vajna et al. (2009), Modellerstellung und -anwendung, S. 159ff.
[156] Vgl. Vajna et al. (2009), Modellerstellung und -anwendung, S. 172f.
[157] Vgl. Vajna et al. (2009), Grundlagen der Modellbildung, S. 120

Modell eingebracht werden. Durch die parametrische Modellierung können geometrische Modelle mit Abhängigkeiten und Zwangsbedingungen versehen werden, sodass ein flexibles Modell entsteht.[158] So kann beispielsweise erzwungen werden, dass bei Änderung der Höhe eines Geschosses sich alle anderen Wände automatisch anpassen. Durch diese Art der Modellierung muss die Gestaltung besser durchdacht und standardisiert werden. Parameter können entweder vom Nutzer oder vom System erzeugt werden. Erstere sind beispielsweise Bemaßungen oder Positionierparameter. Weiter können verschiedene Parameterarten unterschieden werden. Geometrieparameter betreffen die Gestalt des zu modellierenden Objekts. Dabei geben Positionsparameter die Lage zu einem Referenzpunkt an. Zudem zeigen Verknüpfungsparameter die Abhängigkeiten zwischen Modellen auf. Diese sind übergreifende Parameter für den Zusammenbau aus separaten Dateien. Weiterhin werden durch Feldparameter die Anzahl assoziativer Kopien von Komponenten verwaltet. Außerdem sind Führungsparameter Kenngrößen (z. B. Nennmaße) oder Sachmerkmale. Durch Veränderung einzelner Parameter werden neue Varianten erzeugt. Eine weitere Parameterart sind die physikalischen Parameter. Sie legen weitere Eigenschaften des Modells, wie Werkstoffe, fest. Zwischen den Parametern können arithmetische Beziehungen (z. B. Addition), logische Beziehungen (z. B. kleiner als, UND) oder geometrische Beziehungen (z. B. parallel, horizontal) gegeben sein.[159]

Featurebasierte CAD-Systeme können neben geometrischen Eigenschaften weitere Zusatzinformationen erfassen. Diese hinterlegten Informationen können semantischer Art sein und beispielsweise Informationen zur Funktion oder Fertigungstechnologie listen. Der Begriff „Feature" kann mit Funktionselement oder technisches Element übersetzt oder mit Semantik gleichgesetzt werden. Unter Semantik können die verknüpften Daten und Informationen verstanden werden. Dabei geht die Modellierung über die reine Parametrik hinaus und bildet nicht-geometrische, attributive Eigenschaften ab. Grundlage für diese Modellierung sind zumeist dreidimensionale, volumenbasierte Geometrierepräsentationen. Features bilden eine Klasse von Objekten oder Elementen, die mehr als nur geometrische Informationen enthalten und die zur Integration weiterer Werkzeuge dienen. Der Nutzen liegt unter anderem in der Abbildung und Wiederverwendung von Expertenwissen. Zudem wird eine featurebasierte Kopplung zwischen Entwurf und Berechnung oder Simulation als aussichtsreich angesehen.[160] In der Fabrikplanung bekommt der Planende i.d.R. aus den anderen Pla-

[158] Vgl. Borrmann et al. (2015), Grundlagen der geometrischen Modellierung, S. 34

[159] Vgl. Vajna et al. (2009), Modellerstellung und -anwendung, S. 184ff.

[160] Vgl. Vajna et al. (2009), Modellerstellung und -anwendung, S. 172ff.

nungsdisziplinen geometrische Layoutmodelle. Zur Weiterführung und Zusammenführung der Planung muss auf weitere attributive Informationen zurückgegriffen werden, die zuvor aus anderen Dokumenten beschafft werden müssen. Ohne das Vorliegen aller relevanten Informationen kann keine Plausibilität, z. B. durch Kollisionskontrollen oder der Übereinstimmung von Anforderungen verschiedener Bereiche, des Layouts geprüft werden. Zur erfolgreichen interdisziplinären Planung besteht das Ziel einer Zusammenführung aller geometrischen und sonstigen relevanten, attributiven Informationen aller Planungsgewerke. Dabei sollen die Informationen einfach zu speichern, zugänglich und durch die verschiedenen Planenden integrierbar sein. Zudem sollen Informationen nicht nur indirekt repräsentiert, sondern auch explizit präsentiert werden. Durch die Integration von geometrischen und attributiven Daten in ein verwendetes digitales Modell kann die Planung effizienter und qualitativ hochwertiger gemacht werden.[161]

Die 3D-Modellierung stellt häufig einen Mehraufwand im Vergleich zur 2D-Planung dar. Beachtet werden muss bei der Erstellung des Modells, welche Anforderungen an die abzubildende Genauigkeit und den Detailgrad vorgegeben werden. Zudem darf die Erfahrung der Projektbeteiligten bzgl. der Modellierung nicht außer Acht gelassen werden. Zusätzlich erlauben sie aber eine realitätsnahe Abbildung zukünftiger Fabriken und dienen als Basis für Simulations-, Animations- und Berechnungsverfahren.[162]

**Simulation**

Simulationen können in verschiedenen Bereichen der Produktionsplanung, wie der Prozess- oder Fabrikebene, zum Einsatz kommen.[163] Gemäß VDI 3633 ist Simulation das „Nachbilden eines Systems mit seinen dynamischen Prozessen in einem experimentierbaren Modell, um zu Erkenntnissen zu gelangen, die auf die Wirklichkeit übertragbar sind".[164] Unter einem System wird eine Menge von Elementen verstanden, die miteinander in Beziehung stehen.[165] Dabei werden systematisch Parameter- oder Strukturvariationen durchgeführt. Dabei beinhaltet die Simulation selbst keine Optimierung. Diese kann jedoch durch mathematische Optimierungsverfahren unterstützt werden, die die Auswahl systematischer Parametervariationen unterstützt, indem

[161] Vgl. Chen (2012), Information management for factory planning and design, S. 4f.

[162] Vgl. Vajna et al. (2009), Modellerstellung und -anwendung, S. 159ff.

[163] Vgl. Wiendahl et al. (2014), Projektmanagement, S. 561

[164] Vgl. VDI-Fachbereich Fabrikplanung und -betrieb (2014), VDI 3633 Blatt 1, S. 3

[165] Vgl. VDI-Fachbereich Fabrikplanung und -betrieb (2014), VDI 3633 Blatt 1, S. 4; 2014), DIN IEC 60050-351:2014-09

günstige Parameterkonfigurationen ermittelt werden.[166] Das für die Simulation zugrundeliegende operative Modell bildet das reale System nach und beinhaltet alle seine quantifizierbaren Größen in formalisierter Form. Damit können Änderungen des Systems antizipativ durchdacht und bewertet werden.[167] Die so durchgeführte Systemanalyse ermittelt ein auf das Zielsystem abgestimmtes günstiges Eingangs-/Ausgangsverhalten.[168] Es gibt verschiedene Arten der Simulation, wie die diskrete oder agentenbasierte Simulation. Bei der diskreten Simulation werden dynamische Systeme modelliert. Der Systemzustand wird dabei durch zeitabhängige Zustandsvariablen beschrieben. Dabei werden der Zeitpunkt des Ereigniseintritts und das Ereignis in Zusammenhang gebracht. Bei der agentenbasierten Simulation werden Systeme analysiert, bei denen durch gegenseitiges bedingtes Verhalten von beteiligten Akteuren komplexe Wirkzusammenhänge entstehen. Dabei erfolgt die Simulation über die Durchführung von Aktionen der Akteure. Ein Verhaltensmodell beschreibt die Generierung möglicher alternativer Aktionen und deren Bewertung sowie Auswahl.[169]

**Digitaler Zwilling der Fabrik**

Digitale Zwillinge (DZ) können als digitale Informationskonstrukte eines physischen Systems verstanden werden. Dabei sind sie direkt informatorisch mit dem physischen Original verbunden.[170] Es werden dessen geometrische und attributive Eigenschaften, dessen Zustand und Verhalten erfasst.[171] Dabei werden die Informationen in einem konsistenten Format gespeichert. Zudem können sie Algorithmen beinhalten, die Entscheidungen regelbasiert ableiten. In Abgrenzung zum digitalen Modell besteht eine automatisierte Datenintegration zwischen dem physischen und virtuellen Objekt.[172] Einsatz finden DZ über den gesamten Lebenszyklus eines Objekts, auch in der Planungsphase.[173] Gerade im Bereich der LP verspricht der Einsatz von DZ großes Potenzial.[174] Im Bereich der Bauplanung kann BIM (vgl. Kapitel 2.3.2) als DZ der Planungsphase betrachtet werden. In dieser ist noch keine echtzeitfähige Abbildung des betriebenen Gebäudeobjekts erforderlich, sondern kann übereinstimmend auf die Abbildung der relevanten Planungsinformationen beschränkt werden.[175]

[166] Vgl. VDI-Fachbereich Fabrikplanung und -betrieb (2014), VDI 3633 Blatt 1, S. 3
[167] Vgl. Pawellek (2014), EDV-Unterstützung, S. 375
[168] Vgl. Vajna et al. (2009), Grundlagen der Modellbildung, S. 152
[169] Vgl. Domschke et al. (2015), Simulation, S. 234ff.
[170] Vgl. Kritzinger et al. (2018), Digital Twin in manufacturing, S. 1016f.
[171] Vgl. Frauenhofer IPK, Smarte Fabrik 4.0 – Digitaler Zwilling, S. 1
[172] Vgl. Kritzinger et al. (2018), Digital Twin in manufacturing, S. 1016f.
[173] Vgl. Lindow (2021), Digitaler Zwilling, S. 1
[174] Vgl. Kritzinger et al. (2018), Digital Twin in manufacturing, S. 1016f.
[175] Vgl. Khajavi et al. (2019), Digital Twin, S. 147406ff.

### 2.3.2 Building Information Modeling zur Erweiterung der Planungsdimensionen

Eine digital durchgängige, informationshaltige und im Bereich des Bauwesens etablierte Modellierungsmethode ist das Building Information Modeling (BIM). Diese Bezeichnung kann sinngemäß als Gebäudedatenmodellierung übersetzt werden.[176] Der auch für das digitale Modell synonym verwendete Begriff BIM steht für ein digitales Abbild des Bauwerks mit großer Informationstiefe.[177] BIM zeichnet sich durch eine objektorientierte Modellierung aus.[178] Dieses umfasst das 3D-Modell, aber auch nichtgeometrische Zusatzinformationen (z. B. Typinformationen, Eigenschaften, Kosten). Das Potenzial liegt in der so besser möglichen Kommunikation zwischen Planenden und der konsequenten Nutzung der Daten über verschiedene Lebenszyklen hinweg. Wie auch die zuvor beschreibenden 3D-Modelle kann auf parametrisierte Geometriedarstellungen und Beziehungen zwischen Bauteilen zurückgegriffen werden. Zudem steht in vielen BIM-Programmen ein bauspezifischer Objektkatalog zur Verfügung, der Objekte wie Wände oder Fenster in vordefinierter Form beinhaltet.[179]

Die relevanten Daten sind in einer zentralen Datenbank hinterlegt und miteinander vernetzt.[180] BIM ist dafür ausgelegt, einen intensiven Informationsaustausch zwischen Projektbeteiligten verschiedener Fachdisziplinen zu koordinieren und zu ermöglichen.[181] Alle Beteiligten greifen also ständig auf dieselben und damit aktuellsten Daten zu. So können die Fachplanenden selbstständig an ihren Teilmodellen arbeiten. Diese werden durch Kollisionskontrollen überschneidungsfrei überlagert.[182] Zudem können Modellinformationen direkt für Simulationen, Analysen und Berechnungen genutzt werden, ohne dass Informationsverluste durch manuelle Übergaben entstehen. Ein Vorteil bei der Nutzung von BIM ist, dass auch schon in frühen Phasen Simulationen des Modells durchgeführt werden können. Die digitale Durchgängigkeit wird vor allem durch das standardisierte Dateiformat „Industry Foundation Classes" (IFC) unterstützt. IFC ist ein herstellerunabhängiges Datenformat zur vollständigen Beschreibung des Gebäudemodells.[183] Zudem ist es neutral und offen zugänglich, sodass es auch eine Lesbarkeit der Daten nach sehr langer Zeit verspricht. Die Datenmodellierungssprache

[176] Vgl. Wiendahl et al. (2014), Projektmanagement, S. 565

[177] Vgl. Borrmann et al. (2015), Einführung, S. 4f.

[178] Vgl. Azharr et al. (2008), Building Information Modeling (BIM), S. 436; Burggräf et al. (2018), Factory-BIM, S. 157

[179] Vgl. Borrmann et al. (2015), Einführung, S. 4f.

[180] Vgl. Wiendahl et al. (2014), Projektmanagement, S. 565

[181] Vgl. Chen (2012), Information management for factory planning and design, S. 34f. Borrmann et al. (2015), Einführung, S. 2

[182] Vgl. Wiendahl et al. (2014), Projektmanagement, S. 565ff.

[183] Vgl. Borrmann et al. (2015), Einführung, S. 2ff.

des IFC ist EXPRESS. Dies ist eine deklarative Sprache, mit der objektorientierte Datenmodelle definiert werden können. Dabei werden Objekte der realen Welt in Klassen oder Entitäten genannt, abstrahiert und entsprechende Attribute und Beziehungen zu anderen Klassen zugewiesen.[184]

Der BIM-Ansatz kann als Grundlage für die Integration weiterer Gewerke gesehen werden. So kann unter Verwendung von BIM die Gesamtfabrik mit ihrem Kern aus Produktion und Logistik, aber auch der umgebenden Gebäudehülle und allen technischen Anschlüssen sowie Sozialräumen erfasst werden.[185] Es zeigt sich, dass die digitalen Werkzeuge, insbesondere das BIM oder DZ, gute Möglichkeiten zur Effizienzsteigerung der LP bieten. Sie bilden eine gute Basis zur Automatisierung ausgewählter LP-Prozesse.

## 2.4 Die Herausforderungen der automatisierten Bewertung der Layoutwandlungsfähigkeit

Zusammenfassend geht aus den Grundlagen zur automatisierten Bewertung der LW hervor, dass die LP ein unter anderem auf die Kapazitäts-, Produktionsstruktur- und Produktionslogistikplanung aufbauender Planungsschritt ist. Dabei wird im Laufe der Planung der Detailgrad erhöht. Die LP kann als Anordnung der verschiedenen Fabrikbereiche verstanden werden, deren Ziel die Erstellung von groben bis hin zu detaillierten Layouts ist. Dabei spielt das der Planung zugrunde liegende Zielsystem eine große Rolle bei der Gestaltung und anschließenden Auswahl der besten, umzusetzenden LV. Das Zielsystem besteht i.d.R. aus verschiedenen Zielkriterien, die später bei der Auswahl der Layouts als Bewertungsgrundlage herangezogen werden. Zielkriterien können in quantitative (messbare) und qualitative (nicht direkt messbare) Kriterien unterteilt werden. In den die LP unterstützenden mathematischen Verfahren werden vor allem quantitative Zielkriterien, wie die Materialflusseffizienz, verwendet. Quantitative Zielkriterien sind durch ihre gut zu formalisierende Natur obligatorischer Bestandteil der Algorithmen im Forschungsbereich des FLP. Hingegen gibt es wenige fabrikplanungsspezifische, den qualitativen Zielen zugeordnete, formalisierte Kriterien. Bei der Ergründung dieser Tatsache fällt auf, dass die Grenze, ab wann ein Zielkriterium als quantitativ oder qualitativ deklariert wird, fließend ist und dem subjektiven Verständnis unterliegt. Häufig dienen qualitative Ziele der Erreichung eines quantitativen Ziels. Beispielsweise kann die Planung eines wandlungsfähigen Layouts

[184] Vgl. Borrmann et al. (2015), Industry Foundation Classes, S. 84ff.

[185] Vgl. Bracht et al. (2018), Anwendungen der Digitalen Fabrik, S. 259

der Reduktion der Umsetzungszeit oder der Reduktion der Umbaukosten um eine definierte Prozentzahl dienen. Auch wenn qualitative Zielkriterien häufig in ein übergeordnetes Zielsystem einzahlen, müssen sie, der Intention des Zielsystemgebers folgend, erfolgreich umgesetzt werden. Ebenso wie das Verständnis über die Konkretisierung der qualitativen Ziele ist auch die Definition der Zielerreichung subjektiv, sodass Kommunikationsprobleme, bedingt durch unterschiedliche Interpretationen und Auslegungen, eine Folge des mangelnden objektiven Verständnisses sind. Eine klare Kommunikation setzt eine konkrete Messung der Zielerreichung voraus. Der Vorgang der Quantifizierung ist zumeist sehr zeitintensiv und setzt eine tiefe thematische Auseinandersetzung voraus. Dabei ist es sehr schwierig, die zu einer Quantifizierung führenden Indikatoren und deren Abhängigkeiten und Zusammenhänge zu identifizieren und diese auf den notwendigen Grad der transparenten Nachvollziehbarkeit zu bringen. Wie zuvor beschrieben, verkörpert die LW die Eigenschaften von qualitativen Zielkriterien. Es liegen jedoch unterschiedliche Definitionen und ein uneinheitliches Verständnis bzgl. der LW vor. Dennoch ist sie fester Bestandteil in der Layoutbewertung und für die automatisierte FP unabdingbar. Dies setzt jedoch die intensive Analyse der relevanten Faktoren dieses Zielkriteriums, die in einer Quantifizierung resultiert, voraus.

Wie die Erläuterungen aus Kapitel 2 zeigen, gibt es zahlreiche Möglichkeiten, die LP mit digitalen Werkzeugen zu unterstützen. So können alle relevanten Informationen des zu entstehenden Objekts in der digitalen LP abgebildet und in diese sogar Algorithmen eingebunden werden. Die grundlegenden Voraussetzungen und Schnittstellen zur Automatisierung von Teilprozessen der FP sind also gegeben. Trotzdem werden die Möglichkeiten, die dadurch eröffnet werden, in der Praxis nur rudimentär ausgeschöpft. Reflektiert man diese Beobachtung, so stellt man fest, dass in vielen Unternehmen nur simple Teilfunktionen umfassender Softwares verwendet werden. Dies ist häufig langer Rechenzeiten geschuldet, die durch den Einsatz von Rechnern mit zu geringer Leistung bedingt sind. Zudem mangelt es oft an dem Vorhandensein oder der Umsetzung der Philosophie für die Verwendung von entsprechend umfangreichen Softwares als Single Source of Truth. Dies führt dazu, dass die notwendigen Daten nicht maschinenlesbar abgelegt und im Zweifel nicht für alle Stakeholder abrufbar sind. Unternehmen, die diese beschriebenen ersten Hürden überwinden und zur Entwicklung von Automatisierungslösungen für ihre Prozesse gelangen, müssen ein hohes Investitionsrisiko eingehen, da der Erfolg der Automatisierung erst nach Abschluss der gelungenen Entwicklung in der Umsetzung ersichtlich wird. Einen Engpass stellen die personellen Ressourcen dar, die durch das Unternehmen für ein solches Projekt bereitgestellt werden können. Zum einen sind solche Automatisierungsprojekte sehr zeitintensiv. Zum anderen setzen sie tiefe Prozesskenntnisse und die Fähigkeiten zur benötigten Aufbereitung dieser Kenntnisse für die softwareumsetzenden Schnittstellen voraus. Diese tiefen Prozesskenntnisse über die LP sind über viele wissenschaftliche Werke hinweg verfügbar und müssen herausgearbeitet werden. Um aus der Fabrikplanungsfachexpertise heraus die Implementierungsschnittstelle der Software bedienen zu können, müssen geeignete, bestehende Herangehensweisen identifiziert und das Design des Artefakts darauf adaptiert werden.

# 3 Stand des Wissens zur automatisierten Bewertung der Layoutwandlungsfähigkeit

Gemäß des zweiten Schritts des DSR (vgl. Kapitel 1.4) muss der Stand des Wissens erfasst werden, um Anknüpfungspunkte an bestehende wissenschaftliche Ansätze zu identifiziert. Um den Forderungen des Rahmenwerks des DSR nachzukommen, ist eine rigorose Methodenanwendung zur Entwicklung des Artefakts notwendig. Dazu wird zur Identifikation relevanter Ansätze und Methoden eine systematische Literaturrecherche (SLR) durchgeführt. Die Methodik der SLR ist in Kapitel 3.1 grundlegend erklärt und wird in den thematischen Kapiteln 3.2 zum Stand des Wissens der LW-Bewertung und in Kapitel 3.3 zur automatisierten Layoutbewertung weiterführend ergänzt. Abschließend werden in Kapitel 3.4 die Anknüpfungspunkte zur Modellierung der Bewertung der LW aufgezeigt.

## 3.1 Methodisches Vorgehen zur Identifizierung relevanter Ansätze

Um relevante Ansätze und den daraus abgeleiteten Stand des Wissens für das Ziel der automatisierten Bewertung der LW zu identifizieren, wird die Methodik einer SLR angewendet. Diese wird gesondert für die zwei übergeordneten Themenbereiche der Wandlungsfähigkeitsbewertung im Fabrikkontext und der automatisierten Layoutbewertung mit Fokus auf qualitative Kriterien durchgeführt. An dieser Stelle wird das methodische Vorgehen vorgestellt. Die detaillierte Literatursuche und Literaturanalyse wird den thematischen Unterkapiteln 3.2 und 3.3 zugeordnet.

Die Methodik zur systematischen Literaturrecherche[186] folgt dabei einem iterativen Vorgehen nach VOM BROCKE ET AL.[187], die aus den fünf Schritten besteht: Definition

[186] Teile der systematischen Literaturrecherche wurden in der folgenden Veröffentlichung publiziert: Burggräf et al. (2021), Fields of action towards automated facility layout design

[187] Vom Brocke et al. (2009), Reconstructing the giant

des Betrachtungsumfangs, Konzeptionierung der Thematik, Literatursuche, Literaturanalyse und Literatursynthese und Ableitung der sich ergebenden erforderlichen Forschung (vgl. Abbildung 9).

**Abbildung 9: Methodik der SLR nach VOM BROCKE ET AL.**[188]

Die Definition des Betrachtungsumfangs und die thematische Konzeptionierung wird methodisch durch die Taxonomie nach COOPER[189] (vgl. Abbildung 10) unterstützt.

| Charakteristika | Kategorie | | | |
|---|---|---|---|---|
| Fokus | **Forschungs-ergebnisse** | Forschungs-methoden | **Theorien** | Anwendungen |
| Ziel | **Integration** | Kritik | **Zentrale Herausforderungen** | |
| Perspektive | **Neutrale Repräsentation** | Exponierte Position | | |
| Abdeckungsgrad | Umfassend | **Umfassend & selektiv** | repräsentativ | Zentral/Pivotal |
| Organisation | Historisch | **Konzeptionell** | **Methodisch** | |
| Audienz | **Fachwissen-schaftler** | Wissenschaftler allgemein | Fachleute/ Politiker | Allgemeinheit |

**Abbildung 10: Taxonomie nach COOPER**[190]

COOPER folgend wird der Fokus der SLR definiert. Für den Zweck dieser Arbeit liegt dieser sowohl auf den wissenschaftlichen Ergebnissen der Publikationen als auch auf den Theorien dahinter. Ziel der Durchführung der SLR ist die Identifikation und Integration der zentralen Herausforderungen des Themenbereichs der automatisierten Bewertung der LW. Dabei soll eine neutrale Perspektive eingenommen werden. Der Abdeckungsgrad der Literatur wird als umfassend und selektiv gewählt, so dass die vorhandene Literatur möglichst vollständig abgedeckt wird, aber nur eine Auswahl der Literatur ausführlicher dargestellt wird. Es soll konzeptionell und methodisch organi-

[188] In Anlehnung an Vom Brocke et al. (2009), Reconstructing the giant
[189] Cooper (1988), A taxonomy of literature reviews
[190] In Anlehnung an Cooper (1988), A taxonomy of literature reviews

siert vorgegangen werden, sodass Literatur mit gleichen abstrakten Ideen oder ähnlichen Methoden gebündelt betrachtet und durch ein Werk repräsentativ vorgestellt wird. Die Ergebnisse richten sich an Fachwissenschaftler und Anwender aus den Bereichen der Produktionssystematik, des Operations-Research und der Softwareentwicklung.

Im weiteren Vorgehen folgt die Literatursuche der STARLITE (Standards for Reporting Literature Searches) Methode nach BOOTH.[191] Die Analyse der Literatur wiederum wird methodisch durch die PRISMA (Preferred Reporting Items for Systematic Reviews and Meta-Analyses) Methode nach MOHER ET AL.[192] durchgeführt. Gemäß der STARLITE Methode wird die Suchstrategie und der Umfang der Suche festgelegt. Um die Suchergebnisse möglichst weit auf eine auswertbare Menge zu begrenzen, wird der Fokus auf Zeitschriftenartikel und Artikel aus Sammelbänden wie Tagungsbänden, aber auch auf Monografien wie Dissertationsschriften gelegt. Dabei werden die Suchsprachen Deutsch und Englisch verwendet. Der Betrachtungsrahmen umschließt die aktuellsten Publikationen. Deshalb werden alle Publikationen, die zum Zeitpunkt der Recherche älter als zehn Jahre waren, aussortiert. Zur Ermittlung der relevanten Werke wurden die elektronischen Datenbanken Worldcat, ScienceDirect, Scopus, Web of science, Gemeinsamer Bibliotheksverbund (GBV), Deutsche Nationalbibliothek und SpringerLink durchsucht. Neben Fachdatenbanken wurden auch allgemeine und Verbunddatenbanken in die Suche integriert. Zu den Verbunddatenbanken zählen die Kataloge des *Gemeinsamen Bibliotheksverbunds* (GBV) und der *Deutschen Nationalbibliothek* (DNB). Erstere ist ein Bibliotheksverbund der Bundesländer Bremen, Hamburg, Mecklenburg-Vorpommern, Niedersachsen, Sachsen-Anhalt, Schleswig-Holstein, Thüringen und der Stiftung Preußischer Kulturbesitz, der zahlreiche Datenbanken mit Abstracts und Inhaltsverzeichnissen im Verbundgebiet beinhaltet[193]. Als größte Bibliothek der Bundesrepublik wird die *Deutsche Nationalbibliothek* (DNB) als zentrale Archivbibliothek für sämtliche Werke in deutscher Sprache gehandelt. Durch die Einbeziehung dieser beiden umfassenden Datenbanken mit Fokus auf deutschsprachige Werke sollen auch relevante, nicht fachspezifische Publikationen identifiziert werden. Die weiteren aufgezählten Datenbanken zählen zu den Fachdatenbanken. Als weltgrößte bibliografische Datenbank gilt *WorldCat*, welche eine systematische Rechercheoberfläche für eine große Zahl an Mitgliedsbibliotheken darstellt[194]. Zu diesen

---

[191] Booth (2006), STARLITE: standards for reporting literature searches

[192] Moher et al. (2009), PRISMA statement

[193] Vgl. Gemeinsamer Bibliotheksverbund / Verbundzentrale (Startseite), 2020.

[194] Vgl. OCLC (2021), WorldCat

gehört unter anderem die *Universitätsbibliothek der RWTH Aachen*. Die vom wissenschaftlichen Verlag Elsevier zur Verfügung gestellte Literaturdatenbank *Scopus*[195] wie auch die *Web of Science Core Collection* (ehemals bekannt unter *ISI Web of Knowledge*) fokussieren sich auf wissenschaftliche Literatur in Form von Fachzeitschriften, Dissertationen, Büchern, Konferenzbeiträgen und Patenten. Inhaltliche Schwerpunkte bilden vor allem wissenschaftliche, technische und medizinische Publikationen in meist englischer Sprache.[196] Beide Webseiten verfügen über eine detaillierte Rechercheoberfläche zur gezielten Auswahl in den Literatur- und Zitationsdatenbanken. Die Datenbanken wurden zusätzlich ergänzt durch *SpringerLink*. Springer ist nach Elsevier der weltweit zweitgrößte Verlag mit Schwerpunkt auf wissenschaftliche, technische und medizinische Forschungsfelder und bietet eine große Auswahl an deutschsprachiger Fachliteratur[197]. Zusätzlich wurde die Suche über eine Stichwortsuche in Google Scholar ergänzt. Dafür wurden jeweils die in den Kapiteln 3.2 und 3.3 vorgestellten Suchbegriffe genutzt und die Treffer PRISMA folgend analysiert.

## 3.2 Ansätze zur Bewertung der Layoutwandlungsfähigkeit

Für die Recherchethematik der LW-Bewertung wurden folgende Suchbegriffe gewählt und diese über Booleanoperatoren verbunden: (Changeability) ODER (Changeability UND (Factory ODER Production ODER Layout). Für den deutschen Suchraum wurde folgende Suche, teils unter Verwendung von Trunkierungen, verwendet: (Wandlungsfähig*) ODER (Wandlungsfähig*) UND (Fabrik* ODER Produktion* ODER *Layout*). Aus dieser Recherche ergaben sich 20.834 Treffer. Nach Entfernung der Dubletten und Entfernung aller vor 2010 entstandenen Werke, um den Fokus auf die aktuellsten Erkenntnisse zu legen, reduzierte sich die Anzahl auf 8.546 Treffer. Daraufhin wurden alle Publikationen aus fremden Branchen oder Fachrichtungen, wie beispielsweise Psychologie oder Politik, entfernt. Zudem wurden Publikationen, zu denen keine Informationen zu Autor, Jahr und Abstract einsehbar waren und der Titel gleichzeitig auf für diesen Zweck irrelevante Inhalte hindeutete, aus der weiteren Betrachtung ausgeschlossen. Die so verbliebenen Treffer wurden auf ihre Eignung hin untersucht und im ersten Schritt durch thematische Übereinstimmung des Titels und der Schlagworte weiter ausgewählt. Kriterien hierfür waren beispielsweise, dass die Publikationen im Kontext von Fabrikplanung stehen, als auch die Thematik der WF behandeln. Die so verbleibenden 137 Treffer wurden auf ihre spezifische Eignung zuerst über den

[195] Vgl. Elsevier (2021), Über Scopus
[196] Vgl. Clarivate (2021), Web of Science Core Collection
[197] Vgl. Springer (2021), Willkommen bei SpringerLink

Abstract und die relevant erscheinenden als Volltext geprüft und eine Vorwärts- und Rückwärtssuche angewandt, sodass eine Endauswahl von 10 Werken entstand. Diese werden im Folgenden mit Bezug auf die spezifischen Erkenntnisse der Bewertung der LW analysiert vorgestellt.

Dabei fällt auf, dass die Forschung hierzu stark aus dem deutschen Wissenschaftsraum geprägt ist. Zudem konnte nur ein Werk aus der Literatur identifiziert werden, dass sich ausschließlich mit der Bewertung der LW beschäftigt. Alle anderen Autoren fokussieren sich auf andere Teilausschnitte der Fabrik und Betrachten das Layout nur als Teilaspekt oder adressieren andere Funktionseinheiten wie die Organisation. Wie eine literaturüberblickgebende Publikation zeigt, beschäftigen sich 35% der Methoden mit der Bewertung der WF von technischen Aspekten. Weitere 27% fokussieren sich auf die wirtschaftliche Bewertung der WF und 38% versuchen eine gesamtheitliche Bewertung aus technischen und wirtschaftlichen Aspekten zu bewerten.[198] STÄBLER ET AL. fassen zudem zusammen, dass die meisten Methoden generisch sind und eine konkrete Anwendung schwierig sei. Andere seien wiederum sehr kontextspezifisch, sodass eine Übertragung auf einen anderen Anwendungsfall ebenfalls schwierig sei.[199] Ziel bei der Betrachtung der nachfolgenden vorgestellten Publikationen aus der SLR ist es, Ansätze und Möglichkeiten zu identifizieren, die eine Bewertung der LW zulassen.

KLEMKE ET AL.[200] entwickeln eine Methodik zur Feststellung, ob die WF eines Produktionssystems für zukünftige Anforderungen genügt. Dazu wird eine sechsschrittige Bewertungsmethodik vorgestellt, die die Teilmethoden *Wandlungsmonitoring* und *Wandlungsanalyse* vereint. Die Autoren beschreiben das Durchspielen von denkbaren Änderungsszenarien, die in einer sogenannten Wandlungsgrafik aufgeführt werden. Diese hat die Dimension der Raumsicht, die als Layoutsicht interpretiert werden kann. Eine Einschränkung dabei ist, dass nur für spezifische Prozessänderungen dargestellt werden kann, ob das vorhandene Layout noch in die vorhandenen Strukturen passt oder Änderungen erforderlich sind.[201] Direkte Möglichkeiten zur generischen Bewertung des Layouts können nicht abgeleitet werden.

SCHUH ET AL.[202] stellen eine Methode zur Bewertung der WF von Produktionssystemen vor. Diese verwendet objektive, quantitative ERP-Daten und ist verbunden mit einem webbasierten Tool, das zusätzlich zu deren Visualisierung dient. Vorgenommen wird

[198] Vgl. Stäbler et al. (2016), Existing Evaluation Methods in the context of Changeability, S. 1587

[199] Vgl. Stäbler et al. (2016), Existing Evaluation Methods in the context of Changeability, S. 1591

[200] Klemke et al. (2012), Wandlungsfähige Produktionssysteme

[201] Vgl. Klemke et al. (2012), Wandlungsfähige Produktionssysteme, S. 222ff.

[202] Schuh et al. (2012), Assessment of Changeability of Production Systems

die Bewertung der WF über die Formel des WF-Grads als Verhältnis von Wandel mal Aufwand zu Zeit. Die Autoren argumentieren, dass Vergangenheitsdaten Rückschlüsse auf die Zukunft zulassen. Demnach kann ein vergangener Aufwand und Zeiteinsatz für einen vergangenen Wandel auf einen bevorstehenden Wandel übertragen werden. So können beispielsweise zwei Zeitpunkte als Wandlungszeitraum festgelegt werden und die im ERP aufgeführten Arbeitsstundenkosten dieses Zeitraums als Aufwandskennzahl quantifiziert werden. Die Autoren betonen, dass sich die Indikatorwerte zur Berechnung der WF für jedes Produktionssystem unterscheiden und entsprechend angepasst werden müssen. Als übergreifende Grundlage sollen dazu die WB (vgl. Kapitel 2.2.1) dienen. Die Autoren stellen zwar keinen direkten Bezug zur Layoutbewertung dar, geben aber allgemeine Beispiele für Messungsmöglichkeiten der einzelnen Befähiger in Bezug auf Produktionssysteme. Diese könnten in einzelnen Gedankengängen auf die Layoutbewertung übertragen werden. So könnte beispielsweise die Mobilität darüber gemessen werden, welche Zeit und welcher Aufwand zur Wandlung des Informations- und Materialflusses erforderlich ist. Die Universalität des Materialflusses könnte wiederum durch die Eliminierung des Materialflusses in Kombination mit seiner Wirkung auf die Durchlaufzeit des Produktionssystems gemessen werden. Dabei kann die Eliminierung des Materialflusses durch einen benötigten Zeitraum und die Abnahme des Produktionsaufwands ausgedrückt werden.[203]

KLEMKE UND NYHUIS[204] entwickeln einen Ansatz, um Fabriken hinsichtlich Lean- und Wandlungsfähigkeitsprinzipien zu bewerten und zu planen. Dabei stellen sie heraus, dass es sich um konfligierende Ziele handelt. Um Fabriken systematisch zu erfassen, werden Fabrikfelder, -ebenen und –objekte definiert und in einer Matrix aufgespannt. Die Fabrikebenen *Werk, Fabrik, System, Arbeitsplatz* sind dabei vertikal und die Fabrikfelder *Werkzeuge, Organisation* und *Raum* horizontal angeordnet. In die Matrix werden die Fabrikobjekte eingeordnet. Dabei ist das *Fabriklayout* ein Fabrikobjekt in der Kategorie Fabrik und Raum. Um die Fabrik planen und bewerten zu können, müssen die Anforderungen, die sich aus den Zielen der Leanprinzipien und der WF ergeben, betrachtet werden. Diese werden auf jedes Fabrikobjekt bezogen, welche aus den Fabrikfeldern und –ebenen abgeleitet werden. Die WB bilden hierfür die Basis. Die Autoren gehen nicht weiter auf das Objekt Fabriklayout ein, sondern fokussieren sich auf die Arbeitsplatzebene. Um das Prinzip des Ansatzes trotzdem beispielhaft zu erläutern, kann festgehalten werden, dass Anforderungen an das Objekt der Arbeitsplatzgestaltung in Bezug auf Werkzeuge eine universelle Anwendung von Produktions-

[203] Vgl. Schuh et al. (2012), Assessment of Changeability of Production Systems, S. 412ff.

[204] Klemke et al. (2009), Lean Changeability – Evaluation And Design

technologien und Werkzeugen sind. Somit können verschiedene Produkte mit derselben Technologie gefertigt werden. In Bezug auf den Raum werden die Anforderungen von anpassbaren Licht- und klimatischen Bedingungen an jedem Arbeitsplatz genannt. Dies führt zu einer möglichen Austauschbarkeit der Objekte innerhalb einer Fabrik. Die Autoren fassen zusammen, dass ein hohes Level an Standardisierung positiv zur Zielerreichung von Lean- und Wandlungsfähigkeitsprinzipien einer Fabrik beiträgt. Zur Bewertung der Fabrikobjekte wird der aktuelle und der Zielstatus quantifiziert. Dies geschieht über einen Katalog mit Bewertungskriterien, die teils qualitativ und teils quantitativ sind. Anschließend werden diese auf eine einheitliche Skala transformiert. Am Beispiel der Erweiterungsflächen ist die Bewertungsskala in fünf Intervalle unterteilt. Um die Einordnung in ein Intervall zu bestimmen, muss das Verhältnis von Erweiterungsflächen mit der Gesamtfläche errechnet werden. Je nach Intervall wird ein prozentualer Ergebniswert zugeordnet, der in 25%-Schritte unterteilt ist.[205] Die Autoren zeigen keinen direkten Ansatz hinsichtlich der Bewertung der LW auf. Allerdings kann die standardisierte Auslegung von Bereichen als Basis der LW aufgegriffen werden.

WIENDAHL ET AL.[206] nutzen die Betrachtung von Kosten als Entscheidungshilfe für eine Investition in eine wandlungsfähige Fabrik. Dabei müssen Anschaffungskosten für Fabrikobjekte anfangs und während der Wandlungsschritte einkalkuliert werden. Diese werden weiterhin unterteilt in direkte (Transportequipment, Personal zur Ausführung des Wandels) und indirekte Wandlungsausgaben (zusätzliche Gehälter für Überstunden, um zusätzliche Produkte zu produzieren/lagern). Aus diesen Überlegungen soll der richtige Grad an WF abgeleitet werden. Die Autoren stellen die „Mobicell" als ein Beispiel aus der Industrie für die Umsetzungsmöglichkeit der Gestaltung einer wandlungsfähigen Fabrik vor. Die Mobicell besteht aus einem Stahlrahmen, auf dem ein Roboter, Materialhandhabungsmöglichkeiten und das dazugehörige Steuerungsequipment befestigt sind. Sie stellt somit ein Produktionsmodul dar, welches aufwandsarm an verschiedenen Orten genutzt werden kann. Zudem kann die Medienversorgung als ein Raster designt werden, das die von der Decke führenden Anschlüsse einfach und flächendeckend verteilt. Weiterhin wird die Modine Wackersdorf GmbH als Musterbeispiel für eine wandlungsfähige Fabrikplanung angeführt. Das Gebäude ist dabei modular gestaltet. Die Medienversorgung wird flächendeckend von der Deckenebene aus verteilt. Alle Module sind, bezogen auf die Medienversorgung, autonom

[205] Vgl. Klemke et al. (2009), Lean Changeability – Evaluation And Design, S. 454ff.
[206] Wiendahl et al. (2007), Changeable Manufacturing

nutzbar. Es ist eine Expansionsfläche für zwei Anbaumodule vorgesehen, die ohne Unterbrechung der Produktion angebracht werden können.[207] Eine explizite Bewertung dieser Beispiele in Bezug auf die LW stellen die Autoren nicht dar.

BÖNING entwickelt im Rahmen eines Forschungsprojekts[208] einen expliziten Ansatz zur Bewertung von fabrikplanungsrelevanten Eigenschaften, denen auch die WF zugeordnet wird. Ziel dabei ist eine quantitative, mehrdimensionale Fabrikbewertung. Diese soll zu einer objektiven Layoutbewertung beitragen. Dabei wurde allerdings keine konsistente Abgrenzung des Betrachtungsobjekts Gesamtfabrik und Layout vorgenommen und eingehalten. Im Rahmen des Forschungsprojekts wurden zwei deutsche Publikationen[209] veröffentlicht, die nicht für die Absichten dieser Arbeit erkenntnisbringend die LW analysieren, sodass lediglich auf die Ergebnisse, die dem Abschlussbericht zu entnehmen sind, eingegangen wird. Die WF wird dabei als Zielfeld definiert. Dieses Zielfeld besteht aus Bewertungsfeldern, die den WB entsprechen. Diesen werden wiederum folgende Bewertungskriterien zugeordnet: Form und Verschachtelung der Produktionsfläche, bauliche Restriktionen, Homogenität der Bodentraglasten und Medienverfügbarkeit, Wachstums- und Reduktionsrichtungen, Modulsimilarität und der Kranoperationsbereich. Zur Ermöglichung der Quantifizierung werden „Elementarzellen" genutzt. Diese sind in einem Raster angeordnet und ihnen werden Informationen, wie Zellen-ID, Koordinaten, Ausdehnung und ob es einen Kran gibt, zugeordnet.[210] Es gibt also keine wiederverwendbare oder typische Planungsumgebung der Fabrikplanung, auf der anschließend die weitere Planung aufgebaut werden kann oder in die bestehende Gebäudeplanungen und Informationen importiert werden können. Auf die Elementarzellen angepasst wurden Berechnungsvorschriften erstellt.[211] In dem später aufbauenden Folgeforschungsprojekt[212] wurden die Berechnungsvorschriften explizit auf die Eignung für die LP geprüft. Dabei wurde festgestellt, dass sich lediglich die Berechnungsvorschriften, die medienbezogen sind, für die Messung der WF eignen. Aus diesem Grund werden nur diese hier vorgestellt: Die Medienverfügbarkeit prüft das Verhältnis von der Verfügbarkeit eines Mediums in der Layoutvariante zu der maximalen Verfügbarkeit eines Mediums über alle Varianten. Dabei wird geprüft, ob eine „definierte Mindestanzahl an verknüpften Elementarzellen zwischen Fabriko-

[207] Vgl. Wiendahl et al. (2007), Changeable Manufacturing, 792 ff.

[208] Böning (2017), Quantitative, mehrdimensionale ad hoc Fabrikbewertung

[209] Wesebaum et al. (2016), Fabrikbewertung durch mathematische Modellierung; Wesebaum et al. (2016), Objektive, mehrdimensionale Fabrikbewertung

[210] Vgl. Böning (2017), Quantitative, mehrdimensionale ad hoc Fabrikbewertung, S. 1ff.

[211] Vgl. Aurich (2020), Methode zur quantitativen, mehrdimensionalen Fabriklayoutplanung, 3 ff.

[212] Aurich (2020), Methode zur quantitativen, mehrdimensionalen Fabriklayoutplanung

bjekt und Fabrikgrundfläche einen Zugang zum erforderlichen Medium bereitstellen“[213]. Die Medienkompatibilität hingegen prüft die Verteilung aller notwendigen Medien über die Fabrikgrundfläche.[214] Kritisch hierbei kann angemerkt werden, dass die Kompatibilität nur auf ausgewählte Medien bezogen ist. Dies kommt aber dem Kerngedanken der WF nicht nach, welche außerhalb vorgeplanter Korridore zum Tragen kommt.

HEGER[215] entwickelt einen Ansatz zur Quantifizierung der WF durch die integrative Bewertung. So werden Fabrikobjekte monetär und nicht-monetär bewertet. Das Layout wird als ein Fabrikobjekt verstanden, das aus den Flächen *Produktion, Lager, Transport, Büros* und *Soziales* besteht. Teil des Fabrikobjekts sind zudem die Flüsse *Material, Information, Medien, Personal* und *Kapital*. Dem Fabrikobjekt Layout werden vier Arten von Wandlungspotenzial (WPA) zugeordnet, denen wiederum Wandlungspotenzialmerkmale (WPM) zugeordnet sind. Dem WPA *Neutralität* werden die WPMs *Anzahl, Fläche* und *Lage von Fixpunkten* sowie *restriktive Flächenbereiche* zugeordnet. Fixpunkte sind z. B. tragende Wände. Restriktive Flächen sind in der Nutzung durch einschränkende Merkmale, wie eine geringe Tragfähigkeit der Decke, charakterisiert. Ein weiteres WPA ist die *Skalierbarkeit*. Dieser werden die WPMs *Wachstumsfläche* und *Berücksichtigung von Wachstumsflächen und-achsen* zugeordnet. HEGER empfiehlt Flächen, bei denen bereits ein Erweiterungsbedarf antizipiert werden kann, angrenzend an die Erweiterungsachsen anzuordnen. Das dritte WPA ist die *Modularität*. Für die WPMs *Flächenmodule* und *Aufbau Bereiche* empfiehlt er, dass gleiche Flächen in unterschiedlichen Bereichen einheitlich angeordnet werden. Das letzte WPA ist das *objektspezifisch Wandlungspotenzial*. Das WPM *Kompaktheit* besagt, dass keine Zergliederung der Flächen vorliegen sollte. Zudem sollten gleichartige Funktionen nebeneinander angeordnet werden und für *Flächen für Re- und Demontage* ausreichend Platz vorgesehen werden. Über Bewertungstabellen, in denen die Zielerreichung jeweils qualitativ in Intervallen beschrieben ist, werden prozentuale Werte der Bewertung des Wandlungspotenzials zugeordnet. So wird für das Beispiel *Kompaktheit Layout* die Zielerreichung von *nicht erfüllt* bis *erfüllt* in fünf Abstufungen beschrieben und in 25%-Abstufungen (0%; 25%; 50%; 75%; 100%) einem Potenzialwert zugeordnet.[216]

---

213 Aurich (2020), Methode zur quantitativen, mehrdimensionalen Fabriklayoutplanung, S. 34

214 Vgl. Aurich (2020), Methode zur quantitativen, mehrdimensionalen Fabriklayoutplanung, S. 34f.

215 Heger (2007), Bewertung der Wandlungsfähigkeit von Fabrikobjekten

216 Vgl. Heger (2007), Bewertung der Wandlungsfähigkeit von Fabrikobjekten, S. 98 ff.

**Anknüpfungspunkte zur Bewertung der Layoutwandlungsfähigkeit**

Zusammenfassend stellen KLEMPKE ET AL. [217] eine Bewertung auf, ob die aktuelle Fabrik für zukünftige Szenarien ausreicht. Dabei wird in Bezug auf das Layout nur betrachtet, ob dieses für zukünftige Änderungen flächenbezogen ausreicht. Im Hinblick auf das Ziel dieser Arbeit werden jedoch keine generalisierten Ansätze zur Bewertung der LW vorgenommen. SCHUH ET AL. [218] hingegen werden konkreter und stellen die zeitliche Komponente der WF heraus. Sie nutzen vorhandene ERP Daten und leiten aus Daten der Vergangenheit Schlüsse für kommende Szenarien ab. Es findet allerdings keine explizite Betrachtung von räumlichen LV statt. KLEMKE und NYHUIS[219] betonen, dass ein möglichst hoher Standardisierungsgrad die WF befähigt. In ihrem Ansatz ist ein Teilaspekt die Betrachtung des Layouts. Allerdings vertiefen sie diesen Gedanken nicht weiter, sondern fokussieren sich auf die Arbeitsplatzebene. WIENDAHL ET AL. [220] stellen vor allem einen Ansatz vor, um eine wandlungsfähige Fabrik in der Planung umzusetzen. Dabei wird die WF im Sinne der Kompatibilität und Verfügbarkeit der Medien fokussiert. Die Autoren verfolgen nicht die Bewertung der LW, sondern fokussieren die Gestaltung einer wandlungsfähigen Fabrik. Aus dieser können Rückschlüsse über die Positionierung und grundlegenden Eigenschaften der Medien als Teil der Bewertung der LW abgeleitet werden.

Die Ansätze von BÖNING ET AL. [221] und HEGER[222] kommen dem Ziel, LV im Hinblick auf die WF bewerten zu können, näher als die vorher vorgestellten Publikationen. BÖNING ET AL. quantifizieren die WF über ihre WB und ordnen diesen weitere Kriterien zur Bewertung zu. Dabei findet jedoch keine stringente Trennung von Layout und Gesamtfabrik statt. Es wird eine eigens für diesen Zweck genutzte Umgebung konzipiert. Diese besteht aus sogenannten Elementarzellen, die sich auf den zweidimensionalen Raum beschränken und welche für die Zuordnung von Eigenschaften genutzt werden. In Verbindung mit AURICH ET AL. werden Metriken für die Medienverfügbarkeit und –kompatibilität zur absoluten Layoutbewertung aufgestellt. Damit wird der WB Kompatibilität bewertbar gemacht, die anderen WB aber außer Acht gelassen. Aus dem Ansatz von HEGER wird die Bewertung der LW als Teilaspekt betrachtet. Aus diesem Ansatz lassen sich Indikatoren entnehmen, um die LW zu messen. So werden Denk-

[217] Klemke et al. (2012), Wandlungsfähige Produktionssysteme

[218] Schuh et al. (2012), Assessment of Changeability of Production Systems

[219] Klemke et al. (2009), Lean Changeability – Evaluation And Design

[220] Wiendahl et al. (2007), Changeable Manufacturing

[221] Böning (2017), Quantitative, mehrdimensionale ad hoc Fabrikbewertung

[222] Heger (2007), Bewertung der Wandlungsfähigkeit von Fabrikobjekten

anstöße zur Beurteilung von Neutralität, Skalierbarkeit, Modularität und objektspezifischer WF, die sich im Detail in der vorherigen Ansatzbeschreibung nachlesen lassen, gegeben. Explizite Berechnungsvorschriften stellt der Autor jedoch nicht auf, sondern orientiert sich an qualitativ beurteilbaren Beschreibungen der Layoutvariantenzustände.

Die wissenschaftlichen Ansätze zeigen, dass aktuell keine vollständige Bewertung der LW vorgenommen werden kann. Allerdings gibt es aus verschiedenen Werken heraus in Teilen verwertbare Erkenntnisse, die für die im weiteren Verlauf der Arbeit angestrebte Bewertung der LW genutzt werden können. So kann übergreifend über die Ansätze abgeleitet werden, dass die Bewertung und Quantifizierung der WF über ihre WB stattfindet. Die Herangehensweise, die so entstandenen Teilkriterien weiter zu untergliedern, kann für die weitere Arbeit rezipiert werden. Zudem kann auf den Gestaltungselementen einer wandlungsfähigen Planung aufgebaut werden, um beispielsweise deren Umsetzung in die Bewertung einfließen zu lassen. Darüber hinaus kann abgeleitet werden, dass für die Bewertung der LW eine Bilanzhülle gezogen werden muss, durch die dem Layout die zugehörigen Elemente von Gebäude und Produktionssystem zugeordnet werden bzw. das Layout von diesen trennt.

## 3.3 Ansätze zur automatisierten Layoutbewertung mit qualitativen Zielkriterien

Ziel dieses Teilkapitels ist es, übergeordnete Konzepte und konkrete Ansätze zur automatisierten Layoutbewertung zu identifizieren und auf Anknüpfungspunkte hin zu untersuchen. Dabei wird vor allem der Fokus auf die Möglichkeiten der automatisierten Bewertung von qualitativen Zielkriterien gelegt. Dafür wird zunächst die Auswertung der SLR (vgl. Kapitel 3.1 & 3.3) sowie die identifizierten Konzepte und Ansätze (vgl. Kapitel 3.3.2 ff.) vorgestellt.

### 3.3.1 Auswertung der systematischen Literaturrecherche zur automatisierten Layoutbewertung

Die Literaturrecherche wurde systematisch, wie in dem Kapitel 3.1 methodisch beschrieben, ausgeführt, um möglichst alle relevanten Ansätze zur Identifizierung des Stands des Wissens und zur Ableitung des weiteren Forschungsbedarfs zu betrachten. Dafür wurden die folgenden Suchbegriffe, die den Themenbereichen der Automatisierung und der LP zuzuordnen sind, gewählt und über Booleanoperatoren sowie Trunkierungen verbunden: ((algorith* OR facility OR automat* OR computer*) AND layout) OR ((factory OR plant OR generative) AND layout AND design) OR ((layout AND (software OR program OR evaluat* OR assess*)) OR (mulitcrit* AND evaluat*). Dasselbe Vorgehen wurde für die deutschen Suchbegriffsynonyme durchgeführt: ((Algorith* OR Fabrik OR Produktion OR automat* OR Computer*) AND Layout) OR ((Fabrik OR Produktion OR generativ) AND Layout AND Design) OR ((Layout AND (Software OR Program OR bewert* OR Evaluier*)) OR (Multikriteriell* AND Bewert*). Als Ergebnis konnten 17.936 Suchtreffer identifiziert werden. Formal nicht korrekte Treffer (Treffer ohne Titel, Autor, Jahr oder nichtzutreffende Suchbegriffe) und Duplikate wurden im nächsten Schritt aussortiert. Danach wurden die verbleibenden 4.571 Treffer nach thematischer Übereinstimmung sortiert. Dafür wurde eine Priorisierungslogik angewendet. In der ersten Runde wurden alle Titel und Schlagworte betrachtet, um nicht relevante Treffer auszusortieren. Die so reduzierten Treffer wurden auf die Relevanz des Abstracts hin untersucht und die verbleibenden Artikel in ihrer vollen Länge auf Relevanz analysiert. Die daraus resultierenden Artikel wurden durch eine Vorwärts- und Rückwärtssuche ergänzt, sodass schließlich neun Kernartikel herausgefiltert wurden. Diese Artikel werden im Folgenden zusammengefasst und die übergeordneten Konzepte erklärt. Der Schwerpunkt soll auf die automatisierte Bewertung und die Umsetzung der Bewertung qualitativer Kriterien gelegt werden.

Eines der Konzepte, dass im Folgenden Betrachtung findet, ist die Unterstützung der Bewertung qualitativer Kriterien durch Simulation. Ein weiteres, sich die Simulation häufig zu Nutze machendes Konzept der automatisierten LP, ist das „Generative Design" (GD). Dieses wird in der Planung architektonischer Layouts zunehmend erforscht und weist einen hohen Ähnlichkeitsgrad zur fabrikspezifischen LP auf. Insbesondere die automatisierte Bewertung von als qualitativ klassifizierten Zielkriterien wird dabei umgesetzt. Die automatisierte Bewertung findet beim GD im Rahmen des Optimierungsprozesses eines metaheuristischen Algorithmus statt. Das dritte Konzept, welches in diesem Kapitel betrachtet wird, ist das „maschinelle Lernen" (ML), um automatisiert LV zu bewerten. Hierbei gibt es jedoch als Ergebnis SLR keine vollfunktionsfähigen Anwendungen. Ein weiteres Vorgehen zur Einbindung qualitativer Kriterien in die Entscheidungsfindung sind Methoden der multikriteriellen Entscheidungsunterstützung (MCDM). Diese sind aber explizit nicht für Automatisierung der Entscheidung vorgesehen und werden deshalb nicht in diesem Kapitel aufgenommen.[223]

[223] Vgl. Geldermann et al. (2014), Methoden der multikriteriellen Entscheidungsunterstützung, S. 10

### 3.3.2 Simulation zur Unterstützung der Bewertung von Layoutvarianten

Es ist oft schwierig oder unmöglich, für komplexe Produktionssysteme geschlossene, analytische Zielfunktionen aufzustellen. Dies führt in vielen Ansätzen dazu, dass nur leicht formulierbare (quantitative) Zielkriterien verwendet werden. Um trotzdem Zielkriterien in einem komplexen System messbar zu machen, kann auf Computersimulation zurückgegriffen werden. Diese kann qualitative Zielkriterien analysieren, ohne dass eine explizite analytische Zielfunktion benötigt wird.[224] Das Simulationsmodell, welches anstelle eines analytischen Modells verwendet wird, kann das reale Verhalten des Systems reflektieren und kann als eine Art testender oder experimenteller Ansatz für verschiedene Szenarien verstanden werden. Die analytische Zielfunktion und Restriktionen werden durch Simulationsmodelle ersetzt.[225] Zudem besteht die Möglichkeit, die Simulation in einen Layoutoptimierungsprozess einzubinden. Dabei werden die Informationen über das jeweilige Layout für die Simulation übersetzt und die daraus durch die Simulation evaluierte Leistungsbewertung an einen optimierenden Algorithmus übergeben.[226] Wie in Kapitel 2.3.1 beschrieben, stellt der optimierende Algorithmus zu diesem Zweck günstige Parameterkombinationen als Input für die Simulation bereit. Diese sogenannte simulationsbasierte Optimierung wird in verschiedenen FLP-Ansätzen verwendet. Die beliebteste Methode ist dabei die heuristische Suchmethode, die z. B. genetische Algorithmen in die Optimierung einbindet.[227]

### 3.3.3 Generative Design zur automatisierten Layoutbewertung

Ein Konzept, welches sich oft die Simulation für die Bewertung qualitativer Kriterien zu Nutze macht, ist das Generative Design (GD). Dieses bezeichnet eine neuartige Konstruktions- und Optimierungsmethode, welche bereits heute in verschiedenen Bereichen (z. B. Produktdesign und Architektur) Anwendung findet.[228] LAZZERONI ET AL. definieren Generative Design als eine Methode, bei der eine abstrakte Idee in eine Regel bzw. einen Algorithmus überführt wird. Dieser Algorithmus wird in Quellcode übersetzt, mit dem computerbasiert eine Lösung erzeugt werden kann. Über eine Rückkopplungsschleife kann der Designer auf Basis der erzeugten Lösung den Algorithmus bzw. den Quellcode anpassen.[229] Zudem definiert MCKNIGHT den Begriff Ge-

[224] Vgl. Azadivar et al. (2000), Facility layout optimization using simulation and genetic algorithms, S. 4369ff.
[225] Vgl. Wang et al. (2008 - 2008), A simulation optimization approach for facility layout problem, S. 734f.
[226] Vgl. Azadivar et al. (2000), Facility layout optimization using simulation and genetic algorithms, S. 4369
[227] Vgl. Wang et al. (2008 - 2008), A simulation optimization approach for facility layout problem, S. 735
[228] Vgl. Stengel (2018), Die Neuerfindung der Ökonomie, S. 13
[229] Vgl. Bohnacker et al. (2009), Generative Gestaltung

nerative Design als einen iterativen Prozess, der unter Zuhilfenahme genetischer Algorithmen Lösungsvarianten erstellt und diese hinsichtlich definierter Ziele bewertet. Mit jeder Iteration lernt der Algorithmus dazu und optimiert dadurch die Lösung.[230] Mit GD können computerbasiert große Designräume mit Hilfe von metaheuristischen Algorithmen erforscht werden. Dabei werden leistungsstarke Lösungen in Bezug auf definierte Ziele und Einschränkungen gefunden. Basis für diesen Prozess ist eine parametrische Modellierungssoftware, die den vollständigen Lösungsraum umfasst. Darauf setzen Metriken auf, die Zielsetzungen des Designproblems beschreiben. Diese teilen dem Computer mit, wie verschiedene Designvarianten zu bewerten sind. Dazu sollten diese möglichst umfassend beschrieben werden und müssen aus dem parametrischen Modell heraus berechenbar sein. Darüber hinaus ist ein metaheuristischer Optimierungsalgorithmus verbunden, der den Designraum „durchsucht" und leistungsfähige Varianten auswählt. Um dies zu ermöglichen, werden die Varianten auf Basis der Metriken bewertet und je nach bewerteter Güte zur Erstellung weiterer Varianten genutzt.[231]

Metaheuristische Algorithmen gehören zur Familie der Optimierungsalgorithmen und sind Teil der Approximationsmethoden. Diese können zumeist das globale Optimum finden oder annähern. Bekannte metaheuristische Algorithmen sind beispielsweise genetische Algorithmen oder künstliche neuronale Netze.[232] Im Bereich des GD werden in der Regel Genetische Algorithmen (GA) verwendet. Diese beruhen auf der Idee der in der Evolution verankerten natürlichen Selektion. Jede Lösungsvariante im Optimierungsproblem wird durch kodierte Designattribute analog zu einem biologischen Chromosom dargestellt. GA erzeugen eine zufällige Anfangspopulation von Varianten oder Chromosomen. Diese wird kontinuierlich iteriert, bis nahezu optimale Lösungsvarianten erstellt sind. Dies geschieht über die Bewertung der Varianten mittels einer zuvor definierten Fitnessfunktion und Operatoren wie Selektion, Crossover, Mutation und Austausch. Die Leistungsfähigkeit jeder Variante wird durch ihre Fitness ausgedrückt.[233] Es gibt wiederum verschiedene GA, wobei GD-Ansätze i.d.R. auf NSGA-II-Algorithmen (NSGA-II: engl. für Non Dominated Sorting Genetic Algorithm) basieren. NSGA-II-Algorithmen grenzen sich von anderen genetischen Algorithmen dadurch ab, dass sie zur Bestimmung der Fitness Pareto-basierte Verfahren nutzen.

---

230 Vgl. McKnight (2017), Generative Design, 177 f.

231 Vgl. Nagy et al. (2017), Project Discover; Nagy et al. (2017), The Buzz Metric in Generative Space Planning; Villaggi et al. (2018), Simulation of User Satisfaction for Generative Design

232 Vgl. Amiri et al. (2017), BIM-based Applications of Metaheuristic Algorithms, 559 f.

233 Vgl. Asiedu et al. (2000), System Design Using Genetic Algorithms, 152 ff.; Vgl. Justin Berquist et al. (2017), An Investigation of Generative Design

Pareto basierte-Verfahren werden benötigt, da Optimierungsprobleme meist aus widersprüchlichen Zielen (z. B. Maximierung Teilkriterium 1, Minimierung Teilkriterium 2) bestehen. Dadurch kann keine beste Lösungsvariante bestimmt werden, aber dafür verschiedene gute Kompromisslösungen zwischen den Zielen. Dabei sind alle Ziele gleich gut, d. h. die Lösungsvarianten sind Pareto-optimal. Eine Erhöhung eines Teilkriteriums würde also gleichzeitig zu einer Verringerung des anderen Teilkriteriums führen. Der Planende sollte eine der Pareto-optimalen Lösungsvarianten auswählen. Um diese Auswahl zu unterstützen, eignen sich MCDM.[234]

Eine Herausforderung des GD ist es jedoch, auch Ziele, die schwer zu messen sind (qualitative Zielkriterien), einzubeziehen. Es gibt wenige existierende Software-Tools und Richtlinien zur Messung der individuell definierten Ziele.[235] Das amerikanische Unternehmen „Autodesk Inc." hat besonders den Begriff des Generativen Designs geprägt und einige Einzelanwendungen im Bereich der automatisierten LP im architektonischen Bereich umgesetzt. Das folgende Beispiel, welches aus der Forschungsabteilung von Autodesk stammt, zeigt eine Entwicklung zur Bewertung von Nachbarschaftspräferenzen in einem Bürogebäude. Ziel ist es ein Tool zu entwickeln, dass die Präferenzwerte möglicher für die zukünftige Umsetzung infrage kommender Varianten misst. Um diese Nutzerindividuellen Präferenzen zu simulieren und somit eine Bewertungsgrundlage zu schaffen, wird ein zweistufiges Verfahren angewendet. Zuerst werden die Daten der Nutzer, in dem Fall der Angestellten, aufgenommen und strukturiert, sodass diese im parametrischen Modell genutzt werden können. Danach müssen die Daten zu quantitativen Metriken weiterentwickelt werden.[236] Auf dieses Beispiel wird später noch detaillierter eingegangen. Durch die Automatisierung des Prozesses können deutlich mehr Varianten betrachtet werden als es durch manuelles Erstellen und Bewerten möglich wäre. Darüber hinaus kann der Algorithmus unabhängig von Referenzdesigns neue Varianten erstellen, die völlig unterschiedlich zu bisher bekannten menschlich kreierten Designs sind.[237] Im Folgenden werden verschiedene Ansätze des GD vorgestellt, die zumeist die Quantifizierung qualitativer Kriterien vornehmen und diese für den Optimierungsalgorithmus über die Formulierung von Metriken bewertbar machen.

[234] Vgl. Hoes et al. (2011), Optimizing Building Designs, S. 1710; Vgl. Asl et al. (2014), BIM-based Multi-Objective Optimization, S. 4

[235] Vgl. Villaggi et al. (2018), Simulation of User Satisfaction for Generative Design, S. 418

[236] Vgl. Villaggi et al. (2018), Simulation of User Satisfaction for Generative Design, S. 422 f.

[237] Vgl. Nagy et al. (2017), The Buzz Metric in Generative Space Planning, S. 187

NAGY ET AL.[238] beschreiben einen generativen Designablauf für die architektonische Raumlayoutplanung. Basis dafür ist die Verwendung einer parametrischen Softwareumgebung für die Erstellung. Diese erlaubt es, neben geometrischen Definitionen auch das System der Designgestaltung zu beschreiben. Mit dieser können Parameter sowie Werte festgelegt und verknüpft werden, die zu verschiedenen als Layout dargestellten Lösungsvarianten führen. Die Autoren heben als großen Vorteil der parametrischen Designumgebung hervor, dass diese nach erstmaliger Erstellung schnell an zukünftige Änderungen und Anforderungen angepasst werden kann. Um die Varianten rechnerbasiert bewerten zu können, muss das parametrische Modell durch Metriken erweitert werden. Zudem muss es mit einem Algorithmus verbunden werden, der auf Basis der Bewertung die Inputparameter verändert, um neue, verbesserte Varianten zu erstellen. Dafür wird ein multikriterieller genetischer Algorithmus (MOGA) verwendet. Für die Bewertung der LV in diesem Ansatz werden sechs nicht-trivial messbare Kriterien vorgesehen. Für diese wird jeweils eine spezielle Metrik entwickelt, die als Analysewerkzeug direkt in das parametrische Modell eingebunden wird. Die Autoren geben einen Überblick über den Gesamtablauf des generativen Designverfahrens und detaillieren einzelne Metriken in dem nachfolgend vorgestellten Ansatz. Ergebnis der Bewertung ist die Ausgabe von Leistungswerten, basierend auf den Metriken. Diese werden automatisiert vom MOGA aufgegriffen und für die Optimierung der Varianten verwendet. Dadurch entstehen Varianten, die jeweils in unterschiedlichen Zielen dominant sind. So entsteht eine Vielzahl von Varianten, aus der der Nutzer am Ende auswählen kann.[239]

VILLAGGI ET AL.[240] beschreiben einen Ansatz zur automatisierten Bewertung der Benutzerzufriedenheit in einer Bürolayoutumgebung mit Hilfe von Simulation in dem zuvor beschriebenen GD-System. Dabei fokussieren sich die Autoren auf die Metriken, die die Ziele des Designproblems beschreiben. Neben quantitativen Zielkriterien, wie der Maximierung der strukturellen Leistungsfähigkeit bei Minimierung des Materialeinsatzes, betrachten die Autoren qualitative Kriterien. Hier ist von Bedeutung, wie sich das Raumlayout für die Nutzer anfühlt (Arbeitsstil) und wie das Layout den Bedürfnissen des Zusammenarbeitens (Adjazenz) entspricht. Typischerweise sind diese qualitativen Zielkriterien schwer messbar im Designmodell und es existieren nur wenige Richtlinien und Softwarewerkzeuge zur Unterstützung der Messung. Daher entwickeln die Autoren eine Methode, die zukünftige Raumbelegungen simuliert und Leis-

[238] Nagy et al. (2017), Project Discover

[239] Vgl. Nagy et al. (2017), Project Discover, S. 1ff.

[240] Villaggi et al. (2018), Simulation of User Satisfaction for Generative Design

tungswerte für ihre entwickelten Metriken ausgibt. Dies geschieht auf Basis einer Studie mit den zukünftigen Büronutzern. Dabei werden diese nach ihren Präferenzen in Bezug auf Adjazenz (Nachbarschaftspräferenz) und Arbeitsstil innerhalb des Büroraums befragt. Die Adjazenz beinhaltet alle Personen, Teams, Equipment und Ausstattung, dem sie nahe sein wollen. Der präferierte Arbeitsstil beinhaltet die von jedem Nutzer bevorzugten Umgebungsbedingungen (leise/laut, hell/dunkel usw.). Auf der Grundlage der Studie wurden diese Daten durch eine Reihe von Metriken kodiert, die Zielmessungen repräsentieren oder Einschränkungen zur Steuerung des generativen Entwurfprozesses darstellen. Die Metrik der Adjazenz (vgl. Gleichung 3.1) spiegelt die direkte Wegstrecke von jedem Mitarbeiter zu seinem bevorzugten Nachbarn wider.

$$\text{Adjazenz} = \frac{\sum [\text{SPL} \times (1+\Delta\text{Floors} \times \text{VM})]}{\text{NSP}} \times 10 \tag{3.1}$$

mit

SPL: Kürzeste Weglänge

VM: Vertikaler Multiplikator

NSP: Anzahl kürzester Wege

Die Metrik des Arbeitsstils misst die Eignung der Umgebung eines Bürobereichs und die Ablenkungsniveaus in Bezug auf die Präferenzen des zugeteilten Teams. Zur Ableitung der Formulierung der Arbeitsstilmetrik (vgl. Gleichung 3.2[241]) müssen außerdem vier zusätzliche Maße separat berechnet werden (vgl. Gleichungen 3.3-3.5), die anschließend im Arbeitsstil aggregiert optimiert werden: Zum einen die Ablenkung (Aktivität), die die Anzahl und Verteilung von Zonen mit hoher Aktivität misst, um den Geräusch- und Ablenkungspegel im gesamten Büro zu bestimmen. Diese setzt sich aus der im nachfolgenden Ansatz vorgestellte „Buzz-Metrik“ und der Produktivitätsmetrik zusammen. Die Produktivität misst den Konzentrationsgrad an einzelnen Schreibtischen, basierend auf Sichtverbindungen zu anderen Schreibtischen und anderen Lärmquellen. Außerdem misst die Tageslichtmetrik die Menge des natürlichen Tageslichts in jedem Arbeitsraum das ganze Jahr über. Zuletzt bewertet die Metrik der Sicht nach Außen den visuellen Zugang jedes Arbeitsraumes zu einem Fenster.

$$\text{Arbeitsstil} = \frac{\text{Err}_{\text{Tageslicht}} \times \text{W}_{\text{Tageslicht}} \times \text{Err}_{\text{Aktivität}} \times \text{W}_{\text{Aktivität}} \times \text{Err}_{\text{Sicht}} \times \text{W}_{\text{Sicht}}}{\text{W}_{\text{Tageslicht}} + \text{W}_{\text{Aktivität}} + \text{W}_{\text{Sicht}}} \tag{3.2}$$

241 Hinweis: Die Autoren geben keine genauere Beschreibung zu der Bedeutung der einzelnen Formelbestandteile an

$$\text{Produktivität} = \frac{\sum [10\text{-}(D_{na}\times 10)\text{-}(D_{wna}\times 0{,}5)\text{-}(D_{cf}\times 0{,}5)\text{-}(D_{wf}\times 0{,}5)]}{\text{Anzahl der Arbeitsplätze}} \tag{3.3}$$

mit

| | |
|---|---|
| D: | Anzahl der Arbeitsplätze innerhalb des Sichtfeldes eines sitzenden Nutzers |
| C: | Zentrale Peripherie |
| W: | Weite Peripherie |
| Na: | Nah (< 20 Fuß) |
| F: | Fern (> 20 Fuß) |

$$\text{Tageslicht} = \frac{\text{Fläche mit eintretendem TF} > 2\%}{\text{Gesamtfläche}} \tag{3.4}$$

Mit

| | |
|---|---|
| TF: | Tageslichtfaktor |
| 2%: | Empfohlener minimaler TF [LEED] |

$$\text{Sicht nach außen} = \frac{\sum \text{Anzahl der Sichten der Stichprobenpunkte}_n > 1}{\text{Anzahl an Stichprobenpunkten}} \times 10 \tag{3.5}$$

Die einzelnen Werte der Metriken werden über eingebundene Simulationen einzeln ermittelt. Dabei wird z. B. Tageslicht über vorhandene Analysewerkzeuge gemessen und das Ergebnis in der Arbeitsstilmetrik verwertet. Die Metrik für den Arbeitsstil berechnet sich zusammenfassend durch die Übereinstimmung der Tageslicht-, Sicht- und Ablenkungsmessungen (Aktivität) an jedem Schreibtisch mit den Umfragepräferenzen des zugewiesenen Teams. Die Metrik der Adjazenz hingegen wird direkt über die Geometrie im parametrischen Modell berechnet. Dabei wird die zurückgelegte Distanz von jedem Nutzer zu ihren präferierten Zielorten gemessen. Dafür wird ein netzbasierter Traversalgraph genutzt, der als Ecken und Kanten repräsentiert wird und jeweils die kürzeste Distanz ermittelt.[242]

Durch die „Buzz-Metrik“[243] wird beschrieben, wie sich die Menge und die Verteilung des Fußgängerverkehrs innerhalb eines Raumlayouts verhalten. Die Ermittlung der Werte erfolgt über eine statische Simulationsmethode. Von Vorteil ist, dass die Be-

242 Vgl. Villaggi et al. (2018), Simulation of User Satisfaction for Generative Design, S. 417ff.

243 Nagy et al. (2017), The Buzz Metric in Generative Space Planning

rechnung schnell genug erfolgt, um diese in einem automatisierten generativen Designablauf zu nutzen. Die Umgebung bildet dabei ein zweidimensionales Layout. Der Dateninput für die Berechnung besteht aus einer Liste aller Randobjekte im Grundriss als Polygone. Zudem wird eine Menge von Punkten benötigt, die die Quellen der Nutzerbewegung definieren, wie beispielsweise Gebäudeeingänge oder Schreibtische der Mitarbeiter. Letzter benötigter Input ist eine Reihe von Punkten, die die Senken für die Bewegung der Nutzer definieren, wie beispielsweise Türen zu benachbarten Bereichen des Büros. Über den Grundriss wird ein Traversalgraph gelegt. Dieser wird über seine Knoten und Kanten beschrieben. Die Maschenweite beträgt einen Meter. Für jeden abgeschlossenen Raum wird durch Trennung von Kanten ein abgeschlossener Graph errichtet und Quellen und Senken verbunden. Mittels eines Dijkstra Algorithmus werden die kürzesten Wege bestimmt. Daraufhin werden die Wege in realistisch von Menschen verwendeten Wege umgewandelt. Basierend auf den Traversaldaten kann die Buzz-Metrik berechnet werden. Diese ergibt sich aus der Summe der Länge der Routen, gewichtet mit den Traversalwert des Startpunkts (vgl. Gleichung 3.6).

$$\text{Buzz} = \sum_{i=0}^{\text{Anzahl Knoten}} RL_i \times AT_i \tag{3.6}$$

mit

RL: Weglänge

AT: Anzahl der Traversalen pro Route

Somit wird die Verteilung der Gebiete mit hohem Verkehrsaufkommen und die voraussichtliche Belegung des Raumes bewertet. Ziel dieser Methode ist nicht die akkurate Simulation des Verhaltens, sondern eine grobe Einschätzung und Bewertung über das Bewegungsverhalten zu geben.[244]

NAGY ET AL.[245] entwickeln ein parametrisches Designraummodell zur Anwendung der generativen Raumlayoutplanung in der Architektur. Dieses kann als digitales Modell verstanden werden, welches den Lösungsraum für verschiedene LV aufspannt. Dies geschieht auf Basis von spezifischen Inputparametern und einer anschließenden automatisierten Bewertung der Varianten. Die Bewertung erfolgt durch vordefinierte Metriken. In der Optimierungsphase „durchsucht" ein metaheuristischer Algorithmus alle Varianten und bewertet sie, um daraus neue, verbesserte Varianten zu generieren. Verbessert bedeutet hier, dass die neue Variante einen besseren Wert in der Bewertung

[244] Vgl. Nagy et al. (2017), The Buzz Metric in Generative Space Planning, S. 186ff.
[245] Nagy et al. (2017), Beyond Heuristics

durch die Metriken erhält - somit also eine höhere Güte zur Erreichung des Designziels hat. Die Autoren beschreiben, wie verschiedene Designraumparameter für eine Ausstellungsfläche geometrisch definiert und Abläufe zur Positionierung von Elementen im Designraum festgelegt werden. Sie zeigen die verschiedenen Parameter auf, die als Stellhebel in der Optimierung der Varianten veränderlich sind. Als Zielkriterium für die Bewertung, auf Basis deren Ergebnis die weitere Optimierung erfolgt, wird die Verteilung des Fußgängerverkehrs herangezogen. Dieses Kriterium wird über die „Buzz-Metrik" (vgl. Gleichung 3.6) und die „Expositions-Metrik" (vgl. Gleichung 3.7) quantifiziert. Erstere misst die räumliche Verteilung von Gebieten mit hohem Verkehrsaufkommen und letztere misst das Verkehrsaufkommen rund um jeden Besucherstand herum. Hohe Buzz- oder Frequenzwerte bedeuten, dass der Fußgängerverkehr gleichmäßig verteilt wird. Hohe Expositionswerte bedeuten wiederum, dass in der Layoutvariante ein großer Prozentsatz der Stände ein hohes Verkehrsaufkommen aufweisen.

$$\text{Exposition} = \sum_{v \in G} \text{Länge}\ (\text{Ecke}_{vi,vj}) \tag{3.7}$$

mit

V: Eckpunkte

G: Graph aller Standorte, die den Adjazenzanforderungen entsprechen

Die Auswertung der Metriken erfolgt durch eine statische graphenbasierte Simulationsmethode.[246]

NAGY ET AL.[247] demonstrieren eine Anwendung des GD in der Stadtplanung anhand eines Wohnviertelentwicklungsprojekts. Zur Befriedigung unterschiedlicher Stakeholder wird anhand von zwei Zielkriterien optimiert: Dies sind die Rentabilität des Projekts für den Entwickler und das Potenzial für die Energieerzeugung durch Solarpaneele auf den Dächern der Gebäude. Dafür wird ein parametrisches Designraummodell entwickelt, in dem eine Vielzahl an LV erzeugt wird. Um die Güte der im GD-Prozess erzeugten Varianten zu bestimmen, müssen die Metriken zur Messung der Zielkriterien entwickelt werden. Diese sind zueinander widersprüchlich, d. h. bestimmte Gebäudekonfigurationen, die den Gewinn maximieren, stehen oft entgegengesetzt der idealen solaren Ausrichtung. Zur Berechnung der Rentabilität können vorhandene Finanzdaten herangezogen werden, wobei sich der Gewinn aus der Differenz zwischen dem Gesamtverkaufspreis und den Gesamtkosten des Projekts ergibt. Das Potenzial zur Energieerzeugung kann über die Dachfläche berechnet werden. Dabei

[246] Vgl. Nagy et al. (2017), Beyond Heuristics, S. 436ff.

[247] Nagy et al. (2018), Generative Urban Design

wird diese auf Verdeckung getestet, indem 48 Sonnenstrahlvektoren simuliert werden. Die Ergebnisse der Bewertung fließen in die Optimierung durch den NSGA-II Algorithmus ein. Zudem führen die Autoren eine Designraumanalyse durch, die zeigt, ob gute Optimierungsergebnisse möglich sind. Dafür werden die Kompromisse Verzerrung vs. Varianz und Komplexität vs. Kontinuität analysiert. Dies geschieht durch eine speziell entwickelte Visualisierungsmethode, die die Sensitivität der einzelnen Parameter betrachtet.[248]

ULKUCU UND ALACAM[249] entwickeln in ihrer Arbeit ein Optimierungsmodell für das FLP unter Verwendung von Simulation. Als Softwareumgebung nutzen sie hierzu die BIM-Software Revit bzw. die Erweiterung Dynamo mit dem Refinery-Paket von Autodesk. Es werden drei Designziele berücksichtigt. Zum einen sollen die Kosten für die Materialhandhabung minimiert und zum anderen das Sichtfeld der Vorarbeiter maximiert werden. Zudem sollen die Nachbarschaftspräferenzen maximiert werden. Der eigentliche Optimierungs- bzw. Gestaltungsprozess findet in Dynamo bzw. Refinery statt. Als Input dienen sowohl quantitative als auch qualitative Daten. Quantitative Daten können dem Modell direkt übergeben werden. Um das Layout möglichst materialflussgerecht zu gestalten, werden Nachbarschaftsanforderungen von Maschinen über eine Excel-Datei eingelesen. Zur Berücksichtigung qualitativer Daten werden geeignete Metriken entwickelt, um diese messbar zu machen. In Dynamo kann die Einsehbarkeit der Produktionsbereiche mittels Isovists beschrieben werden. Ein Isovist ist die Darstellung einer Fläche, die von einem bestimmten Punkt aus gesehen werden kann. Dazu wird der Standort des Vorarbeiters als Quelle eines Strahls angesehen, der den Raum simulativ so lange durchläuft, bis er auf einen Gegenstand trifft.[250] Durch die Programmierung in einer BIM-Umgebung können sowohl die zur Bewertung benötigten geometrischen Parameter als auch weitere layoutrelevante Informationen direkt aus dem BIM-Modell übernommen werden.

GARCIA HERNANDEZ ET AL.[251] entwickeln einen interaktiven genetischen Algorithmus, der mit dem Entscheidungsträger interagiert und die Optimierung mit einem multikriteriellen Bewertungsverfahren verknüpft. Im ersten Schritt legt der Entscheidungsträger die Ziele und Zielkriterien fest. Diese werden anschließend in Schritt zwei anhand einer Reihe paarweiser Vergleiche relativ zueinander gewichtet. Die Gewichtungen der Kriterien werden später für die Beurteilung der Fitness verwendet. In Schritt

[248] Vgl. Nagy et al. (2018), Generative Urban Design, S. 1ff.
[249] Ulkucu et al. (2019), A Decision Support Framework for FLP
[250] Vgl. Ulkucu et al. (2019), A Decision Support Framework for FLP, S. 269ff.
[251] Garcia Hernandez et al. (2016), Multi-objective interactive genetic algorithm

drei wird eine zufällige Anfangspopulation von LV initialisiert. Anschließend können die Individuen der Anfangspopulation in Cluster eingeteilt werden. Aufgrund der großen Ähnlichkeit zwischen den Layouts eines Clusters muss dem Entscheidungsträger in Schritt fünf nur jeweils ein Layout zur Bewertung vorgelegt werden. Falls der Entscheidungsträger mit einer Lösung zufrieden ist, wird der Algorithmus abgebrochen. Andernfalls wird in Schritt sechs die manuelle Bewertung an den Algorithmus übergeben. Dadurch können auch qualitative Kriterien einbezogen werden, ohne eine direkte automatisierte Bewertung. Auf Basis der Bewertung wird in Schritt sechs die Fitness für jede Lösungsvariante bestimmt. Dazu wird die Einschätzung jeder LV hinsichtlich der Zielkriterien in Form einer Note mit dem jeweiligen Kriteriengewicht, welches in Schritt zwei bereits ermittelt wurde, multipliziert. Anhand der Fitness werden in Schritt sieben die besten Lösungen selektiert und als Grundlage für die folgenden Populationen verwendet. Durch Crossover und Mutation entstehen in Schritt acht die Layouts der nachfolgenden Population.[252]

### 3.3.4 Maschinelles Lernen als Möglichkeit zur automatisierten Layoutbewertung

Die Herausforderungen der automatisierten LP, die klassischerweise dem Operations Research zugeordnet wird, werden in Anfängen auch von Seiten der Gemeinschaft für maschinelles Lernen (engl.: Machine Learning (ML)) betrachtet.[253] ML dient der Erkennung von Mustern und Regularitäten in großen Datenmengen. Diese helfen den Prozess zu verstehen oder Voraussagen zu treffen. Es wird davon ausgegangen, dass Daten der nahen Vergangenheit Rückschlüsse auf die nahe Zukunft zulassen.[254] Die automatisierte Entscheidungsfindung, bei der Expertenwissen unabdingbar ist, wird als interessanter und erforschenswerter Ansatz betrachtet. Forschungsergebnisse, die auf die automatisierte Bewertung und Rangfolgebildung von Layouts mittels des maschinellen Lernens abzielen, sind bisher wenige veröffentlicht.[255] Das maschinelle Lernen lässt sich in die Bereiche des überwachten (supervised) und unüberwachten Lernens (unsupervised learning) unterteilen. Das überwachte Lernen ist dadurch gekennzeichnet, dass ein Datensatz von Eingabe- und Zielpaaren bereitgestellt wird, auf deren Basis eine Zielfunktion gefunden werden soll. Die Ausgabe aus der Zielfunktion soll für eine beliebige Eingabe dem vorgegebenen Zieldatensatz möglichst nah kommen.

[252] Vgl. Garcia Hernandez et al. (2016), Multi-objective interactive genetic algorithm, S. 94ff.
[253] Vgl. Bengio et al. (2020), Machine learning for combinatorial optimization
[254] Vgl. Alpaydın (2014), Introduction to machine learning, S. 2f.
[255] Vgl. Bengio et al. (2020), Machine learning for combinatorial optimization, S. 2ff.; Ahmad et al. (2015), Automated Discovery and Utilization of Tacit Knowledge, S. 2ff.

Dabei wird der Prozess des Findens der Zielfunktion als „lernen" bezeichnet. Das überwachte Lernen weist Parallelen zum Reinforcement Learning auf. Dabei interagiert ein sogenannter Agent mit seiner Umwelt. Zu jedem Zeitpunkt entscheidet sich der Agent für eine neue Aktion und folgt dabei seiner determinierten Richtlinie. Dafür erhält er von seiner Umwelt eine Belohnung und erfährt einen neuen Zustand. Das Ziel ist es, den Agenten so zu trainieren, dass die Summe der zukünftigen Belohnungen (Ertrag) maximiert wird. Hingegen besteht das Ziel des unüberwachten Lernens darin, gemeinsame Eigenschaften zu identifizieren und diese auf ein ähnliches Problem zu übertragen. Die Basis der Lösung bildet also die gemeinsame Verteilung der beobachteten Zufallsvariablen.[256] Zu dieser Klasse des Lernens gehören zum Beispiel künstliche neuronale Netze (KNN). Im Folgenden werden Ansätze vorgestellt, die im Rahmen der automatisierten LP, insbesondere der Layoutbewertung mit ML, veröffentlicht wurden. Diese beziehen sich auf den Bereich des unüberwachten Lernens. Für den Bereich des überwachten Lernens und des Reinforcement Learnings konnten keine relevanten Ansätze identifiziert werden.[257]

RUMMUKAINEN ET AL[258]. stellen einen Layoutoptimierungsansatz vor, der alternativ zur expliziten Modellierung strukturelle Eigenschaften anhand von ähnlichen Beispielen erlernt. Dieser soll aber analog zu einer expliziten Modellierung Zielkriterien folgen können. Unter diesen werden die Ähnlichkeit der Inputlayouts zu neu modellierten Layouts und die Minimierung der Distanzkostenfunktion verstanden. Mit dem Ansatz erhoffen sich die Autoren eine große Zahl an einflussnehmenden Faktoren in die Optimierung mit einbeziehen zu können, die in einer expliziten Modellierung nur schwer abbildbar wären. Die Grundlage dafür sollen vergangene Layoutprojekte ähnlicher Gestalt und vergleichbaren Umfangs sein. Basierend darauf soll ein ML-Algorithmus lernen und für die neue Umgebung ähnliche Groblayouts modellieren. Diese sollen dann durch den Planenden, wenn nötig, angepasst oder zur weiteren detaillierteren Planung genutzt werden. Um zu ihrem Ziel zu gelangen, formulieren die Autoren ein wahrscheinlichkeitstheoretisches Ähnlichkeitsmodell, um das Planungswissen der vergangenen Layoutprojekte zu extrahieren. Dieses soll mit einem grundlegenden Layoutmodell zu einem Optimierungsmodell kombiniert werden. Die Parameter des Ähnlichkeitsmodells werden dabei als ein Ziel verwendet. Dafür wird der Produktionsprozess als gerichteter Graph beschrieben, der als Input für das Ähnlichkeitsmodell herangezogen wird. Es liegen keine bisher bekannten Zielfunktionen oder Restriktionen zu

[256] Vgl. Bengio et al. (2020), Machine learning for combinatorial optimization, S. 7ff.

[257] Vgl. Burggraf et al. (2021), Machine Learning for Facility Layout Problems, S. 22569ff.

[258] Rummukainen et al. (2018), Machine Learning from Prior Designs

Grunde, die in die Gestaltung des Layouts einfließen oder an denen das Layout gemessen wird. Die einzige Zielformulierung ist das Ähnlichkeitsmaß der Layouts.[259] Insgesamt zeigt die Forschung von RUMMUKAINEN ET AL., dass es grundsätzlich möglich ist, einfache Zielkriterien in einen maschinellen Lernansatz einzubinden. Es wird jedoch nicht gezeigt, dass es mit dieser Art des Ansatzes möglich wäre, komplexe und qualitative Kriterien erlernen zu lassen. Zudem wird als Basis eine ähnliche Modellierung benötigt, deren Vorliegen aus realen Projekten als unrealistisch eingeschätzt wird.

AHMED ET AL.[260] entwickeln einen Ansatz, um im Rahmen der Fitnessbewertung im Optimierungsprozess von LV, die Fitness automatisiert mittels eines trainierten künstlichen neuronalen Netzes (KNN) bewerten zu lassen. Basis dessen war die manuelle Bewertungspräferenz eines Experten für ein künstliches Datenset von 500 LV. Dazu wurden die vier als im Verständnis dieser Arbeit als quantitativ klassifizierbaren Bewertungskriterien *Zusammenhängender Restbereich, Modul Dichtheit, Zusammensetzung* und *Dichte* manuell bewertet. Diese sollen den Grad der Raumnutzung und den Symmetriegrad messen und somit auf die Ästhetik in der Gestaltung schließen lassen. Um das KNN zu trainieren, wurden die vier Bewertungskriterien als Input verwendet (normalisierte Werte zwischen 0 und 1) und die abgeleiteten Benutzerranglisten als Output herausgegeben. Die Autoren verweisen darauf, dass die Forschung noch einige Herausforderungen zu bewältigen hat. Für das Training des KNN werden große Datensets benötigt, welche in dem benötigten Umfang meistens nicht aus vergangenen, realen Projekten erarbeitet wurden und somit nicht verwendet werden können. Zudem merken die Autoren an, dass eine Interaktion von mehreren bewertenden Experten das Denkschema ändern kann, was durch den gewählten Ansatz nicht erfasst werden kann. Zudem wird generell nur ein bewertender Experte abgebildet. Stakeholder mit konfligierenden Zielen würden unterschiedlich bewerten und somit zu wahrscheinlich anderen Ergebnissen kommen.[261] Der verfolgte Ansatz kommt der intendierten Idee der automatisierten Bewertung sehr nahe, hat allerdings den Nachteil, dass die Trainingsdaten der eigentlichen Planung nahekommen müssen. Die Fabrikplanung ist besonders branchenübergreifend sehr divers in der Gestaltung der Fabrikflächen, sodass der Aufwand des Trainings sehr hoch wäre. Die Anwendung zur Bewertung der LW beruht zudem auf vielen weitergehendenden impliziten Informationen, die sich bei jedem Planungsfall unterscheiden. Für das Training eines KNN würden die Trainingsdaten auf einen spezifischen Planungsfall angewendet werden. Die realen Planungsfälle und damit verbundenen Prämissen und Restriktionen stimmen

259 Vgl. Rummukainen et al. (2018), Machine Learning from Prior Designs, S. 1ff.

260 Ahmad et al. (2015), Automated Discovery and Utilization of Tacit Knowledge

261 Vgl. Ahmad et al. (2015), Automated Discovery and Utilization of Tacit Knowledge, S. 1ff.

höchstwahrscheinlich mit keinem weiteren realen Planungsfall überein. Somit kann die Anwendbarkeit des KNN nicht gewährleistet werden. Es ist also fraglich, ob ein so trainiertes KNN für die Bewertung der WF überhaupt anwendbar wäre.

### 3.3.5 Anknüpfungspunkte zur automatisierten Bewertung qualitativer Zielkriterien

Es wird deutlich, dass das Konzept des GD bereits für spezielle Anwendungen im Architekturbereich erfolgsversprechend erforscht wird. So wird die automatisierte Bewertung qualitativer Kriterien als Teil des Optimierungsprozesses genetischer Algorithmen aufgefasst, die auf einer großen Anzahl initial automatisiert generierter LV aufsetzen. Dabei haben NAGY ET AL. [262][263][264], VILLAGI ET AL.[265] und ULKUCU UND ALACAM[266] in verschiedenen Publikationen Metriken für die Bewertung des von individuellen Nachbarschaftspräferenzen (Adjazenz), Arbeitsstil, Exposition und für Bewegungsfrequenzen (Buzz) entwickelt. Die jeweiligen Rückgabe- oder Ergebniswerte werden über Simulationen ermittelt, die im parametrischen Modell umsetzbar sind. Der Ergebniswert fließt neben anderen Kriterienbewertungen in die jeweilige Bewertung einer architektonischen Layoutvariante ein. Somit schaffen es die genannten Forscher, qualitative Kriterien für ihre Vorhaben zu quantifizieren, automatisiert messen und somit ohne menschliche Eingriffe bewerten zu können. Die vorgestellten Metriken sind architekturspezifisch, so besteht der weitere Bedarf darin, spezifische Metriken für den Bereich der Fabriklayoutplanung zu entwickeln, wie es im Rahmen dieser Arbeit für das Zielkriterium der LW unternommen wird. Das Konzept des GD ist durch verschiedene Anwendungen erprobt und kann als erfolgsversprechendes Rahmenwerk für die automatisierte LP, insbesondere der Layoutbewertung, mit qualitativen Kriterien genutzt werden.

Der hybride Ansatz von GARCIA-HERNANDEZ ET AL.[267] kombiniert die Layoutoptimierung durch einen GA mit der Möglichkeit einer manuellen Bewertung des Layouts. Die Bewertung kann hierdurch sowohl quantitative als auch qualitative Zielkriterien berücksichtigen. Allerdings werden die automatisiert erstellten LV dem Entscheidungsträger zur manuellen Bewertung vorgelegt. Aufgrund der Clusterung müssen

[262] Nagy et al. (2018), Generative Urban Design
[263] Nagy et al. (2017), Beyond Heuristics
[264] Nagy et al. (2017), The Buzz Metric in Generative Space Planning
[265] Villaggi et al. (2018), Simulation of User Satisfaction for Generative Design
[266] Ulkucu et al. (2019), A Decision Support Framework for FLP
[267] Garcia Hernandez et al. (2016), Multi-objective interactive genetic algorithm

zwar nicht alle, sondern nur eine sehr begrenzte Anzahl an repräsentativen LV manuell bewertet werden, dennoch kann die Optimierung und Bewertung nicht ganzheitlich automatisiert und losgelöst vom Planenden ausgeführt werden.

Es wird ersichtlich, dass es derzeit noch wenig erforscht ist, wie die automatisierte Evaluierung von Layouts mittels ML angegangen werden kann. In den gezeigten Ansätzen von RUMMUKAINEN ET AL. [268] und AHMAD ET AL. [269] werden unüberwachte Lernansätze ausprobiert, die versuchen, das implizite Expertenwissen aus bereits generierten Layouts zu extrahieren und dieses auf zukünftige Layouts zu übertragen. Dabei kann aus den Ansätzen geschlossen werden, dass einzelne Zielkriterien nicht gesondert bewertet werden können. Dies liegt daran, dass die Ergebnisse vergangener Projekte (Datenbasis) zumeist auf viele verschiedene Kriterien hin optimiert wurden und gegebenenfalls abweichende Planungsszenarien in die Layoutgestaltung Einfluss nahmen. Ein weiteres Problem, was mit dem Einsatz dieser Lernmethode einhergeht, ist, dass eine Großzahl verschiedener und zugleich ähnlicher Layouts als Input benötigt werden. Diese sind in der Realität zumeist selbst nicht bei reinen auf die Fabrikplanung fokussierten Unternehmen vorhanden und müssten somit zum Training des ML Algorithmus gesondert erstellt werden. Zum Einsatz von überwachten Lernmethoden für die automatisierte Layoutbewertung konnten keine Ansätze gefunden werden. Diese Art des ML stellt sich durch den Gedanken, dass keine explizite Zielfunktion aufgestellt werden muss, als attraktiv dar. Dies lässt darauf schließen, dass diese Art des Lernens für schwer quantifizierbare Zielkriterien geeignet sein könnte. Übergreifend über die ML-Ansätze wird deutlich, dass keine spezifische Bewertung von einzelnen Zielkriterien mit dem heutigen Stand des Wissens automatisiert abgebildet werden kann. Zudem ist der Aufwand der Bewertung in der Entwicklungsphase sehr hoch und setzt teilweise nicht vorliegende große Mengen an Daten voraus. Mögliche, für diese Arbeit relevante, Ansätze zum überwachten Lernen konnten nicht identifiziert werden.

## 3.4 Zwischenfazit zum Stand des Wissens

Die Beschreibung des Zielsystems stellt den zentralen Bestandteil in der Automatisierung der Layoutbewertung dar. Die zu bewertenden Zielkriterien müssen dafür maschinenlesbar sein, sodass sie in einem Algorithmus die Funktion zur Bewertung des Layouts erfüllen können. Dies bedeutet, dass sie in besonderem Maße darauf ausgelegt sein müssen, dass ihre Bedeutung und Zusammenhänge durch einen Computer erfasst

[268] Rummukainen et al. (2018), Machine Learning from Prior Designs

[269] Ahmad et al. (2015), Automated Discovery and Utilization of Tacit Knowledge

werden können. Dies setzt die Transformation der Erklärung, wie das Layout hinsichtlich des Zielkriteriums bewertet ist, von menschlicher Sprache in maschinell interpretierbare Formulierungen voraus. Wie aus den beschriebenen Ansätzen hervorgeht, herrscht allerdings Unklarheit darüber, wie das Zielsystem zur Bewertung der LW gestaltet ist. Der Zielzustand, wie ein wandlungsfähiges Layout charakterisiert ist, kann bisher noch nicht in natürlicher Sprache ausgedrückt werden. Es fehlt die notwendige Kenntnis über die vollständigen Indikatoren und deren wirkenden Zusammenhänge, um die Bewertung der LW semantisch zu formulieren. Hierzu muss die Wissensbasis zuerst erlangt werden. Wie in Layoutplanungsprojekten zu beobachten ist, ist diese Wissensbasis bei Fabrikplanungsexperten gegeben. Das Wissen zur Bewertung von Layoutvarianten hinsichtlich ihres Vermögens zur WF liegt also implizit bei den Experten vor. Nach der Konkretisierung des Zielsystems zur Bewertung der LW in natürlicher Sprache kann die Transformation in eine maschinell interpretierbare Formulierung initiiert werden. Auf der anderen Seite zeigt der dargestellte Stand des Wissens auch auf, dass verschiedene Ansätze zur automatisierten Layoutplanung und Layoutbewertung gegeben sind. Diese haben gemeinsam, dass die jeweilige verwendete Methode in sich funktionsfähig und modifiziert auf weitere Planungsfälle übertragbar ist. Zudem stellt bei allen Ansätzen das Zielsystem die Grundlage des Vorgehens dar. Durch den Algorithmus können einzelne Größen des Zielsystems abgefragt oder variiert werden. Daraus abgeleitet kann festgehalten werden, dass für die Zielerreichung dieser Arbeit die Formulierung des Zielsystems der LW in natürlicher Sprache und die Transformation in eine maschineninterpretierbare Formulierung erst herausgearbeitet werden müssen. Hinsichtlich der Zielerreichung dieser Arbeit wird die Hypothese aufgestellt, dass die LW durch Metriken im digitalen Zwilling modelliert werden kann.

# 4 Automatisierte Bewertung der Layoutwandlungsfähigkeit im digitalen Zwilling

Der nächste Schritt im DSR Vorgehen nach PFEFFERS ET AL. ist das Design und die Entwicklung des Artefakts. Für den Zweck dieser Arbeit kann das Artefakt als Modell klassifiziert werden. Ein Modell wird im Sinne des DSR als Repräsentation oder Abstraktion von etwas beschrieben[270]. In diesem dritten Schritt des DSR werden die Funktionalitäten und der Aufbau des Artefakts festgelegt. In dieser Arbeit soll es die Bewertung der LW in automatisierter Form ermöglichen, was deren Maschineninterpretierbarkeit zugrunde legt. Aufbauend auf den Erkenntnissen der Grundlagen und des Forschungsbedarfs aus dem Stand der Technik werden in diesem Kapitel die Anforderungen an die genannte Thematik herausgearbeitet. Dazu werden Anforderungen an ein funktions- und nutzungsfähiges Artefakt als auch der Umfang des Betrachtungsrahmens definiert (vgl. Kapitel 4.1). Anschließend wird beschrieben, wie die automatisierte Bewertung der LW mit Hilfe der Kognitiven Modellierung im digitalen Zwilling modelliert werden kann (vgl. Kapitel 4.2). Basierend darauf werden die Metriken zur automatisierten Bewertung der LW vorgestellt (vgl. Kapitel 4.3).

## 4.1 Anforderungen an die automatisierte Bewertung der Layoutwandlungsfähigkeit

Einhergehend mit der Zielstellung, die LW automatisiert bewerten zu können, können Anforderungen an das zu entwickelnde Artefakt aufgestellt werden. Diese können dafür genutzt werden, die Funktionalitäten des Artefakts festzulegen. Die Anforderungen werden aus den Bedürfnissen der Praxis, aus der Zielstellung dieser Arbeit und aus den theoretischen Herausforderungen, die sich aus der Darstellung des Stands des Wissens ergeben haben, abgeleitet.

[270] Vgl. Hevner et al. (2004), Design Science in Information Systems Research, S. 77

### Anforderungen abgeleitet aus den Bedürfnissen der Praxis

Eine zwingende Anforderung ist, dass sich das Artefakt zur automatisierten Bewertung der LW in eine den Planenden bekannte digitale Planungsumgebung integrieren lassen muss, um der Entstehung von Barrieren in der späteren Artefaktanwendung möglichst gut vorzubeugen. Es ist darüber hinaus auch davon auszugehen, dass für verschiedene Planungen Anpassungen oder Erweiterungen des Zielsystems vorgenommen werden müssen. Diese sollen von Fabrikplanungsexperten, also für Fachfremde der Softwareprogrammierung, durchführbar sein. Die Signifikanz dieser Anforderung darf nicht unterschätzt werden, da diese über die grundsätzliche Nutzung des Artefakts in der industriellen Praxis entscheidet.

Zudem muss die Software für die Layoutplanungsumfänge als DZ dienen und entsprechend alle relevanten Daten als Single Source of Truth konsolidieren. Auf diese Daten müssen als attributive und geometrische Information automatisiert zurückgegriffen werden. Zudem muss über eine Schnittstelle die Integration eines Algorithmus möglich sein. Einzelne Softwareanbieter bieten bereits für die Fabrikplanung nutzbare Softwares an, die die Abbildung der Umfänge eines DZ für den Zweck der automatisierten FP ermöglichen.

Als weitere Anforderung wird definiert, dass individuelle Bedürfnisse aus der Zielstellung des Unternehmens berücksichtigt werden müssen. Dies bedeutet, dass beispielsweise die Gewichtung der einzelnen Zielkriterien, die in die Bewertung einfließen, individuell anpassbar sein soll. So muss in der Bewertungslogik die Möglichkeit gegeben sein, dass die Planenden die Kriteriengewichtungen problemspezifisch bestimmen können müssen.

### Anforderungen aus der Zielsetzung der Arbeit und der wissenschaftlichen Theorie

Aus dem Stand des Wissens kann abgeleitet werden, dass die LW spezifisch für die Bedürfnisse der LP konkretisiert werden muss. Das Zielsystem der LW muss semantisch definiert und in eine maschinenlesbare Form transformiert werden. Aus der Zielsetzung der Arbeit lässt sich die Anforderung ableiten, dass das zu bildende Artefakt vor allem durch die zukünftigen und ggf. kritischen Anwendenden akzeptiert werden muss. Dies bedeutet, dass ein möglichst großer Konsens darüber herrschen muss, dass das Artefakt sowohl alle Facetten der LW erfasst und die LW durch die quantifizierten Zusammenhänge abbildet. Eine weitere Anforderung ergibt sich daraus, dass die LW in ihrer multidimensionalen Facette mit teilweise gegenläufigen Optimierungszielen abgebildet werden muss. So beinhaltet sie mitunter zu maximierenden und zu minimierenden Teilziele mit unterschiedlichen Einheiten (z. B. $m^2$, Stück). Dies bedeutet, dass die Zielwerte der Teilkriterien nicht in eine herkömmliche aufsummierte, gewichtete Zielfunktion gebracht werden können. Die Effizienz der LV soll trotzdem ganzheitlich in einem Gesamtzielwert erfasst werden können, der die LV relativ zueinander bewertet und in eine Rangfolge bringt.

**Umfang des Betrachtungsrahmens**

Neben den Anforderungen muss der Betrachtungsrahmen dieser Arbeit definiert werden. So werden weitere zu detaillierende und zu erforschende Aspekte, die zur übergeordneten Automatisierung des gesamten Fabrikplanungsprozesses gehören, aus der Erarbeitung dieser Arbeit ausgeschlossen. In den Betrachtungsrahmen wird lediglich die Entwicklung eines Artefakts zur automatisierten Bewertung der LW integriert. Explizit aus diesem ausgeschlossen wird die Erarbeitung des Prozesses der automatisierten LV-Erstellung und der detaillierten Ausarbeitung der Einbindung der LW-Bewertung in einen Optimierungsalgorithmus. Es sollen zudem keine weiteren Zielkriterien neben der Bewertung der LW erarbeitet werden.

Des Weiteren werden für die Bewertung der LV gültige Layouts vorausgesetzt. Das heißt, Layouts mit Fehlern, wie Kollisionen zwischen Objekten oder Bereichen, sollen ausgeschlossen werden. Die Definition von Kriterien und Regeln zum Ausschluss ungültiger Layouts ist nicht Teil der Arbeit. Die Prüfung, ob Elemente gültig platziert sind (z. B. Höhenabgleich zwischen Objekt und Gebäude), ist Teil der Gültigkeitsprüfung. Zudem beruht die Artefaktentwicklung auf der Annahme, dass die zu platzierenden Bereiche des Layouts im Rahmen der LV-Erstellung in ihrer Größe und Position variabel sind. Dies bedeutet, dass den Bereichen eine Mindestbreite und –länge vorgegeben wird, die darüber hinaus flexibel durch einen Algorithmus variiert werden kann. Durch diese Freiheitsgrade wird der Lösungsraum maximal aufgespannt. Darüber hinaus soll gemäß Kapitel 4.3.1 nur die als relevant identifizierte Grobplanungsebene (Blocklayout) für die Erstellung des Artefakts berücksichtigt werden. Zudem wird die Brownfieldplanung als weitere Einschränkung festgelegt.

## 4.2 Kognitive Modellierung der Layoutwandlungsfähigkeit im digitalen Zwilling

Aus den vorherigen Kapiteln ist hervorgegangen, dass es zwei übergeordnete Strategien zur automatisierten Layoutbewertung gibt. Dies ist zum einen das GD (vgl. Kapitel 3.3.3). Dieses basiert auf parametrischen, digitalen Modellen mit manipulierbaren geometrischen Eigenschaften. Bei dem Konzept wird formalisiertes Wissen in Form von

Metriken abgebildet. So besteht die Möglichkeit, qualitative Zielkriterien in die Bewertung der Layouts einfließen zu lassen. Die Ergebniswerte dieser Metriken werden über einen Algorithmus abgefragt und teilweise simulationsgestützt ermittelt. Vielversprechende Inputparameterkombinationen dafür werden ebenso durch den zumeist genetischen Optimierungsalgorithmus bereitgestellt. Zum anderen wurde ML zur automatisierten Bewertung von Layouts vorgestellt (vgl. Kapitel 3.3.4). Die erforschten Ansätze nutzen das unüberwachte Lernen und benötigen eine große Anzahl vorhandener Layouts, die dem Training der zumeist zugrundeliegenden neuronalen Netze dienen. Die Zielkriterienbewertung findet dabei nur implizit statt, indem in neu zu erstellende Layouts die als zuvor ähnlich identifizierten Strukturen aus den Trainingslayouts integriert werden. Die Bewertung beruht also nicht wie beim GD auf einem unabhängig konstruierten Layout, sondern das Layout wird auf Basis der initialen Bewertung von Trainingslayouts erstellt.

ML erscheint als aktuelles Trendthema mit den scheinbaren Vorzügen der Nutzung von selbstlernenden Prozessen als erstrebenswert. Allerdings treffen die Ansätze des unüberwachten ML nicht die zuvor definierten Anforderungen an eine automatisierte Bewertung der LW. Die einzelnen Zielkriterien können nicht explizit bewertet werden. In jeder Konstruktion des Layouts durch die vorgestellte ML-Methode fließen auch andere in vergangenen Planungen priorisierte Zielkriterien mit ein. Außerdem besteht eine Schwierigkeit darin, dass Planende ohne Programmierkenntnisse den ML-Prozess nicht anwenden können. Kritisch ist zudem, dass die große Zahl an Inputlayouts ähnlich dem Trainingsziel erst erschaffen und bewertet werden müssen. Nichtsdestotrotz stellen die überwachten ML Ansätze in Aussicht, die Anforderungen besser zu erfüllen als das unüberwachte ML und Potenzial für eine Lösung in der Zukunft zu haben. Eine große Herausforderung hierbei ist, dass es bisher wenige bestehende Ansätze mit lediglich geringer Relevanz bzgl. der Bewertung der LW gibt, auf die aufgebaut oder angeknüpft werden kann. Diese Art des ML bedarf es, den Zielzustand für den Algorithmus spezifizieren zu können, um eine entsprechend intelligente Variantenbildung einzuleiten. Dies ist mit dem aktuellen Stand des Wissens nicht möglich, denn die spezifische Thematik der LW ist bisher nicht tief genug erforscht und mögliche Zielzustände, die ein Layout als layoutwandlungsfähig klassifizieren, sind nicht definiert. Somit erfüllt das überwachte ML für die aktuelle Entwicklungsiteration nicht die notwendigen Grundbedingungen. Perspektivisch eröffnet es aber für spätere Iterationen der Weiterentwicklung des Artefakts interessante Möglichkeiten.

Das GD erfüllt die gestellten Anforderungen, hat aber ebenso wie das überwachte ML den Bedarf die LW tiefer zu ergründen. Aus Kapitel 3 geht hervor, dass die Bewertung der LW nur am Rande betrachtet wurde und einer tiefergehenden Erarbeitung bedarf. Es müssen möglichst generische, planungsfallübergreifende und als von den Planungsexperten als layoutwandlungsfähig akzeptierte Layoutanordnungen definiert werden. Zur Ermittlung und Bewertung dieser Regeln zu Anordnungen kann anknüpfend an die Publikationen festgehalten werden, dass die WB unterstützend zur initialen Quantifizierung der LW und zur Abbildung ihrer multidimensionalen Facette herangezogen werden können.

Es zeigt sich, dass die Erkenntnisse aus dem ermittelten Stand des Wissens nicht ausreichen, um damit die LW zu bewerten. Es fehlen die nötigen Indikatoren und Abhängigkeiten, die den layoutwandlungsfähigen Zustand konkretisieren. Des Weiteren fehlt durch die alleinige Herleitung durch die Literatur die Akzeptanz von kritischen Anwendern. Trotz der nicht vorhandenen theoretischen Definition und Umschreibung der gewünschten Anordnungsregeln ist in der alltäglichen Praxis die Bewertung des Layouts nach dem Zielkriterium der LW gängig und umsetzbar. Daraus kann geschlussfolgert und auch in entsprechenden Layoutplanungsworkshops beobachtet werden, dass Experten durch ihre jahrelange Erfahrung intuitiv wissen, wie ein Layout in Bezug auf das Zielkriterium der LW zu bewerten ist. Das notwendige Wissen zur LW-Bewertung ist also vorhanden, jedoch liegt es nicht in expliziter Form vor. Das verborgene Wissen muss zwangsläufig transparent gemacht und in eine maschinenlesbare Form transformiert werden, um das Ziel der automatisierten Bewertung der LW zu erreichen. Dazu müssen geeignete Methoden angewendet werden, die dieses Wissen aufdecken.

Eine Orientierungshilfe zur Erfassung der Kernidee der Wissensrekonstruktion können hierfür die Gedanken des Reverse Engineerings bieten, das ursprünglich aus dem Bereich der Produktentwicklung stammt: Das Reverse Engineering (RE) wird zunehmend im Bereich der Softwareentwicklung angewendet. Dieses wird zur Systemanalyse ausgehend, von einem bestehenden System, genutzt. Dabei sollen die einzelnen Systemkomponenten und Zusammenhänge zwischen diesen identifiziert werden. Daraus folgend kann das System auf einer höheren Abstraktionsebene nachgebildet werden.[271] Eine spezielle Form des RE ist das Design Recovery (DR). Es wird angewendet, wenn das zu analysierende System wenige Informationen über die ursprünglichen Designdaten beinhaltet. Diese werden durch das DR mit dem Ziel der Strukturentwicklung rekonstruiert, die dem Entwickler helfen, das System vollständig zu erfassen und zu verstehen.[272] Dazu werden zu den Beobachtungen des zu analysierenden Systems

[271] Vgl. Chikofsky et al. (1990), Reverse Engineering And Design Recovery, S. 13f.

[272] Vgl. Biggerstaff (1989), Design recovery for maintenance and reuse, S. 36f.

Domänenwissen, externe Informationen oder Schlussfolgerungen ergänzt, um bedeutende Abstraktionen gewinnen zu können. Ziel ist es, alle notwendigen Informationen zu reproduzieren, die nötig sind, um das System vollständig zu verstehen.[273] So sollen ähnlich dem RE, ausgehend von einem beobachtbaren Bewertungsverhalten, die Regeln der Bewertung der LW rekonstruiert und dokumentiert werden.

Methodisch soll die dafür notwendige Wissensextraktion zur Formalisierung der LW der Kognitiven Modellierung[274] folgen, die den Kognitionswissenschaften entstammt. Diese werden in einem kurzen Exkurs vorgestellt: Die Kognitionswissenschaften befassen sich durch das Konzept des physikalischen Symbolsystems damit, wie mentale Repräsentationen menschlichen Denkens in der physischen Welt instanziiert werden können. Die mentalen Repräsentationen unterliegen physikalischen Gesetzen und können somit auch in künstlichen technischen Systemen realisiert werden. Durch dieses Verständnis ist Wissensanwendung nicht nur auf den Menschen beschränkt und bildet den Anker der künstlichen-Intelligenz-Forschung. Ein Symbolsystem besteht aus einer Menge von Symbolen, die physikalische Muster oder Objekte repräsentieren. Sie sind über Relationen zu Symbolstrukturen verbunden, die Prozessen unterliegen. Durch das Symbolsystem kann die Symbolstruktur interpretiert, also aufgerufen und ausgeführt werden. Bildlich gesprochen können die Symbole als Alphabet verstanden werden, die den Regeln der Grammatik unterliegen, welche wiederum eine Symbolstruktur repräsentieren. Die dargelegten Annahmen stellen sicher, dass die Symbolstrukturen semantisch interpretierbar sind. Daraus folgt die These, dass die regelbasierten Ausdrücke in formale Operationen, also Berechnungsprozesse, transformiert werden können. Diese können somit für einen Computer formalisiert modelliert werden. Der Computer agiert dabei als Symbolmanipulator der rekonstruierten mentalen Vorgänge.[275]

Der beschriebene Symbolverarbeitungsansatz bildet die Grundlage für die formale Modellierung von Ausschnitten der Realität durch den Zugang zu kognitiven Strukturen und Prozessen. Durch die Kognitive Modellierung (KM) werden für bestimmte kognitive Leistungen Daten und Regeln angegeben oder, in anderen Worten, die Symbolstrukturen werden expliziert und für Computerprogramme nutzbar gemacht. Die KM umfasst also die Spezifikation und Implementierung kognitiver Systeme durch Rekonstruktion ihrer Strukturen. Das Ergebnis der KM hat klassischen Modellcharakter, bei

---

273 Vgl. Chikofsky et al. (1990), Reverse Engineering And Design Recovery, S. 15

274 Wallach (1998), Kognitionswissenschaft

275 Vgl. Wallach (1998), Kognitionswissenschaft, S. 22ff.

dem nur die kausal notwendigen Gegebenheiten des Originals Berücksichtigung finden. Schwierig bei der KM ist, dass die menschlichen Wissensstrukturen nicht unmittelbar beobachtbar sind. Der Modellierende kann also lediglich auf empirische Indikatoren der Struktur und Funktionsweise des Arbeitsgedächtnisses zurückgreifen und die resultierende Modellierung anschließend plausibilisieren. Durch den Rückgriff auf Computer zur Simulation, der in diesem Fall als Symboltransformationsmaschine gesehen werden kann, besteht der Zwang, das zu modellierende Wissen lückenlos zu formalisieren. Dies setzt eine kompromisslose Explikation der Wissenszusammenhänge voraus. Es ist also eine Enkodierung der kognitiven Strukturen und die Transformation nach der expliziten Formulierung in eine maschinenlesbare Form nötig.[276]

Das Vorgehen der KM nach WALLACH lässt sich in die vier Phasen Aufgabenanalyse, empirische Untersuchung, Implementierung und Validierung gliedern (vgl. Abbildung 11).

**Abbildung 11: Phasen der Modellkonstruktion**[277]

Die Phasen unterliegen dabei keinem Zwang einer linearen Abfolge. Bei der Aufgabenanalyse werden die kognitiven Anforderungen, wie beispielsweise Wissensvoraussetzungen, an die Probanden zur Bewältigung der zu modellierenden Aufgabe spezifiziert. Dazu ist es von Vorteil, wenn der Modellierende selbst ein möglichst gutes Verständnis des Betrachtungsbereichs hat. Das Vorgehen der empirischen Untersuchung ist abhängig vom geforderten Modelltyp. Prototypische Modelle unterliegen dem Anspruch für alle Personen eines Bereichs, allgemeingültig zu sein. Dabei kann die Modellierung von einzelnen Individuen ausgehend abstrahiert werden. Es sollen aber möglichst die als typisch angesehenen Inhalte modelliert werden. Von Bedeutung dabei ist, dass alle Indikatoren des kognitiven Geschehens möglichst umfassend erfasst werden. Zur Wissensextraktion können die später beschriebenen wissensdiagnosti-

[276] Vgl. Wallach (1998), Kognitionswissenschaft, S. 36ff.
[277] In Anlehnung an Wallach (1998), Kognitionswissenschaft, S. 44

schen Methoden verwendet werden. In der Implementierungsphase werden die in natürlicher Sprache repräsentierten Indikatoren und Relationen formalisiert und computerbasiert modelliert. In der Phase der Modellprüfung wird die Adäquatheit der Modellierung überprüft. Diese wird durch WALLACH als eher ad hoc charakterisiert und ist durch keine standardisierte Methode charakterisiert. Es werden jedoch Zielkriterien zur Bewertung der Suffizienz der Modellierung wie die Produktkorrespondenz vorgeschlagen. Dieses erfasst, ob das Endprodukt der kognitiven Aktivität korrekt wiedergegeben wird. Dazu kann eine weitere empirische Untersuchung erfolgen. Es sollte allerdings eine andere Vergleichsgruppe herangezogen werden.[278]

Um die kognitiven Daten zu erheben, die sich der direkten Beobachtung entziehen, werden wissensdiagnostische Methoden herangezogen. Eine Form sind die Selbstauskünfte, bei der verbale Daten auf Basis einer Befragung erhoben werden. Über den Probanden wird ein Zugang zu seinen inneren Prozessen über die **Methode des lauten Denkens** gegeben. Dabei soll der Proband während einer Aufgabenbearbeitung seine ablaufenden Gedanken laut verbalisieren. Das daraus formalisierte Wissen soll möglichst exakt durch die KM nachgebildet und implementiert werden. Die KM kann als eine erfolgsversprechende Methodik betrachtet werden, um das bisher den Planungsexperten vorbehaltene Wissen zur LW-Bewertung zu extrahieren und zu formalisieren. Vor dem Hintergrund kann das implementierte, kognitiv modellierte Wissen als eine Art wissensbasiertes System gesehen werden, bei dem verschiedene Bewertungsergebnisse simulativ errechnet werden. Dabei wird versucht, das Struktur- und Regelwissen eines menschlichen Experten auf ein Computersystem zu übertragen[279].

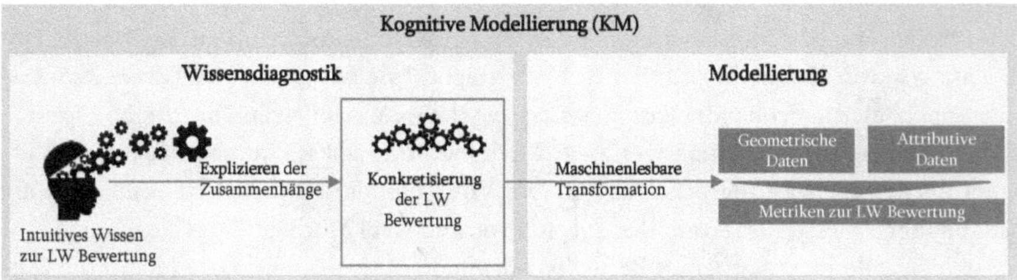


**Abbildung 12: Zusammenhänge der Modellierung des Wissens**

Wie Abbildung 12 zeigt, sind die erfolgreiche Wissensdiagnostik und das so ermöglichte Explizieren, Konkretisieren und die darauf aufbauende Modellierung der ent-

[278] Vgl. Wallach (1998), Kognitionswissenschaft, S. 44ff.

[279] Vgl. Funke (1996), Methoden der Kognitiven Psychologie, S. 515ff.

scheidende Faktor für die Befähigung der computerbasierten, automatisierten Bewertung der LW. Das Explizieren des fabrikplanerischen Expertenwissens soll durch Experteninterviews, unter Anwendung der Methode des lauten Denkens, erfolgen[280]. Durch das Nachvollziehen des Denkvorgangs sollen Indikatoren herausgefiltert werden, die über verbindende Regeln zu mathematisch darstellbaren Modellierung des Wissens führen.

Die Modellierung des Wissens ist abhängig von den zur Verfügung stehenden Daten, die durch die Software determiniert werden, in welche die automatisierte LW-Bewertung eingebunden werden soll. Aus den Anforderungen geht hervor, dass eine Fabrikplanungssoftware basierend auf dem IFC-Austauschformat gefordert wird. Die Nutzung eines DZ und die Methode des GD wird als grundlegende Annahme für die weitere Entwicklung der Modellierung getroffen. Die folgende Abbildung 13 visualisiert die Geometrie- und Informationsebenen im DZ. Zudem werden die Wirkzusammenhänge aufgezeigt, die die Möglichkeiten der Bewertung durch modelliertes Expertenwissen begrenzen. Vor dem Hintergrund der verfügbaren Möglichkeiten dieses Rahmens kann das Expertenwissen expliziert und entsprechend modelliert werden. Der Umsetzung dieses Vorhabens wird die Hypothese zugrunde gelegt, dass die LW in Metriken erfasst und modelliert werden kann (vgl. Kapitel 3.4). Die LW kann nicht in ihrer Gesamtheit in einer mathematischen Formel abgebildet werden, sondern wird durch mindestens eine Metrik pro WB in all ihren Facetten (Teilkriterien) bewertbar gemacht.

[280] Funke (1996), Methoden der kognitiven Psychologie

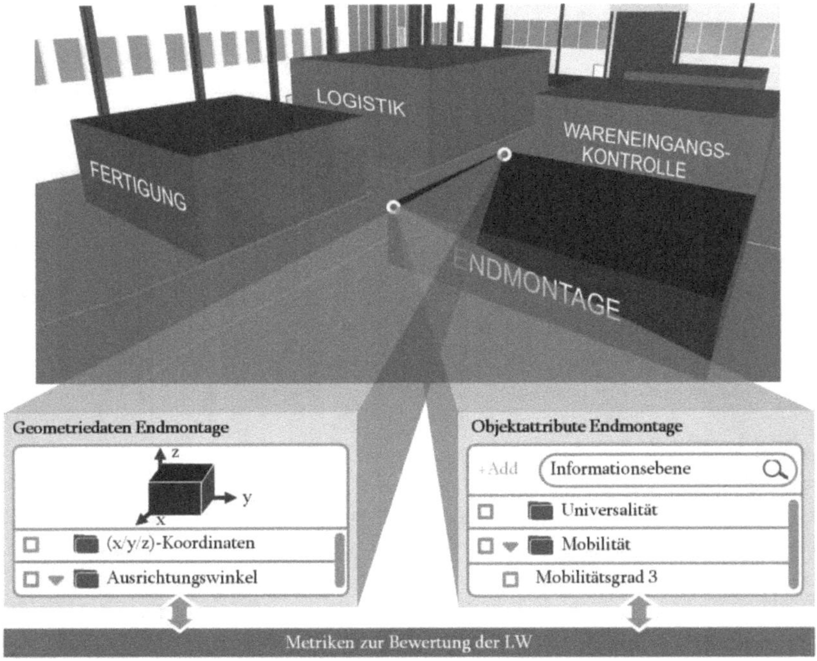


**Abbildung 13: Wirkzusammenhänge der Informationen im digitalen Zwilling**

Um die entsprechenden Werte für jede LV für die jeweilige Metrik zu ermitteln und in diese einzusetzen, muss auf verschiedene Informationen des DZ zurückgegriffen werden. Die entsprechenden Informationen werden in Kapitel 5 detailliert und sind aus den Erkenntnissen der Experteninterviews abgeleitet. Die Informationen setzen sich aus geometrischen und attributiven Daten (Eigenschaften der Objekte) zusammen. Geometrische Daten können z. B. Maße oder Koordinaten und Attribute entsprechende Informationen, beispielsweise zur Beweglichkeit (Mobilität) von Objekten, sein. Dabei kann jedoch die dritte geometrische Dimension der Höhe der Objekte in den Metriken vernachlässigt werden, da diese Information als Restriktion in die automatisierte FP eingeht. Dies bedeutet, dass Bereiche nur gültig platziert werden können, wenn deren Höhe nicht die der nutzbaren Hallenhöhe überschreitet. Der DZ wird mit den vorgestellten Daten während des Fabrikplanungsprozesses erzeugt.

Aus der anfänglichen Diskussion dieses Kapitels bleibt noch offen, wie das modellierte Wissen im Gesamtbild der automatisierten Layoutbewertung verwendet werden soll.

Im Sinne des DSR ist der Aufbau eines Artefakts ein iterativer Prozess, bei dem funktionsfähige Artefakte immer wieder in das anwendende Umfeld zurückgespielt werden. Vor diesem Hintergrund und verbunden mit dem aus der KM hervorgehenden Artefakt als auch dem fachlichen Hintergrund der Autorin dieser Arbeit (vgl. Kapitel 1.2), soll der folgende Weg eingeschlagen werden: Es sollen zuerst die zu realistisch lösbaren Herausforderungen gemeistert werden, um ein funktionsfähiges Artefakt zu erstellen und dieses im Anwendungsumfeld zu testen. Daraus kann sich bezüglich der Anforderungen, Funktionsbedarfe und Ziele des Artefakts ergeben, dass diese geändert oder ergänzt werden sollten. Diese werden dann innerhalb der nächsten Iteration des Designzyklus adressiert und umgesetzt, welche über den Umfang dieser Dissertationsschrift hinausgehen wird. Übertragen auf die anfangs aufgezeigten rahmengebenden Konzepte der Einbettung der automatisierten Bewertung der LW bedeutet dies, dass die Entwicklung innerhalb des Rahmens eines GD-ähnlichen Systems erfolgen soll. Dafür kann eine, durch einen Softwarehersteller bereitgestellte, digitale Umgebung genutzt werden, welche bereits implementierte Algorithmenbestandteile und eine visuelle Programmierschnittstelle aufweist[281]. Dadurch besteht die Möglichkeit der Implementierung der automatisierten Bewertung der LW auch für Fachfremde der Softwareprogrammierung. Es kann eine aussagekräftige Artefaktdemonstration vorgenommen und die Erkenntnisse für die nächste DSR-Iteration genutzt werden. Dennoch bleibt als Aussicht für die Zukunft interessant, die automatisierte Bewertung der LW durch ein überwachtes ML-System umzusetzen. Für dieses bildet das GD-System die Vorstufe[282]. Dieser Gedanke soll an dieser Stelle als Anstoß für weitere wissenschaftliche Forschungsarbeiten gesehen werden.

## 4.3 Ergebnisse der Kognitiven Modellierung

Die KM besteht zum einen aus der Wissensdiagnostik, also der Extraktion des Wissens von Experten. Zum anderen besteht sie aus der Modellierung dieses Wissens für den Zweck der maschinellen Interpretierbarkeit. Die Resultate der beiden Schritte sollen in den folgenden Kapiteln 4.3.1 bis 4.3.6 vorgestellt werden.

[281] Vgl. Vermeulen (2021), From Design Automation to Generative Design in AEC

[282] Vgl. Vermeulen (2021), From Design Automation to Generative Design in AEC

### 4.3.1 Ergebnisse der Wissensdiagnostik – Expliziertes Wissen

Aus den Interviews mit den Experten, dessen Vorgehen in Kapitel 5.1 nachvollzogen werden kann[283], konnte das Wissen über die Bewertung der LW in der Semantik natürlicher Sprache verbalisiert werden. Dieses wird im zweiten Teil dieses Kapitels 4.3.1 kategorisiert nach den WB zusammengefasst. Zunächst wird, wie gefordert, der Begriff und die Bedeutung der LW konkretisiert.

**Konkretisierung der LW**

Die Konkretisierung der LW wird zum einen aus dem explizierten Wissen der Experten abgeleitet. Zum anderen wird vom Ziel her kommend, dieses Wissen in eine maschinenlesbare Form für das GD zu transformieren, ausgegangen. Zur Konkretisierung der LW wird das explizierte Wissen mit den Bedürfnissen und Restriktionen der Modellierung verbunden und die Zusammenhänge zuerst in natürlicher Sprache mit ihrer Semantik erklärt (vgl. Abbildung 14).

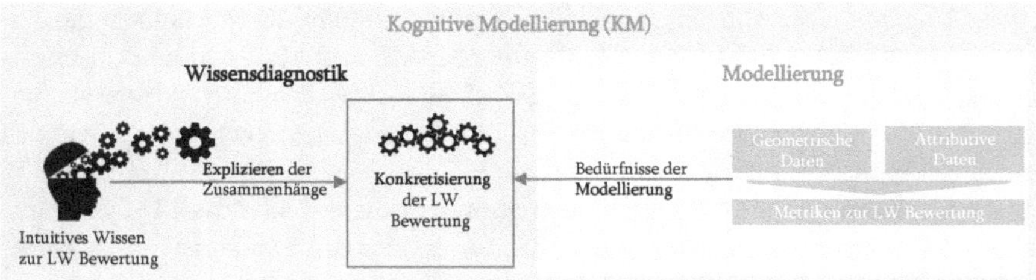


**Abbildung 14: Konkretisierung der LW in natürlicher Sprache**

Die Betrachtung der LW zielt darauf ab zu untersuchen, wie leicht das Layout für zukünftige Bedarfe anpassbar ist. Dabei dient die aktuelle Planung als Bewertungsgrundlage, um darauf zu schließen, wie aufwandsarm das Layout in der nächsten Planung verändert werden kann. Dabei können die zukünftigen Bedarfe kleinere Anpassungen, wie eine Neuanordnung des Bestandsequipments, sein. Sie können aber auch die Integration neuen Equipments, wie Maschinen, oder einen vollumfänglichen Austausch des Produktionssystems bedeuten. Dabei ist ausschließlich das Layout, wie es im DZ vorliegt, die Basis der Betrachtung. Dies bedeutet, dass geometrische und hinterlegte attributive Daten in die Bewertung einfließen können. Die Rahmenbedingungen wer-

[283] Die Interviews folgen methodisch BOGNER UND MENZ (Vgl. Bogner et al. (2016), The Theory-Generating Expert Interview) sowie MEUSER UND NAGEL (Meuser et al. (2016), The Expert Interview and Changes in Knowledge Production)

den durch die Gebäudeeigenschaften vorgegeben. Die WF des Gebäudes kann im Wesentlichen in der Planungsphase des Gebäudes beeinflusst und bewertet werden. Hier müssen bereits in der Bauphase Konzepte eingebracht werden, die beispielsweise die TGA und die Gebäudehülle wandlungsfähig machen. Änderungen in Bestandsgebäuden, die ohne solche Konzepte gebaut wurden, sind nur unter größerem Aufwand anpassbar. Die explizite Bewertung der WF des Gebäudes ist nicht Teil der LW. Der Betrachtungsfokus dieser Arbeit liegt auf der LW, also dem Gebäudeinneren oder dem Produktionssystem. Diese sind über Schnittstellen, wie Medienanschlüsse oder maximale Traglasten des Bodens und des Tragwerks, mit den gegebenen Gebäudeeigenschaften verbunden. Dies bedeutet, dass für die Bewertung der LW alle Zusammenhänge und Indikatoren, die lediglich durch eine bauliche Änderung des Gebäudes beeinflusst werden können und nur der erhöhten LW für zukünftige Layoutwandlungen dienen, aus der Betrachtung ausgeschlossen werden. Kleinere Anpassungen, z. B. durch die Nachrüstung von Medienanschlüssen, die die flexiblere Anordnung von Bereichen für die aktuelle LP zulassen, bleiben zulässig. Änderungen, die lediglich dem Zweck des Vorhaltens, durch Aufrüstung der Medienanschlüsse für eventuelle zukünftige Bedarfe dienen, werden aus dem Bewertungsbereich der LW ausgeschlossen. Ansonsten würde die der Bewertung folgenden Optimierung immer eine Maximierung der Medienanschlüsse bedeuten, was zu unverhältnismäßig hohen Investitionen und unrealistischen Szenarien führen würde. Der Umfang und die Bewertung der LW beziehen sich also hauptsächlich auf die WF des Layouts, die ohne bauliche Anpassungen des Gebäudes durchführbar sind. Wichtig ist auch das zeitliche Verständnis in der Bewertung der LW. In der gegenwärtigen LP, in der auch die Bewertung der LW stattfindet, werden die Voraussetzungen für den Aufwand des Wandels für die zukünftigen LP determiniert. Dabei spielt in der gegenwärtigen LP die Gestaltung und Platzierung der Bereiche in Bezug auf deren Mobilität, Modularität, Skalierbarkeit und deren Kompatibilitätseigenschaften die ausschlaggebende Rolle. Ein Beispiel hierfür ist, dass wenn ein nicht gebäudekompatibler Bereich trotzdem gegenwärtig platziert wird, dies eine Nachrüstung der Gebäudeeigenschaften zur Folge hat. Diese steigern die LW und erhöhen die aufwandsarme Umgestaltung des Layouts in der zukünftigen LP.

Wie aus den Experteninterviews hervorgeht (vgl. Kapitel 5.1.2), ist die LW vornehmlich in der Groblayoutplanung beeinflussbar. In dieser wird die Anordnung der einzuplanenden Bereiche determiniert. In diesem Sinne sind Bereiche über ihre Funktion, Geometrie und Eigenschaft charakterisiert. Einen Bereich kann beispielsweise die Fertigung darstellen. Diese beinhaltet verschiedene Maschinen, deren grundlegenden Eigenschaften und Quantitäten bekannt sind, sodass Flächenbedarfe abgeleitet werden können. Diese basieren in dieser Phase noch auf Annahmen und sind unter anderem durch verschiedene Anordnungsoptionen variabel. In dieser Phase wird ein Bereich durch eine Art Bilanzhülle um das Equipment charakterisiert und als Block dargestellt. Von diesem sind auf geometrischer Ebene die Mindestmaße in Länge, Breite und Höhe bekannt. Es kann vorkommen, dass das Equipment im Detail noch nicht bekannt ist und Referenzen zur Orientierung dienen. Die Maße werden in diesem Falle zur sicheren Seite hin abgeschätzt. Die Blockform kann durch unterschiedliche Anordnungen des Equipments innerhalb des Bereichs variieren. Die finale Anordnung wird aber erst in der Detaillayoutphase ausgeplant. Für die gegenwärtige LP ist es wichtig zu charakterisieren, wie mobil ein Bereich ist. Benötigt ein Bereich beispielsweise eine Einhüllung wegen Lärms, ist dieser als deutlich immobiler einzuschätzen als beispielsweise eine Endmontage, die aus Werkbänken und leichten Geräten wie Schraubern besteht. Weitere Eigenschaften des Bereichs sind zumeist auf einem groben Level ableitbar. So kann beispielsweise von der Art der benötigten Maschinen auf die voraussichtlich benötigten Medienanschlüsse geschlossen werden. Diese Bereichseigenschaften müssen bei der Anordnung im Layout mit denen des Gebäudes übereinstimmen. Dies kann zum einen dadurch gewährleistet werden, indem Bereiche nur bei Übereinstimmung der Eigenschaften gültig platziert werden können. Zum anderen besteht die Möglichkeit, Bereiche trotz fehlender Übereinstimmung zu platzieren unter der Bedingung, dass Nachrüstungen am Gebäude vorgenommen werden. Ob letztere Möglichkeit in der LP in Betracht kommt, hängt vom jeweiligen Projekt und der Bereitschaft in die Investition des Gebäudes ab. Außerdem muss der zur Verfügung stehende Zeitraum für die Umsetzung der LP berücksichtigt werden. Bei baulichen Anpassungen ist je nach Umfang mit längeren Umsetzungszeiträumen und entsprechenden Produktionsausfällen zu rechnen.

Die LW spielt sowohl bei der Greenfield- als auch bei der Brownfieldplanung eine wichtige Rolle. Beim Neubau liegt der Fokus stark auf der WF des Gebäudes und der Infrastruktur. Hier ist die Grenze der Planung zwischen Gebäudeinnerem und -hülle durch das gegenseitige Bedingen fließend. Dies macht es für die automatisierte FP schwierig, die Eigenschaften, die die Anordnung beeinflussen, sinnvoll festzulegen. Hier sind die Freiheitsgrade sehr hoch. So führt eine offene Definition der Eigenschaften, also die Nutzung vieler Freiheitsgrade, dazu, dass eine Überdimensionierung von TGA, Grundriss und Bereichsflächen durch den Algorithmus resultiert. Eine hohe Einschränkung der variablen Eigenschaften wird der Greenfieldplanung nicht gerecht. Durch die geschilderte Komplexität des Problems und des nicht thematischen Kernfokus auf wandlungsfähige Gebäudekonzepte der Greenfieldplanung wird in dieser Arbeit die Brownfieldplanung betrachtet. Im Brownfield ist die veränderliche Komponente das Produktionssystem. Der Grundriss des Layouts, der im weiteren Verlauf dieser Arbeit als Layoutform bezeichnet wird, steht fest. Hier sind Variationen der Layoutform allerdings über alternative Fabrikhallen möglich. Von diesen sind aber die durch das Gebäude determinierten Eigenschaften bekannt. Die Freiheitsgrade sind also Flächengrößen und die Position der Bereiche. Die Eigenschaften (Attribute) des Gebäudes werden aus den zuvor angeführten Gründen als gegeben angenommen und die der Bereiche auch. Die konkreten attributiven Daten, die zum Zeitpunkt der Planung vorliegen müssen, werden in Kapitel 4.3.1 detailliert.

Die LW steht in einem Spannungsverhältnis zu weiteren Zielkriterien der Layoutplanung. Diese haben teilweise gegensätzliche Ziele. Die Bewertung der LW zielt nur auf die Nutzenmaximierung hinsichtlich der Anpassbarkeit des Layouts an zukünftige Bedürfnisse ab. Diese soll vor allem Zeitersparnisse bei einer Neuanordnung mit sich bringen. Teilweise entgegenstehende Zielkriterien, wie die Kostenminimierung oder Flächeneffizienz, werden nicht durch die LW erfasst. In der automatisierten FP sind dies weitere Zielkriterien, die neben der LW durch den Algorithmus berücksichtigt werden können. Durch eine entsprechende Gewichtung der Kriterien nach individuellen Präferenzen fließen diese in die Bewertung und entstehende Anordnung der LV ein.

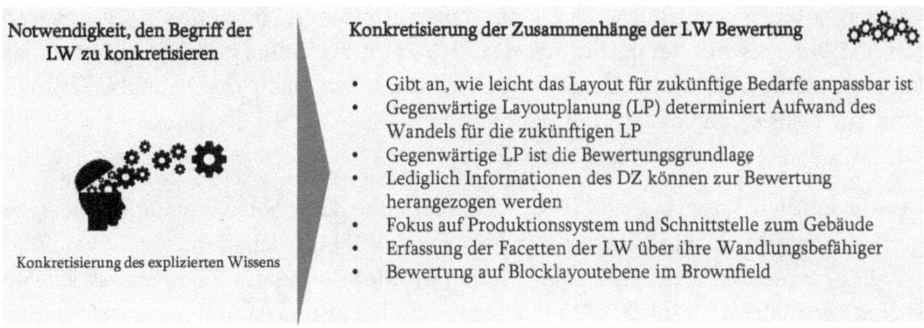


**Abbildung 15: Konkretisierung der LW**

Abbildung 15 fasst die prägnantesten Zusammenhänge zur Konkretisierung der LW zusammen.

**Kategorisierte Zusammenfassung der Erkenntnisse zur Bewertung der LW**

Wie in Kapitel 4.2 beschrieben, wird die LW in Teilkriterien zerlegt, um diese in möglichst all ihren Facetten bewerten zu können (vgl. Abbildung 16).

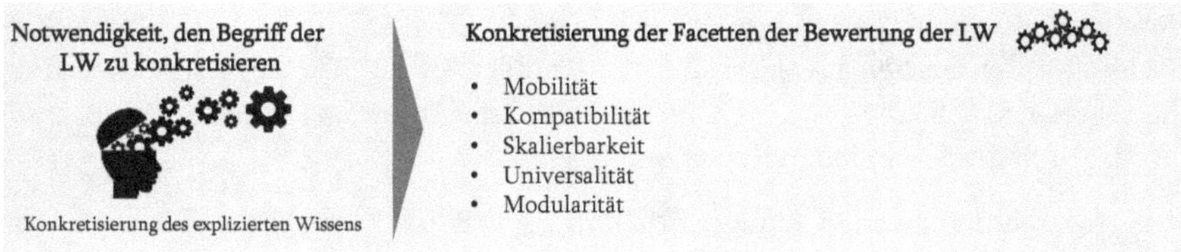


**Abbildung 16: Konkretisierung der LW in ihren Facetten**

Die **Mobilität** bewertet die Beweglichkeit der Bereiche. Diese zeigt an, ob ein Bereich unter geringem Zeit- und Kostenaufwand örtlich verändert werden kann. So können Bereiche von mittlerer bis hoher Mobilität leicht verschoben werden. Eine hohe Mobilität kann so charakterisiert werden, dass der reine zeitliche Aufwand keine Produktionsausfälle bedingt. Eine hohe Mobilität kann beispielsweise durch Rollen unter dem Equipment erreicht werden[284]. Bei einer mittleren Mobilität ist dahingegen mit einem dazu erhöhten Änderungsaufwand zu rechnen. Beispielsweise ist dies der Fall, wenn Bereichsequipment nur mit einem Kran transportiert werden kann[285]. Entgegen dazu können Bereiche mit keiner bis niedriger Mobilität nur unter großem Aufwand verschoben werden. Dies kann beispielsweise Produktionsausfälle und bauliche Maßnahmen zur Konsequenz haben. Ein Beispiel hierfür ist, dass das Bereichsequipment ein Betonfundament benötigt[286].

Positiv auf die LW wirkt es sich aus, wenn Bereiche desselben Mobilitätsgrads aggregiert zueinander platziert sind. So werden große Flächen geschaffen, die gut verändert werden können (mittlere bis hohe Mobilität) oder bestenfalls unverändert bleiben (keine bis niedrige Mobilität). Die Flächengröße bei mittleren und hohen Mobilitätsgraden ist ausschlaggebend für möglichst große Variationsmöglichkeiten, innerhalb derer Veränderungen vorgenommen werden können. Bei Bereichen nicht vorhandener oder niedriger Mobilität, den Monumenten, ist die Aggregation wichtig, um möglichst wenig verteilte Störpunkte im Layout zu haben. Diese verhindern eine flexible Anordnung der Bereiche, da diese im Layout gewissermaßen eine Zerstückelung zusammenhängender Bereiche erwirken. Eine Aggregation wirkt sich also positiv darauf

[284] Vgl. Nyhuis (2008), Wandlungsfähige Produktionssysteme, S. 31
[285] Vgl. Nyhuis (2008), Wandlungsfähige Produktionssysteme, S. 27
[286] Vgl. Nyhuis (2010), Wandlungsfähige Produktionssysteme, S. 32

aus, dass mit hoher Wahrscheinlichkeit in Zukunft Bereiche so wandlungsfähig wie möglich angeordnet werden können.

Weiterhin wird eine hohe LW dadurch beeinflusst, dass Monumente möglichst am Rand des Layouts platziert werden. Abbildung 17 zeigt zwei Layouts. In Layout A sind die Monumente zwar aggregiert, aber mittig platziert. In Layout B sind die Monumente am Rand platziert. Dies hat den Effekt, dass die Restfläche in Layout B deutlich wandlungsfähiger ausgeplant werden kann.

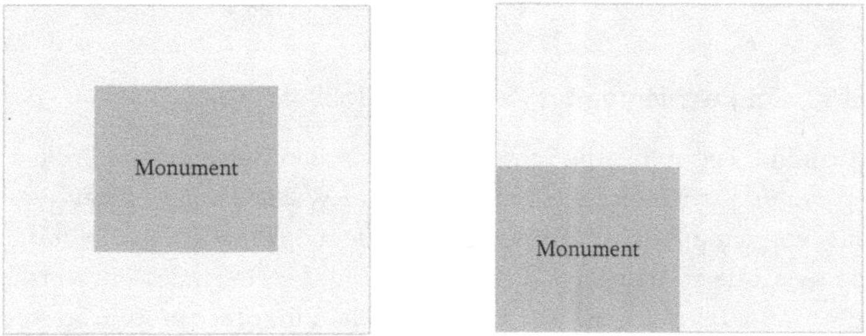


**Layout A**

- Platzierung des Monuments **nicht** am Rand des Layouts
- Anordnung weiterer Bereiche ist weniger wandlungsfähig, da keine größere zusammenhängende Fläche gegeben ist

**Layout B**

- Platzierung des Monuments **am Rand** des Layouts
- Anordnung weiterer Bereiche ist wandlungsfähiger, durch große zusammenhängende Fläche, möglich

**Abbildung 17: Auswirkungen der Platzierung von Monumenten**

Der letzte Aspekt, der die LW beeinflusst, ist der Mobilitätsgrad. Da die Eigenschaften der Bereiche nicht variabel sind und als gegeben angenommen werden müssen, kann dieser nur über die Geometrie bewertet werden. Voraussetzung zur Bewertung ist, dass die Bereichsflächen über ihr Mindestmaß hinaus variieren. Ohne die Variation der Bereiche wären diese lediglich an unterschiedlichen Stellen platziert. Dies hat aber in einer relativen Bewertung keine Auswirkung auf den Mobilitätsgrad, da die determinierende Eigenschaft des Mobilitätsgrads der Bereiche gleichbleibt und somit bei allen LV derselbe ist. Positiv zu bewerten ist es, wenn diejenigen Bereiche, die einen hohen Mobilitätsgrad aufweisen, über ihr Mindestmaß hinaus vergrößert werden. Abbildung 18 fasst die konkretisierten Zusammenhänge zur Mobilität zusammen:

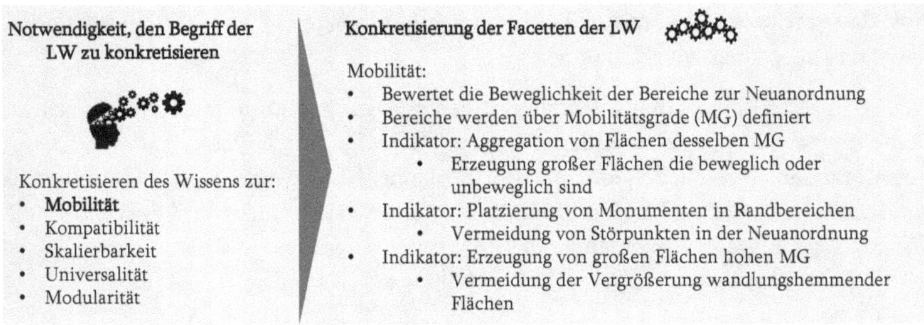


**Abbildung 18: Konkretisierung der Facette der Mobilität**

Die **Kompatibilität** betrachtet die Schnittstelle zwischen Gebäude und Produktionssystem. Wie zuvor erläutert, wird die Bewertung der LW aus der Perspektive des Produktionssystems vorgenommen. Im Brownfield ist die mögliche Kompatibilität durch das bestehende Gebäude restringiert. Eine Aufrüstung des Gebäudes mit verschiedenen Medien führt hohe Investitionskosten und bauliche Eingriffe mit sich. So soll im Rahmen der LW bewertet werden, ob eine vergleichsweise aufwandsarme Erweiterbarkeit der Medien möglich ist. Dies ist möglich, wenn die benötigten Medien in den jeweiligen Bereichen, bedingt durch das Produktionssystem, bereits vorhanden sind. Dadurch ist die Voraussetzung geschaffen, dass das Mediennetz in Nachbarbereiche hin erweitert werden kann. Je größer die Flächen mit einem hohen Medienvorkommen sind, desto wandlungsfähiger können diese in Zukunft genutzt werden.

Um weitere Aspekte der Kompatibilität als Brownfieldkriterium erfassen zu können, muss davon ausgegangen werden, dass Gebäudenachrüstungen für die aktuelle Layoutanordnung getroffen werden dürfen. Diese Bedingung zuzulassen ist, wie zuvor erläutert, projektabhängig. So werden hier zwar die notwendigen Zusammenhänge zur Abbildung dieses Teilkriteriums ausgeführt und später modelliert. Die Entscheidung über die Anwendung bleibt aber der späteren Projektsituation vorbehalten. Die Nachrüstung von Medien wirkt sich in jedem Fall positiv für eine wandlungsfähige Neuanordnung des Layouts aus. Dies ist so, da somit mehr Flächen geschaffen werden, in denen Bereiche mit höheren Medienanforderungen platziert sind ohne weitere bauliche Maßnahmen zu ergreifen. Bei der Nutzung dieses Kriteriums ist auf jeden Fall sinnvoll, ein entgegenspielendes Kriterium wie die Kostenminimierung in die Bewertung einzubeziehen. Denn was sich in Zukunft positiv auswirkt, durch gesteigerte LW verbunden mit Zeit- und Kostenvorteilen, verursacht in der Gegenwart die Investition in die Gebäudeinfrastruktur. Diese werden wie zuvor beschrieben nicht vertieft in dieser Arbeit betrachtet, sollten aber für eine gesamtheitliche Layoutbewertung als neues Kriterium erarbeitet und neben weiteren Kriterien wie der Materialflusseffizienz in die LP einfließen. Ein weiterer Aspekt der Kompatibilität sind ebenfalls erstrebenswerte große Flächen mit einheitlichem Medienvorkommen. Dies kann durch eine Aggregation der Flächen gleichen Medienvorkommens geschaffen werden. Da es aber nicht unbedingt realistisch ist, dass die Flächen direkt beieinander platziert sind, ist es sinnvoll zu bewerten, wie leicht große einheitliche Flächen durch Erweiterungen geschaffen werden können. Abbildung 19 fasst die konkretisierten Zusammenhänge zur Kompatibilität zusammen:

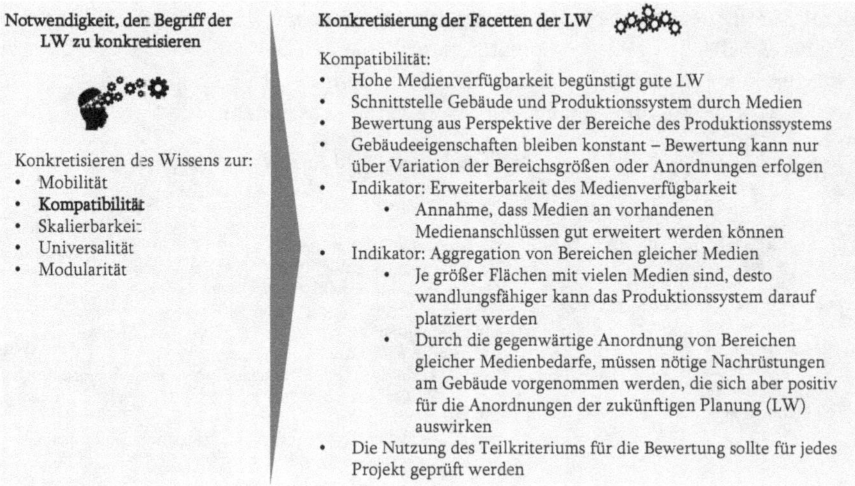


**Abbildung 19: Konkretisierung der Facette der Kompatibilität**

Die **Skalierbarkeit** betrachtet vor allem Zukunftsszenarien, bei denen die Ausbringungsmenge gesteigert oder reduziert wird. Es sind aber auch andere Szenarien, wie Technologieänderungen durch Anpassung des Automatisierungsgrads oder Weiterentwicklungen, denkbar. Begünstigt werden Skalierungen durch vorhandene Flächen, die zur Erweiterung dienen. Zumeist sind diese Flächen aktuell noch anderweitig genutzt oder nicht bebaut. Trotzdem können diese bereits als Skalierungsflächen deklariert werden. Ein Beispiel hierfür ist eine angrenzende Halle, die noch als Lager einer anderen Produktion genutzt wird, aber bei Bedarf umgenutzt werden kann. Solche Flächen machen aber grundsätzlich bei einer relativen Bewertung der LV nur einen Ergebnisunterschied aus, wenn verschiedene Brownfieldalternativen zum Vergleich stehen.

Eine weitere Möglichkeit Skalierungspotenziale zu erfassen ist, dass Planungen von Wandlungsszenarien in die Bewertung einbezogen werden. Dafür müssen die Informationen der zukünftigen Flächenbedarfe als attributive Daten hinterlegt werden. Es muss jedoch beachtet werden, dass die berechneten Zukunftsflächen ebenfalls einer Planungsunsicherheit unterliegen. D. h. die Flächen können kleiner und im ungünstigeren Fall größer ausfallen als gegenwärtig angenommen. Dies bedeutet für die Bewertung, dass, wenn die Grundfläche und Erweiterungsfläche die kalkulierten Flächenbedarfe treffen, diese gut ausfällt. Für den Fall, dass darüber hinaus noch Fläche vorhanden sein sollte, muss sich die Bewertung dem Optimum annähern. Durch die Variation der Bereichsflächen und Positionierungsmöglichkeiten besteht hier das Potenzial zu einer breiten Spanne an unterschiedlich gut bewerteten LV. Abbildung 20 fasst die konkretisierten Zusammenhänge zur Skalierbarkeit zusammen:

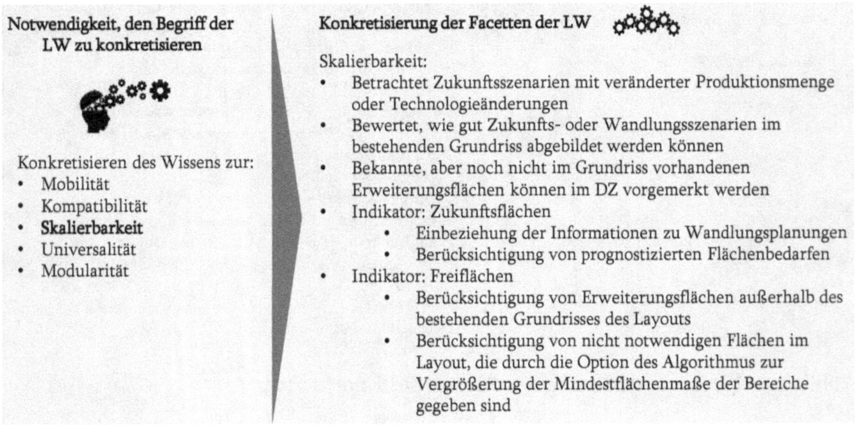


**Abbildung 20: Konkretisierung der Facette der Skalierbarkeit**

Die **Universalität** bewertet die vielseitige Nutzbarkeit für möglichst viele erdenkliche Anwendungsfälle. Beispiele hierfür ist der Einsatz neuer Technologien oder die Produktion weiterer oder anderer Produkte und damit verbundenen Änderungen des Produktionssystems. Die universelle Nutzbarkeit des Layouts ist stark von den Bedingungen, die das Gebäude bedingt, abhängig. Sie wird begünstigt durch beispielsweise hohe Bodentraglasten, hohe Lastaufnahmefähigkeit des Tragwerks, die Raumhöhe oder die Gebäudeform. Ähnlich wie bei der Kompatibilität können die Voraussetzungen für eine universelle Nutzbarkeit am besten in der initialen Gebäudeplanung geschaffen werden. Spätere Änderungen sind mit aufwendigen und kostenintensiven Baumaßnahmen verbunden. Bewerten lässt sich die Universalität im Bereich der Brownfieldplanung, wenn alternative Fabrikhallen zur Auswahl stehen. In diesem Falle liegen unterschiedliche, geometrische Layoutformen vor. Quadratische oder rechteckige Grundrisse des Layouts haben den Vorteil, dass sie wenige Verwinkelungen haben und viele Anordnungsvarianten zulassen. Wenn jedoch kleine oder schmale Räume vorliegen, restringieren diese vielfältige Anordnungsmöglichkeiten. Somit kann es sein, dass lediglich ein Bereich oder nur Teile davon in diese ungünstigen Gegebenheiten passen und die LW stark eingeschränkt ist.

Durch den großen Anpassungsaufwand werden die Raumhöhe, Bodentraglasten und Lastaufnahmefähigkeit des Tragwerks als nicht variabel betrachtet. Diese bilden aber Restriktionen, was die Platzierung von Bereichen innerhalb des Gebäudes angeht. So müssen Abgleiche zwischen den maximalen Gewichten des Equipments und der Bodentraglast, zwischen der Höhe des Equipments und der des Gebäudes und bei Anforderungen an den Transport von Komponenten über einen Kran innerhalb eines Bereichs müssen diese mit der Lastaufnahmefähigkeit des Tragwerks gemacht werden. Diese sind als einfache wenn-dann-Regeln formulierbar, aber wie in Kapitel 4.1 erläutert, nicht Teil dieser Arbeit. Abbildung 21 fasst die konkretisierten Zusammenhänge zur Universalität zusammen:

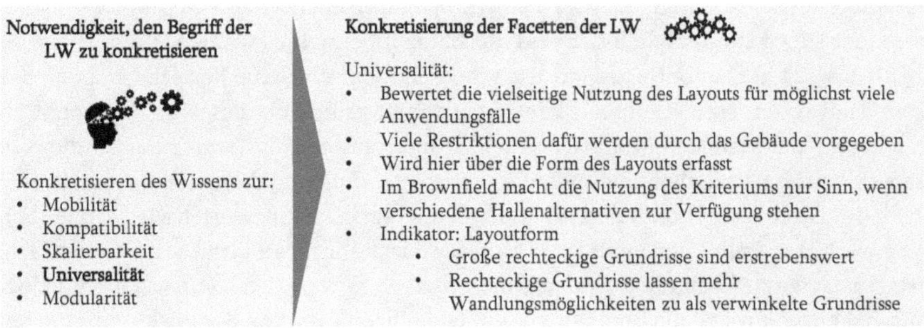


**Abbildung 21: Konkretisierung der Facette der Universalität**

Die **Modularität** bewertet die einfache Austauschbarkeit von modular aufgebauten Elementen. Ziel dabei ist es, bei Bedarf eine einfache Reorganisation des Layouts zu ermöglichen. Aus der Literatur lässt sich entnehmen, dass die Module sowohl Gebäude als auch Elemente des Produktionssystems darstellen können.[287] Hierbei ist, wie zuvor

[287] Vgl. Bauernhansl et al. (2016), Fabrik im Wandel, S. 3ff.

erläutert, zu beachten, dass von einem Bestandsgebäude ausgegangen wird. Dieses kann lediglich in der Bauphase oder durch hohe Investitionen in seiner Modularität beeinflusst werden. Zudem ist das Gebäude für eine relative Bewertung der LV gleichbleibend und erhält dann bei allen LV dieselbe Bewertung, die sich somit herauskürzt. Die Betrachtung des modularen Gebäudes ist somit nicht Bestandteil der LW-Bewertung. Dennoch sollte die Modularität des Produktionssystems genauer betrachtet werden. Hierbei steht die Unterteilung der Layoutfläche in Module, die in Abhängigkeit des Equipments definiert werden, im Fokus. Um die Austauschbarkeit zu ermöglichen, müssen die Module ein Vielfaches voneinander abbilden. Die Experten verfolgen den Ansatz, dass jedes Element des Produktionssystems, also beispielsweise eine Anlage oder ein Lagerregal, ein Modul bildet. Dieser Ansatz wird auch literarisch unterstützt. Beispielsweise BAUERNHANSL ET AL. geben an, dass durch eine entsprechende Gestaltung von Produkten, Produktionsanlagen, Lager und Transportmitteln, Produktionsflächen sowie TGA die modulare Austauschbarkeit gewährleistet werden kann.[288]

Zur Bewertung der Modularität muss eine definierte Anzahl an Modulgrößen, bzw. die kleinste Modulgröße und deren Vielfaches festgelegt werden. Ein Vorschlag für die Wahl der kleinsten Modulgröße ist die einer Europalette. Diese determiniert maßgeblich die logistischen Bereiche und stellt eine standardisierte Größe dar. Je nach Unternehmen und Projekt kann aber auch eine andere Größe definiert werden. Auf Detailplanungsebene kann jedes Element als ein Modul gekennzeichnet werden. In dieser Granularität kann ein Bereich in der Grobplanungsebene nicht heruntergebrochen werden. Hier kann lediglich der gesamte Bereich betrachtet werden. Da sich ein Bereich aus vielen Elementmodulen zusammensetzt, muss sich die Bereichsgröße an diesem Maß orientieren. Dennoch kann überprüft werden, ob dieser im Gesamten ein Vielfaches der kleinsten Modulgröße bildet und somit die Voraussetzung für die Austauschbarkeit der zu detaillierenden Equipmentmodule und deren Anordnung innerhalb des Bereichs und mit anderen (Teil-)bereichen bildet. Bewertet wird schließlich, wie hoch der Anteil der modular gestalteten Fläche im Verhältnis zur Gesamtfläche ist. Aussagekraft kann die Bewertung im relativen Bewertungskontext der LV jedoch nur haben, wenn sich die Bereiche zusätzlich in ihrer Variation der Positionierung und Drehung auch in ihrer Größe variieren. Ohne diese Variation in Bereichsgeometrie und –größe ist die Modularität aller LV gleich und hat somit keinen Einfluss auf die Bewertung der gesamten LW. Abbildung 22 fasst die konkretisierten Zusammenhänge zur Modularität zusammen:

[288] Vgl. Bauernhansl et al. (2016), Fabrik im Wandel, S. 8ff.

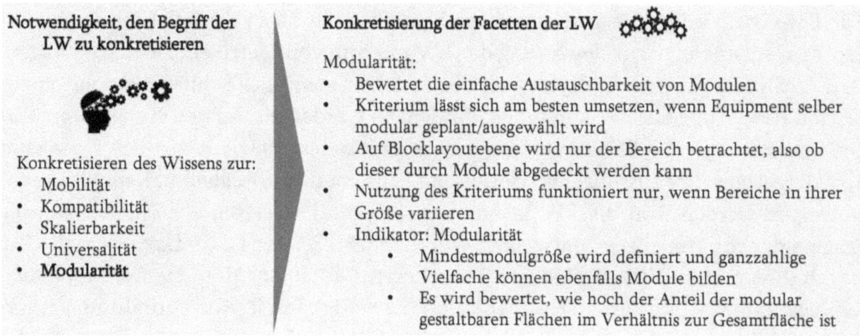


**Abbildung 22: Konkretisierung der Facette der Modularität**

Aus den Experteninterviews konnten mittels der wissensdiagnostischen Methoden die aufgezeigten Zusammenhänge zwischen den einzelnen Aspekten der LW identifiziert werden. So konnte der Begriff der LW konkretisiert und die notwendigen Zusammenhänge zur Bewertung der Teilkriterien der LW beschrieben werden. Jedoch bedarf es weiterhin der Transformation des so extrahierten Wissens in eine maschineninterpretierbare Form. Dazu müssen die Zusammenhänge in Metriken übersetzt werden und die Schnittstellen zu den geometrischen und attributiven Daten im DZ aufgezeigt werden.

Es wurde die Hypothese aufgestellt, dass die LW über die Explikation sowie Formalisierung des intuitiven Bewertungsprozesses der Experten und schließlich über die Modellierung dessen in maschinenlesbarer Form automatisiert bewertbar gemacht werden kann (vgl. Abbildung 23).

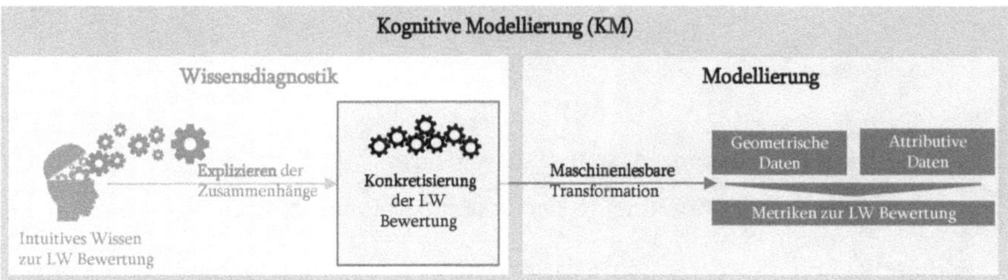


**Abbildung 23: Modellierung der konkretisierten LW**

Die Basis dafür bildet die mathematische Modellierung der in Kapitel 4.3.1 geschilderten Zusammenhänge zur Bewertung der LW in Form von Metriken. Durch die folgenden Ausführungen soll die Hypothese bestätigt und somit der Schlüssel zur automatisierten Bewertung der LW aufgezeigt werden. So werden die auf den zuvor aufgeführten Erkenntnissen und Lösungsbausteinen entwickelten Metriken zur Bewertung der LW dargestellt. Die ausführliche Herleitung kann im darauffolgenden Kapitel 5 nachvollzogen werden. Um die LW in möglichst all ihren Facetten abzubilden, wurden insgesamt acht Metriken[289] entwickelt (vgl. Kapitel 4.3.2 bis 4.3.6). Dazu wird die LW durch ihre aus den WB abgeleiteten Teilkriterien Mobilität (Monumente, Mobilitätsaggregation, Mobilitätsgrad), Kompatibilität (Erweiterbarkeit, Kompatibilitätsaggregation), Skalierbarkeit, Universalität (Layoutform) und Modularität messbar gemacht. Die Ergebnisse der einzelnen Bewertungsmetriken werden schließlich über die TOPSIS-Methode (vgl. Kapitel 5.2.2) zu einem aggregierten Gesamtzielwert der LW zusammengeführt. Dieser gibt Aufschluss über die relative Bewertung der LV zueinander und bringt diese in eine Rangfolge.

### 4.3.2 Bewertung des Teilkriteriums Mobilität

Die ersten drei Metriken dienen der Bewertung der **Mobilität** und können als Monumente, Mobilitätsaggregation und Mobilitätsgrad benannt werden. Monumente und Bereiche niedriger Mobilität sind unbewegliche Bereiche im Layout, die eine Neuanordnung oder auch bauliche Änderungsmöglichkeiten stark einschränken und erschweren. Beispielsweise können dies Aufzüge oder Brandschutzwände sein. Wenn ihre Lage am Rande einer Fabrikhalle ist, kann dies positiv für die Bewertung der LW aufgefasst werden und über die folgende Metrik 4.1 ausgedrückt werden:

$$\text{Monumente: } W_{1a} = \sum_{i=1}^{m} d_i \tag{4.1}$$

mit

$d_i$: Kürzeste Distanz zu statischer Wand [m]

m: Anzahl der Monumente/Bereiche niedriger Mobilität [-]

Abbildung 24 soll das Verständnis der Metrik durch die Darstellung eines simplen schematischen Layouts (oben) und der Darstellung der geometrischen und attributiven Daten, die im digitalen Zwilling hinterlegt sind (unten), unterstützen. Die Metrik prüft

[289] Eine erste Iteration der Metrikentwicklung wurde im Journal of Production Engineering veröffentlicht (Vgl. Burggräf et al. (2021), Uncovering the evaluation of changeability)

ab, ob es sich bei dem jeweiligen Bereich um ein Monument handelt oder dieser als Bereich mit niedriger Mobilität eingestuft ist. Für die Bereiche auf die dies zutrifft, wird die kürzeste Distanz zu einer statischen Wand ermittelt und in die Formel eingesetzt. Eine gute Bewertung wird durch einen möglichst niedrigen Ergebniswert ausgedrückt.

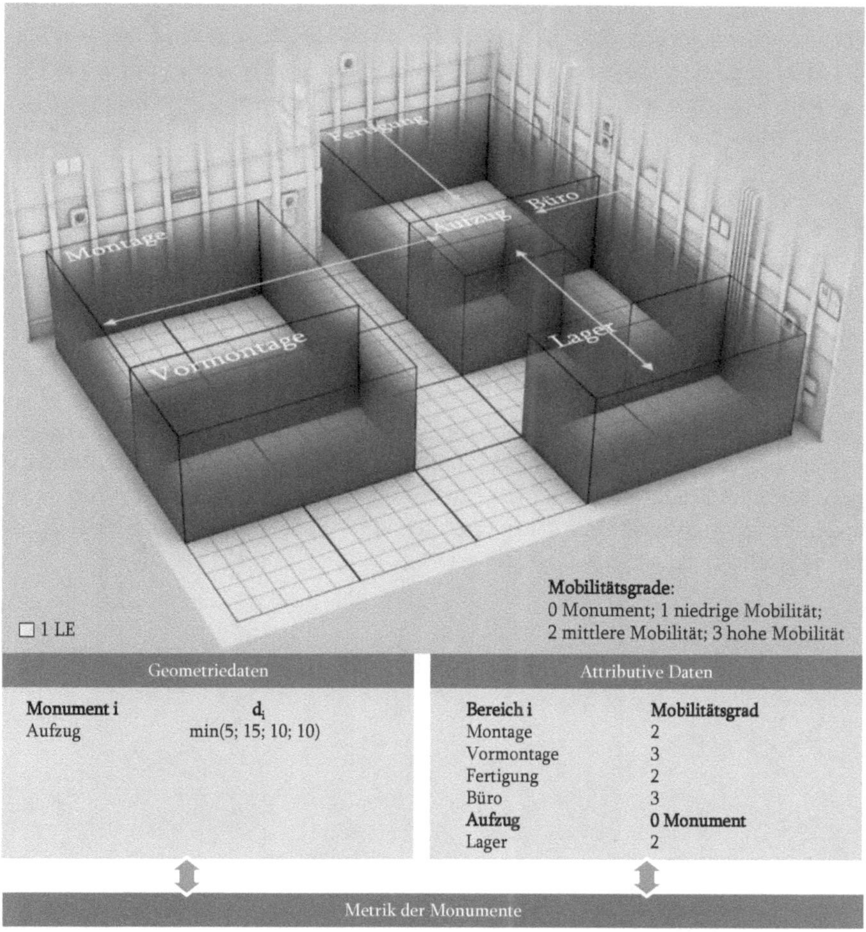


**Abbildung 24: Informationen im digitalen Zwilling zur Bewertung von Monumenten**

Durch die Mobilitätsaggregation wird bewertet, ob Bereiche gleichen Mobilitätsgrads räumlich konzentriert sind, damit Änderungen in der Nutzung leicht vorgenommen werden können. Dabei ist eine möglichst große aggregierte Fläche erwünscht. Zudem spielt der Mobilitätsgrad der Bereiche eine ausschlaggebende Rolle. Dieser gibt an, wie gut beweglich ein Bereich ist. Bereiche mit niedrigem Mobilitätsgrad (z. B. Pressmaschinen) können die LW stark einschränken. Die Bewertung der Aggregation der Flächen verschiedener Mobilitätsgrade (vgl. Metrik 4.2; Abbildung 25) und die Bewertung der Höhe des Mobilitätsgrads (vgl. Metrik 4.3; Abbildung 25) werden durch zwei gesonderte Bewertungsmetriken erfasst. Beide Ergebniswerte unterliegen dem Ziel der Maximierung.

$$\text{Mobilitätsaggregation: } W_{1b} = \frac{\sum_{j=1}^{n} A_g}{A_{Gesamt}} \tag{4.2}$$

mit

$A_g$: Größte zusammenhängende Fläche mit Mobilitätsgrad g [m²]

$A_{Gesamt}$: Gesamtfläche [m²]

n: Anzahl der Mobilitätsgrade [-]

Die Mobilitätsaggregation wird berechnet, indem zuerst abgefragt wird, ob die nebeneinanderliegenden Flächen denselben Mobilitätsgrad haben. Ist dies der Fall, wird die jeweils größte Fläche eines Grades in die Formel eingesetzt und mit den Werten der anderen Mobilitätsgrade aufaddiert. Anschließend wird der Nenner durch die Gesamtfläche geteilt.

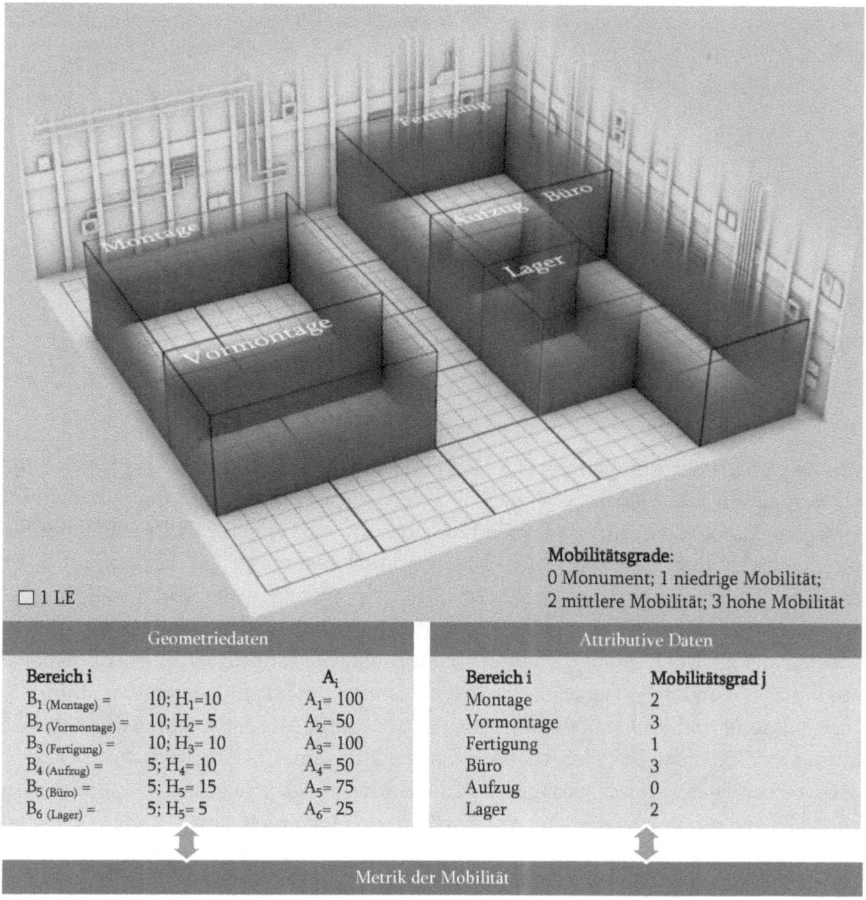


**Abbildung 25: Informationen im digitalen Zwilling zur Bewertung der Mobilität**

Der Mobilitätsgrad erfasst die Möglichkeit der Bewegung der einzelnen Bereiche und Objekte im Layout, die Auswirkungen auf eine aufwandsarme Restrukturierung zukünftiger Layouts hat. Dabei ist ein hoher Mobilitätsgrad von großem Vorteil und kann über die folgende Metrik 4.3 bewertet werden. Für diese Metrik gelten dieselben benötigen Daten des digitalen Zwillings wie bei der Bestimmung der Mobilitätsaggregation (vgl. Abbildung 25). Bei der Berechnung wird die Fläche der Bereiche multipliziert mit ihrem zugeordneten Mobilitätsgrad und über alle Bereiche aufsummiert. Der

Nenner wird mit dem maximalen Mobilitätswert multipliziert mit der Gesamtfläche geteilt.

$$\text{Mobilitätsgrad: } W_{1c}=\frac{\sum_{j=1}^{n} A_j{}^*g_j}{g^{+*}A_{Gesamt}} \tag{4.3}$$

mit

$A_j$: Fläche des Bereiches j [m²] mit Anzahl der Bereiche j

$A_{Gesamt}$: Gesamtfläche [m²]

$g_j$: Mobilitätseinstufung des Bereichs j [-]

$g^+$: Maximale Mobilitätsgewichtung [-]

### 4.3.3 Bewertung des Teilkriteriums Kompatibilität

Die Bewertung der **Kompatibilität** ist ähnlich zur Mobilitätsbewertung aufgebaut und gliedert sich in die Metrik zur Bewertung der Erweiterbarkeit und der Kompatibilitätsaggregation. Die Ermittlung des Kompatibilitätsgrads dient als Hilfsmetrik der Berechnung der Erweiterbarkeit. Die Kompatibilität betrachtet das Medienprofil, das Aufschluss über die vorhandenen Medien in den jeweiligen Bereichen und die Maschenweite des Mediennetzes gibt. Durch die Kompatibilität wird die Homogenität der Medienverfügbarkeit durch die Bereichsbedürfnisse der jeweiligen LV in Hinblick auf zukünftige Wandlungsszenarien bewertet. Für eine vollständige layoutwandlungsfähige Nutzung sind im Idealfall an jedem Ort der Fabrik Medien vorhanden. Dies wird aus wirtschaftlichen Gründen selten ein realer Fall sein. Ein Medienraster ist jedoch erweiterbar, wenn durch geringen Aufwand eine möglichst große, zusammenhängende Fläche mit hoher Medienverfügbarkeit erzeugt werden kann. Hierzu kann analysiert werden, an welchen Stellen das Medienraster erweitert werden muss, um Bereiche mit hoher Medienverfügbarkeit zu verbinden.

$$\text{Erweiterbarkeit } W_{2a}=\begin{cases} \dfrac{A_v}{A_v+A_p^*} \text{ für } A_v>0 \\ 0, \text{ für Kompatibilitätsgrad=1} \end{cases} \tag{4.4a}$$

mit

$A_v$: Fläche des Verbindungsbereichs [m²]

$A_p^*$: Summe der zu verbindenden Flächen mit demselben Medienprofil p [m²]

Die Erweiterbarkeit wird folglich darüber erfasst, wie hoch der Aufwand ist, Bereiche desselben Medienprofils zusammenzuschließen (vgl. Metrik 4.4a; Abbildung 26). Der Aufwand der Erweiterung soll minimiert werden.

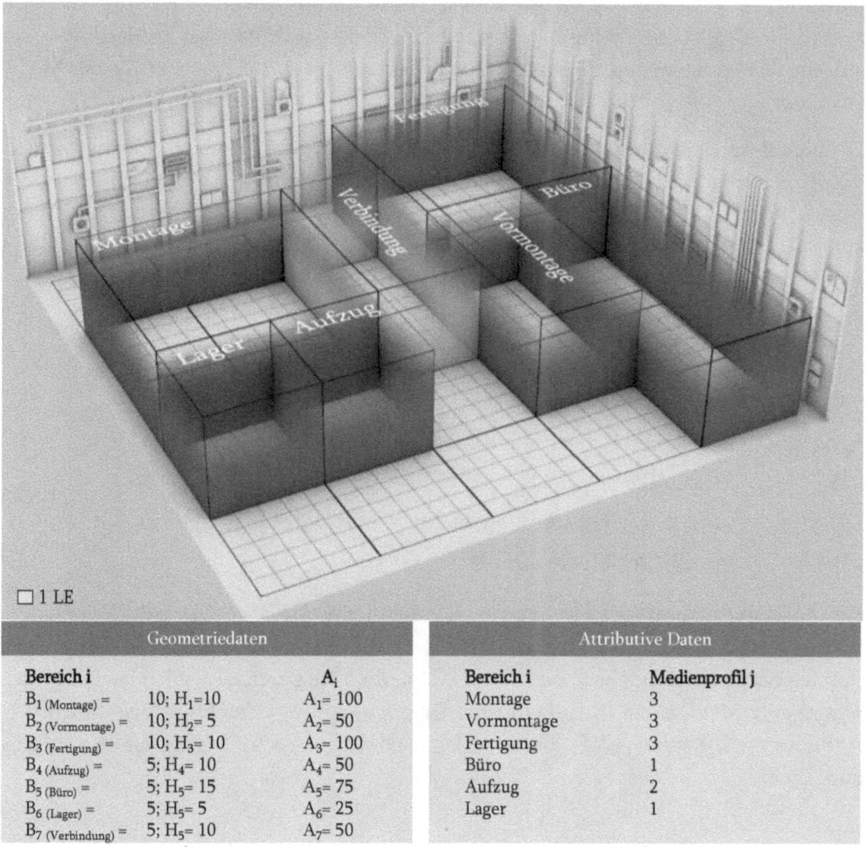


**Geometriedaten**

| Bereich i | | $A_i$ |
|---|---|---|
| $B_{1\,(Montage)}$ = | 10; $H_1$=10 | $A_1$= 100 |
| $B_{2\,(Vormontage)}$ = | 10; $H_2$= 5 | $A_2$= 50 |
| $B_{3\,(Fertigung)}$ = | 10; $H_3$= 10 | $A_3$= 100 |
| $B_{4\,(Aufzug)}$ = | 5; $H_4$= 10 | $A_4$= 50 |
| $B_{5\,(Büro)}$ = | 5; $H_5$= 15 | $A_5$= 75 |
| $B_{6\,(Lager)}$ = | 5; $H_5$= 5 | $A_6$= 25 |
| $B_{7\,(Verbindung)}$ = | 5; $H_5$= 10 | $A_7$= 50 |

**Attributive Daten**

| Bereich i | Medienprofil j |
|---|---|
| Montage | 3 |
| Vormontage | 3 |
| Fertigung | 3 |
| Büro | 1 |
| Aufzug | 2 |
| Lager | 1 |

Metrik der Kompatibilität

**Abbildung 26: Informationen im digitalen Zwilling zur Bewertung der Kompatibilität**

Zur Ermittlung der Erweiterbarkeit wird zuerst geprüft, ob überhaupt ein Erweiterungsbedarf vorliegt. Dies wird über die Kompatibilitätsgradberechnung berechnet.

Die Unterscheidung wird gemacht, um den Randbereich der Metrik korrekt abzubilden. Wenn der Kompatibilitätsgrad ungleich null ist, wird die Fläche des Verbindungsbereichs, der erschlossen werden soll, in den Nenner eingesetzt. Dazu müssen nachbarschaftlich gelegene Flächen desselben Medienprofils zuvor identifiziert werden und so die Größe des Verbindungsbereichs abgeleitet werden. Den Zähler bildet die Summe der Fläche des entstehenden Gesamtbereichs nach der Erweiterung des Medienrasters.

Die Berechnung des Kompatibilitätsgrads dient lediglich als Hilfsmetrik zur Bewertung der Erweiterbarkeit. Diese erfasst die Güte des Medienprofils vor dem Hintergrund, dass, je mehr unterschiedliche Medien verfügbar sind, desto einfacher die Umsetzung zukünftiger Wandlungsszenarien und somit die LW ist (vgl. Metrik 4.4b; Abbildung 26, Kapitel 4.3.1). Dabei sollte der sich ergebene Wert möglichst maximiert werden.

$$\text{Kompatibilitätsgrad: } W_{2b} = \frac{1}{n} * \frac{\sum_{p=1}^{n} A_p * P_p}{A_{Gesamt}} \tag{4.4b}$$

mit

$A_p$: Fläche des Bereiches mit Medienprofil p [m²]

$A_{Gesamt}$: Gesamtfläche des Layouts [m²]

$P_p$: Anzahl verfügbarer Medien mit Medienprofil p [-]

n: Anzahl der Medienprofile [-]

Der Zusammenschluss der Flächen gleichen Medienprofils wird durch die Kompatibilitätsaggregation erfasst. Durch sie wird der Änderungsaufwand des Mediennetzes durch räumliche Bündelung oder der Austausch von Bereichen mit gleichem oder niedrigeren Medienbedürfnissen in einer Layoutwandlung erleichtert (vgl. Metrik 4.5; Abbildung 26, Kapitel 4.3.1). Es wird der maximal mögliche Ergebniswert von eins angestrebt.

$$\text{Kompatibilitätsaggregation: } W_{2c} = \frac{\sum_{p=1}^{n} A_p^*}{A_{Gesamt}} \tag{4.5}$$

mit

$A_p^*$: Fläche verbundener Bereiche mit demselben Medienprofil [m²]

$A_{Gesamt}$: Gesamtfläche des Layouts [m²]

n: Anzahl der Medienprofile [-]

Die Berechnung erfolgt analog der Ermittlung der Mobilitätsaggregation.

### 4.3.4 Bewertung des Teilkriteriums Skalierbarkeit

Die **Skalierbarkeit** steht bildlich gesehen für die Atmungsfähigkeit des Layouts und bewertet flächenbasiert, ob der Platz für zukünftige, erweiternde Wandlungsszenarien ausreicht. Dieser wird beispielsweise bei der Einführung neuer Produkte, weiterer Varianten oder bei Umstellungen auf neue Technologien nötig. Dabei erfolgt die Abschätzung der mindestens geforderten Skalierbarkeit eines Unternehmens auf Basis der Planung zukünftiger Szenarien. Darüber hinaus tragen verfügbare Erweiterungsflächen positiv zur Bewertung der Skalierbarkeit durch die gegebene Unsicherheit aufgrund des Charakters prognostizierter Werte bei. Die Bewertung kann über die folgende Metrik 4.6 in Kombination mit Abbildung 27 erfolgen. Der Wert der Skalierbarkeit soll maximiert werden.

$$\text{Skalierbarkeit: } W_3 = \begin{cases} \frac{1}{n} * \sum_{i=1}^{n} \frac{A_{Ist,i}+A_{Frei}}{A_{Zukunft,i}} & \text{für } \frac{A_{Ist,i}}{A_{Zukunft,i}} < 1 \\ \frac{1}{n} * \sum_{i=1}^{n} \frac{A_{Zukunft,i}}{A_{Ist,i}+A_{Frei}} & \text{für } \frac{A_{Ist,i}}{A_{Zukunft,i}} > 1 \end{cases} \tag{4.6}$$

mit

$A_{Ist,i}$: Ist-Fläche des Bereichs i [m²]

$A_{Zukunft,i}$ Zukünftiger, prognostizierter Flächenbedarf des Bereichs i [m²]

$A_{Frei}$: Restliche Fläche, welche nicht in Zukunft benötigt wird [m²]

n: Anzahl der Layoutbereiche [-]

Zur Berechnung des Wertes wird aus den attributiven Daten der Flächenbedarf des Zukunftsszenarios in Verhältnis mit der derzeitig belegten und freien Fläche gesetzt.

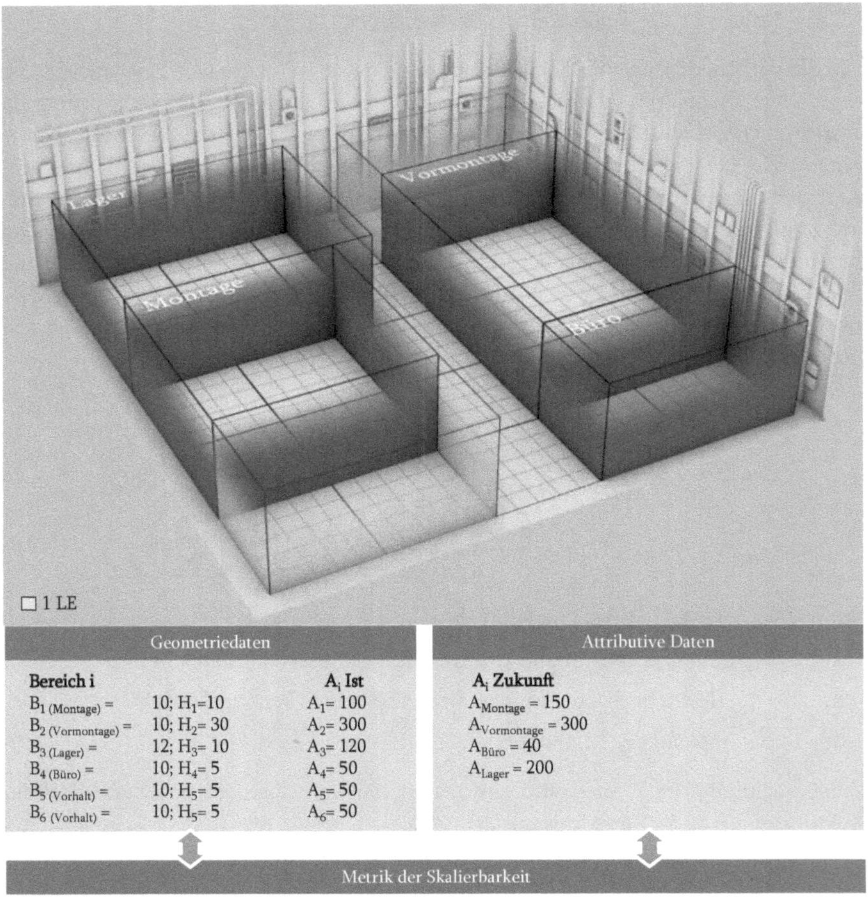


**Abbildung 27: Informationen im digitalen Zwilling zur Bewertung der Skalierbarkeit**

### 4.3.5 Bewertung des Teilkriteriums Universalität

Die Bewertung der **Universalität** beurteilt die Layoutform. Sie adressiert den möglichst zweckunabhängigen, universellen Aufbau der Fabrikstruktur und rückt vor allem die Schnittstelle des Gebäudes in den Fokus. Die Layoutform (vgl. Metrik 4.7; Abbildung 28) beeinflusst die universelle zukünftige Nutzung der Fabrik. Dabei wird eine rechteckige Form als am universellsten betrachtet. Jeder Anbau bringt beispielsweise weitere Kanten und Radien ein, die eine möglichst universelle Nutzung einschränken. Alle möglichen weiteren Layoutflächen werden als universeller bewertet, wenn diese möglichst groß und ebenfalls rechteckig sind. Ziel ist es, möglichst große rechteckige Hallen zu haben. Der Ergebniswert soll maximiert werden.

$$\text{Layoutform: } W_4 = \frac{A_Q^*}{A_Q^* + \sum_{i=1}^{n} A_{R,i}} \tag{4.7}$$

mit

$A_{R,i}$: Fläche des restlichen Bereichs i [$m^2$]

$A_Q^*$: Fläche des größten Rechtecks [$m^2$]

n: Anzahl der restlichen Flächen [-]

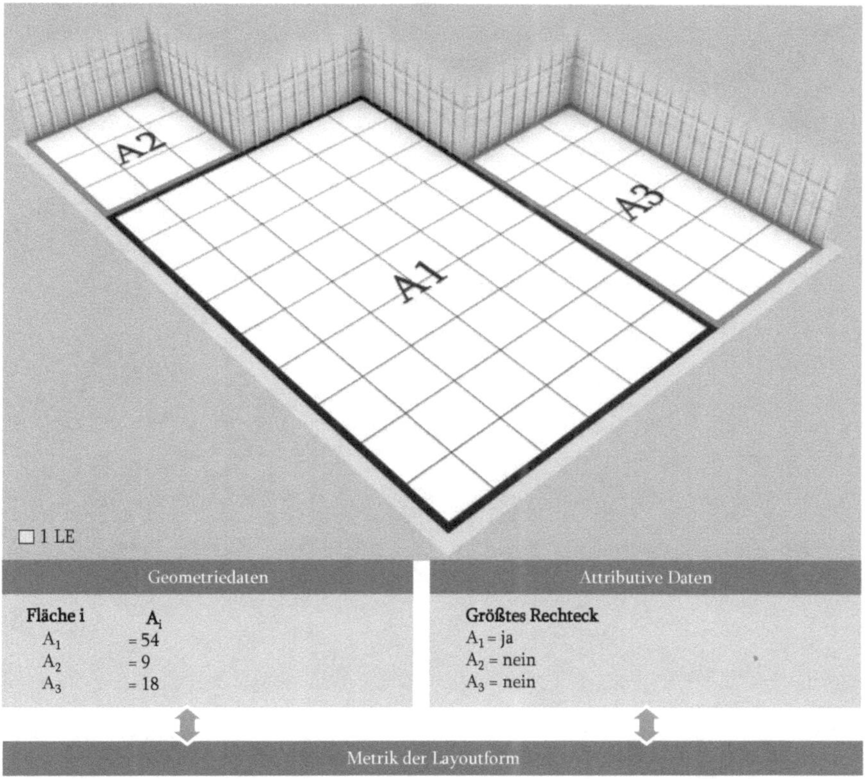


**Abbildung 28: Informationen im digitalen Zwilling zur Bewertung der Layoutform**

Bei der Berechnung der Layoutform wird zuerst überprüft, welche bereichsunabhängige Fläche das größte Rechteck bildet. Der Wert dieser Fläche wird festgehalten und wiederum geteilt durch denselben Wert addiert mit den verbleibenden Restflächen.

### 4.3.6 Bewertung des Teilkriteriums Modularität

Ein modularer Layoutaufbau macht es möglich, dass vorhandene Module bei zukünftigen Layoutwandlungen einfach ausgetauscht oder erweitert werden können.

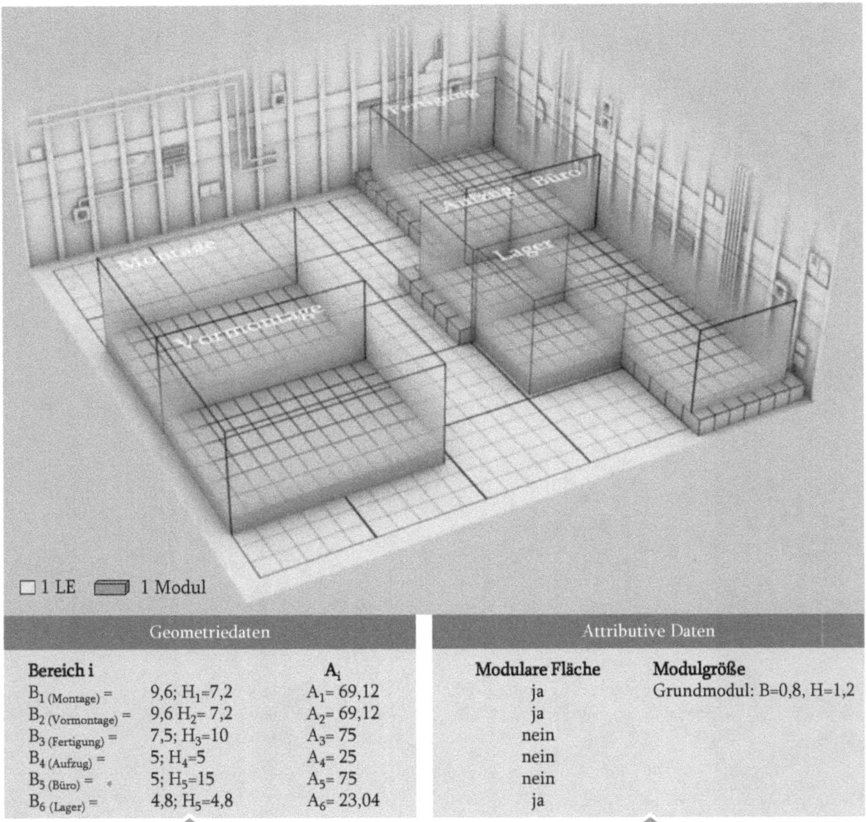


| Geometriedaten | | | Attributive Daten | |
|---|---|---|---|---|
| **Bereich i** | | $A_i$ | **Modulare Fläche** | **Modulgröße** |
| $B_{1\,(Montage)}$ = | 9,6; $H_1$=7,2 | $A_1$= 69,12 | ja | Grundmodul: B=0,8, H=1,2 |
| $B_{2\,(Vormontage)}$ = | 9,6 $H_2$= 7,2 | $A_2$= 69,12 | ja | |
| $B_{3\,(Fertigung)}$ = | 7,5; $H_3$=10 | $A_3$= 75 | nein | |
| $B_{4\,(Aufzug)}$ = | 5; $H_4$=5 | $A_4$= 25 | nein | |
| $B_{5\,(Büro)}$ = | 5; $H_5$=15 | $A_5$= 75 | nein | |
| $B_{6\,(Lager)}$ = | 4,8; $H_5$=4,8 | $A_6$= 23,04 | ja | |

Metrik der Modularität

**Abbildung 29: Informationen im digitalen Zwilling zur Bewertung der Modularität**

In Kombination mit einer hohen Mobilität der Module können Änderungen aufwandsarm durchgeführt werden. Die Bewertung der **Modularität** basiert auf einer projektabhängigen, im Datenmodell definierten kleinsten Modulgröße. Basierend darauf werden alle ganzzahligen Vielfachen des Moduls ebenfalls als Module definiert. Über die Flächen der Bereiche im Geometriemodell wird ein Abgleich mit den definierten Modulgrößen vorgenommen. So werden modulare Bereichsflächen identifiziert. Diese werden gemäß der Metrik 4.8 und Abbildung 29 aufaddiert und ins Verhältnis zur Gesamtfläche gesetzt. Der Ergebniswert soll maximiert werden.

$$\text{Modularität: } W_5 = \frac{\sum_{m=1}^{n} A_m}{A_{Gesamt}} \tag{4.8}$$

mit

$A_m$: Modulare Bereichsfläche [$m^2$]

$A_{Gesamt}$: Gesamtfläche [$m^2$]

n: Anzahl modularer Bereiche [-]

**Modellierung der LW in einer maschinenlesbaren Form**

Zusammenfassend ergeben sich aus Kapitel 4.1 die wesentlichen Anforderungen und der gesteckte Betrachtungsumfang der Arbeit. Auf Basis dessen wird in Kapitel 4.2 die Kognitive Modellierung als geeignete Methodik zur Artefakterstellung abgeleitet. Diese gliedert sich im Kontext der automatisierten Bewertung der LW zum einen in die Wissensdiagnostik, in der das Wissen expliziert wird. Zum anderen besteht sie aus der Modellierung der Zusammenhänge in einer maschinenlesbaren Form. Somit werden die extrahierten Indikatoren und Zusammenhänge der LW in Metriken gebracht (vgl. Abbildung 30).

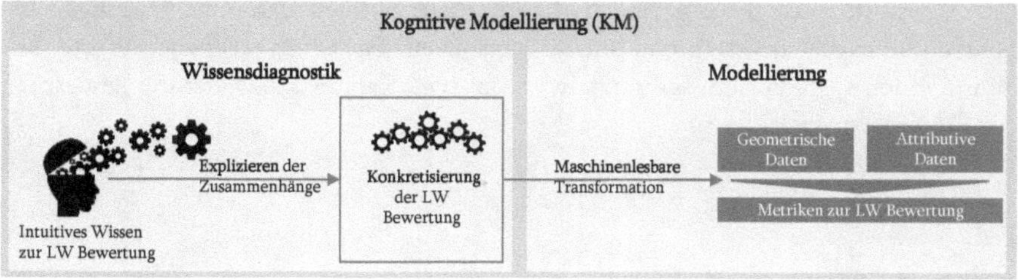


**Abbildung 30: Modellierung der LW**

Als Voraussetzung für das Gelingen der Quantifizierung wurde der digitale Zwilling identifiziert. Dieser beinhaltet die geometrischen und attributiven Informationen, auf die ein Algorithmus zurückgreift, um diese für die jeweilige Layoutvariante in die Metriken einzusetzen. Aus Kapitel 4.3 kann abgeleitet werden, dass der digitale Zwilling die in Abbildung 31 zusammengefassten Informationen bereitstellen muss.

| **Teilkriterium** | **Geometriedaten** | **Attributive Daten** |
|---|---|---|
| Monumente | • Distanzen der Bereiche zu statischen Wänden | • Information über Monumentstatus |
| Mobilitätsaggregation | • Fläche der Bereiche | • Mobilitätsgrad |
| Mobilitätsgrad | • Fläche der Bereiche | • Mobilitätsgrad<br>• Mobilitätsgewichtung |
| Erweiterbarkeit | • Fläche der Bereiche<br>• Fläche des Verbindungselements | • Medienprofil<br>• Kompatibilitätsgradwert |
| Kompatibilitäts-aggregation | • Fläche der Bereiche | • Information über angrenzende Bereiche<br>• Anzahl der Medienprofile |
| Skalierbarkeit | • Ist-Fläche der Bereiche<br>• Freifläche | • Zukünftig Schätzung über benötigte Fläche der Bereiche |
| Layoutform | • Fläche des größten Rechtecks | • Information über größtes Rechteck<br>• Anzahl Restflächen |
| Modularität | • Fläche der Bereiche | • Maße des kleinsten Moduls<br>• Maße der Vielfachen der Module |

Metriken zur Bewertung der LW

**Abbildung 31: Informationen des digitalen Zwillings zur Bewertung der LW**

Der Algorithmus kann die geometrischen und attributiven Daten der jeweiligen LV nutzen und in die vorgestellten Metriken einsetzen. Die sich so ergebenen Werte fließen in einen aggregierten Gesamtzielwert ein (vgl. Kapitel 5.2.2), der die Bewertung der LV widerspiegelt.

# 5 Demonstration der Bewertung der Layoutwandlungsfähigkeit

Ergänzend zum vorherigen Kapitel 4 erfolgt in Kapitel 5 die Demonstration des Artefakts. Zuerst wird die empirische Untersuchung vorgestellt, durch die die Grundlage zur Extraktion des Wissens erlangt wurde (vgl. Kapitel 5.1). Aufbauend darauf wird in Kapitel 5.2 beschrieben, wie die Metriken zur Bewertung der Teilkriterien der LW modelliert und zu einem Gesamtzielwert zur Bewertung der LW aggregiert werden. Um die entwickelte LW-Bewertung auf ihre Reliabilität hin zu prüfen, wird eine Sensitivitätsanalyse in Kapitel 5.3 durchgeführt. Die so entstandene LW-Bewertung wird in Kapitel 5.4 in ein Generative Design System implementiert und dessen Anwendbarkeit in der algorithmischen, automatisierten Bewertung demonstriert.

## 5.1 Empirische Untersuchung durch eine Expertenbefragung

Zuerst wird in Kapitel 5.1.1 die Methodik und anschließend werden in Kapitel 5.1.2 die Ergebnisse der Expertenbefragung vorgestellt.

### 5.1.1 Methodik der Expertenbefragung

Mit dem Ziel nachzuvollziehen, wie in der Praxis die LW bewertet wird, wird eine empirische Untersuchung in Form einer Expertenbefragung[290] durchgeführt. Der Aufbau der Befragung wurde so gestaltet, dass die Faktoren und Zusammenhänge, die in die manuelle Bewertung der LW einfließen, expliziert und modelliert werden können. Methodisch wurde den Werken von Bogner und Menz[291] sowie Meuser und Nagel[292] für den Aufbau der Expertenbefragung gefolgt und diese als explorative Expertenstudie aufgebaut. Dazu wurden halbstrukturierte Interviews entwickelt. Diese verfolgen zum

[290] Die erste Iteration und Auswertung der Expertenbefragung wurde veröffentlicht (Vgl. Burggräf et al. (2021), Uncovering the evaluation of changeability)

[291] Vgl. Bogner et al. (2016), The Theory-Generating Expert Interview, S. 43ff.

[292] Vgl. Meuser et al. (2016), The Expert Interview and Changes in Knowledge Production, S. 17ff.

einen den Zweck, spezifische Informationen zu einem Forschungsthema zu generieren, die sonst nicht gewonnen werden können. Zum anderen wird so sichergestellt, dass den Befragten genügend Freiraum für die Diskussion neuer Aspekte durch die Einbringung ihres persönlichen Vorgehens, basierend auf ihrer individuellen Erfahrung, gegeben wird.

Die Auswahl der Befragten ist ein essenzieller Faktor für die Qualität der zu generierenden Ergebnisse. Diese sollten möglichst repräsentativ viele mögliche fachliche Anwendende widerspiegeln. Wie bereits zuvor erläutert, soll das Artefakt möglichst allgemeingültig das Verständnis der LW im Fabrikplanungsumfeld treffen. Zu diesem Zweck wurden erfahrene Fabrikplanungsexperten aus verschiedenen industriellen Branchen befragt. Um ein erstes Artefakt zu entwickeln, wurde die Anzahl der Teilnehmenden auf sieben gesetzt. Die Teilnehmerzahl verspricht einen Überblick über das angewendete Vorgehen zu geben und gleichzeitig den generierten Input der Teilnehmenden überschaubar und verarbeitbar zu halten. Die befragten Experten können alle eine lange Fabrikplanungserfahrung vorweisen, in der sie mehrere Fabrikplanungsprojekte betreut und dabei verschiedene Planungsphasen durchlaufen haben. Die Befragten stammen aus der Pharma-, Konsumgüter-, Software-, Automobil-, Bau- und Maschinenbaubranche. Aufbauend auf den Ergebnissen dieser Expertenbefragung ist eine weitere Iterationsschleife in Form einer repräsentativen, quantitativ aufgebauten Studie vorstellbar. Diese kann gemäß des DSR basierend auf den Rückmeldungen aus der Kommunikation des ersten Designzyklus des Artefakts eingeleitet werden.

Die Befragung fand in Form von überwiegend online geführten Einzelinterviews statt. Der Interviewleitfaden war dabei lenkend und strukturgebend, aber nicht zwingend. So konnte der Schwerpunkt des Gesprächs an die Fachexpertise und an den Bedürfnissen der Teilnehmer individuell angepasst werden. Die Fragen wurden in thematische Blöcke zusammengefasst, um eine für den Interviewten nachvollziehbare Grundstruktur aufzubauen und um häufige Gedankensprünge zu vermeiden. Vor dem Hintergrund der Anwendung einer zielführenden wissensdiagnostischen Methodik (vgl. Kapitel 4.2) wurden die Befragten zum lauten Denken aufgefordert. Dabei wurde Wert daraufgelegt, dass alle Gedanken der Befragten laut ausgesprochen wurden, um keine wichtigen Indikatoren zur Bewertung der LW unausgewertet zu lassen. Strukturell wurden die Interviews folgendermaßen, in fünf Teile gegliedert, aufgebaut (vgl. Abbildung 32):

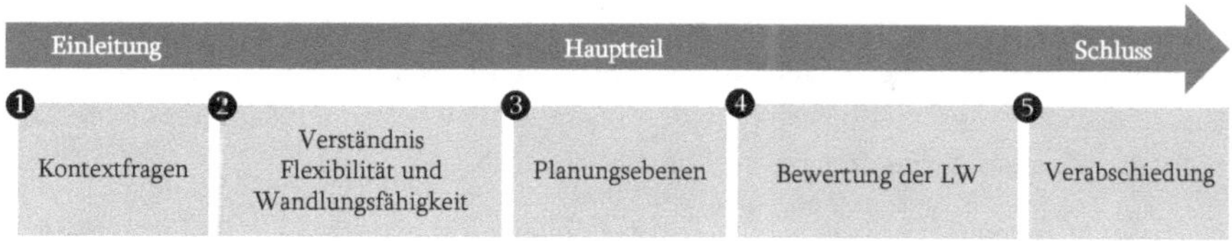


**Abbildung 32: Interview-Strukturierung**

Der erste Teil des Interviews diente der Einleitung und um den Befragten ein Gefühl der Sicherheit zu vermitteln. Dieser enthielt keine komplizierten Fragen, sondern solche, die von den Experten ohne großen Aufwand beantwortet werden konnten. Dazu gehörten Hintergrundfragen, wie demografische Daten, Fragen zum beruflichen Hintergrund und Erfahrungen im Bereich der Fabrikplanung. Darüber hinaus wurden offene Fragen zum weiteren Ablauf des Interviews beantwortet. Vorab wurden der Interviewleitfaden, Visualisierungen von Layouts, auf die sich die Experten im Interview beziehen konnten, und ein Glossar zur Klärung von ggf. unklaren Begriffen im Vorfeld verschickt. Der zweite Teil des Interviews befasste sich mit dem Verständnis der beiden Begriffe Flexibilität und WF. Da die Begriffe im Planungsalltag oft synonym verwendet werden, wurden die Teilnehmenden gebeten, die beiden Begriffe für ihr Anwenderverständnis zu definieren. Ziel dabei war es zum einen, wichtiges Wissen nicht durch Bedeutungsbarrieren unerfasst zu lassen. Zum anderen wurde abgeglichen, ob das Verständnis mit der ersten Quantifizierung der LW durch ihre WB einhergehen kann, um diese in die spätere Artefaktentwicklung einfließen zu lassen. Damit wurde sichergestellt, dass das Artefakt dem Verständnis des potenziellen Anwenders entspricht. Der dritte Teil der Befragung beschäftigte sich damit, auf welchen Planungsebenen die Experten die Bewertung der LW einordnen. Diese sind in diesem Fall definiert als der Detaillierungsgrad, in dem die Planung stattfindet (Arbeitsplatz-, Fein-, Grob-, Werkstrukturplanung). Der vierte Teil des Interviews befasste sich mit dem Explizieren des eigentlichen Bewertungsvorgehens, der Indikatoren sowie der Zusammenhänge, an denen die Bewertung der LW festgemacht wird. Dabei wurden den Experten zuerst die WB erläutert. Die Experten wurden gebeten, mit lautem Denken zu erklären, wie sie in ihrem Alltag bei der LW-Bewertung vorgehen. Anschließend wurde nach den Gründen des individuellen Bewertungsvorgehens gefragt, um ggf. weitere noch nicht genannte Zusammenhänge offenzulegen. Zudem wurden die Experten anschließend zu den vorliegenden Beispiellayouts befragt und der Bewertungsprozess anhand der Beispiele nachvollzogen. So konnte eine Vergleichbarkeit der Ergebnisse erzielt werden. Gleichzeitig konnte mit diesem Vorgehen gewährleistet werden, dass die Experten zuvor die Möglichkeit hatten, unbeeinflusst die ihnen in den

Sinn kommenden Gedanken aussprechen zu können. Im letzten Teil des Interviews wurde den Befragten die Möglichkeit gegeben, die für sie noch offenen Fragen zu stellen. Zudem konnten die Experten zu den im Interview behandelten Themen Stellung nehmen, als auch Anregungen und Kritik zu äußern.

Nach einer ca. zehnminütigen Einführung dauerten die Interviews ca. eine Stunde. Um sich auf die jeweiligen Ausführungen der Befragten konzentrieren zu können, wurden die Interviews aufgezeichnet. Während der Interviews waren zwei Interviewende anwesend, wobei die Rollenaufteilung in einen Gesprächsleiter und einen ergänzenden Befragenden vorgenommen wurde. Auf Basis der Aufzeichnungen und Notizen während des Interviews wurden Transkripte erstellt und diese mit der Software MAXQDA 2020 ausgewertet. Diese ermöglicht die Kodierung der Daten durch eine qualitative Inhaltsanalyse. Die Analyse erfolgte in Anlehnung an die "Grounded Theory" nach MEUSER UND NAGER. Dabei wurden die Schritte Transkription, Kodierung und thematischer Vergleich mit anschließender Formalisierung und Modellierung des Wissens in Form von abstrahierten Metriken befolgt. Ziel der Auswertung war es, die Transkripte der Experteninterviews zielgerichtet zu analysieren, um daraus Schlussfolgerungen für die Bewertung der LW abzuleiten. Zu diesem Zweck wurden die Ergebnisse mit den folgenden Markern kategorisiert: "Definition Flexibilität", "Definition Wandlungsfähigkeit", "Skalierbarkeit", "Modularität", "Mobilität", "Kompatibilität" und "Universalität". Diese Kategorisierung wurde für jede der Planungsebenen (Werksstruktur, Groblayout, Feinlayout, Arbeitsplatz) vorgenommen.

### 5.1.2 Ergebnisse der Expertenbefragung

Die aus der durchgeführten Expertenbefragung hervorgehenden, relevanten Ergebnisse werden in diesem Teilkapitel zusammengefasst. Die Ergebnisse resultieren entweder direkt aus den Antworten oder sind abgeleitet aus den Diskussionen mit den Experten. Die Auswertung des Verständnisses der Befragten zur Flexibilität und WF zeigt, dass die Experten die beiden Begriffe im Alltag oft synonym verwenden. Auf die Bitte hin, die beiden Begriffe zu unterscheiden, fiel auf, dass etwa 70 % der Befragten Schwierigkeiten bei der Differenzierung haben. Mit beiden Begriffen wird die Anpassungsfähigkeit der Fabrikstruktur in Zusammenhang gebracht. Die folgende Abbildung 33 schlüsselt das Verständnis der Experten auf, welche Bereiche für sie Teil der Betrachtungsumfänge der beiden Zielkriterien sind.

| **Ziel** | **Flexibilität** | **Wandlungsfähigkeit** |
|---|---|---|
| **Theorie** | *„Anpassungsfähigkeit innerhalb der gegebenen Struktur"*<br>z.B. über Produktmenge oder Produktmix | *„Anpassungsfähigkeit über gegebene Strukturen hinaus"*<br>z.B. über Organisation, Raum und Technik |
| **Praxis** | Prozentuales Verständnis der Experten, welche Bereiche des Unternehmens der Flexibilität bzw. der Wandlungsfähigkeit zuzuordnen sind | |

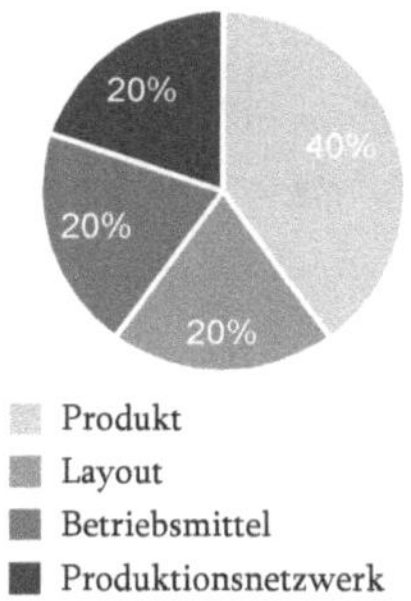


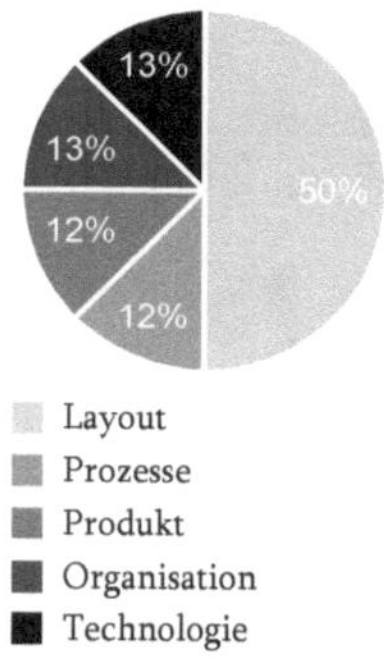


Teilnehmer: n=7

**Abbildung 33: Differenzierung von Flexibilität und WF**[293]

Im Gegensatz zur WF lokalisieren die Experten die Flexibilität überwiegend innerhalb der gegebenen Fabrikstruktur. Dies wird durch ihren Bezug zum Produkt bzw. zur eingesetzten Ausrüstung charakterisiert. Dem Verständnis nach müssen flexible Fabrikstrukturen in der Lage sein, eine gewisse Varianz im Produktsortiment, z. B. im Volumen oder im Produktmix, zu bewältigen. Dies wird in der Regel durch das eingesetzte Equipment erreicht. So können beispielsweise Kapazitäten vorgehalten oder Betriebsmittel ausgetauscht werden. Als wesentlichen Treiber des Bedarfs an Flexibilität und WF identifizieren die Experten die zunehmende Marktdynamik. Es sei über die letzten Jahre hinweg immer häufiger der Bedarf entstanden, Anpassungen der Fabrik über die gegebene Struktur hinaus vorzunehmen. So mussten bestehende Produktionslinien erweitert oder sogar neue Linien geplant werden, was eine wesentliche Änderung der Fabrikstruktur zur Folge hatte.

Zudem wird die Anpassungsfähigkeit über die gegebenen Strukturen hinaus sowohl in der Theorie als auch von den meisten Experten durch die WF charakterisiert. Das Zielkriterium der LW ist von hoher Wichtigkeit, da vorausschauende Planungen eine

[293] Vgl. Burggräf et al. (2021), Uncovering the evaluation of changeability, S. 289

große Herausforderung darstellen und der Transformationsbedarf antizipativ schwer abschätzbar ist. Umso wichtiger sei es den Befragten folgend, die LW hinsichtlich ungeplanter Änderungsbedarfe und wahrscheinlich eintretender Zukunftsszenarien bereits in einer frühen Phase der Fabrikplanung sicherzustellen, z. B. durch das Vorhalten von Erweiterungsflächen. Darüber hinaus stimmten alle Experten einer ersten groben Quantifizierung der LW durch ihre WB zu. Somit konnte das den Experten vorgestellte Zielsystem als Quantifizierungsgrundlage bestätigt und die weitere Entwicklung der Bewertungsmetriken darauf aufgebaut werden.

Außerdem konnte festgestellt werden, dass Konsens der Experten darüber herrscht, dass die Bewertung der WF auf der Groblayoutebene stattfindet (vgl. Abbildung 34).

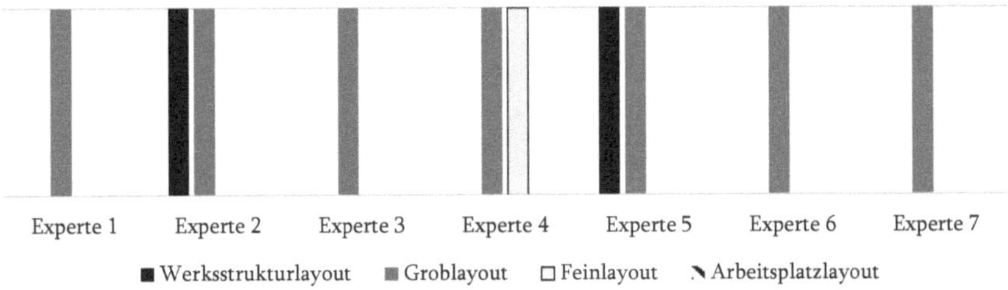


**Abbildung 34: Ebene der LW-Bewertung**

Gemäß der Experten kann auch die Werksstruktur auf ihre WF hin bewertet werden, diese kann aber mit Fokus auf das Layout vermehrt vernachlässigt werden. Lediglich ein Experte sieht neben der Grobplanung auch Elemente der Detailplanung als einflussnehmend in der Bewertung der LW an. Der Fokus der Bewertung der LW liegt also auf ganzen Bereichen des Layouts und nicht auf Details innerhalb dieser. Eine Verschiebung oder Änderung der Bereiche setzt voraus, dass verschiedene Funktionen in den vorhandenen Raum der Fabrik hineinwachsen können, ohne dass langwierige oder kostspielige Anpassungen erforderlich sind. Ausschlaggebend hierfür können z. B. die Gebäudefundamente oder die Medienversorgung sein, die im Vorfeld mit Blick auf ein zukünftiges Änderungsszenario konzipiert werden müssen.

Die im letzten inhaltlichen Fragenteil geforderte direkte Identifikation von Zusammenhängen und Indikatoren zur LW-Bewertung stellte die schwierigste Aufgabe für die Experten dar. Insbesondere galt dies der Herstellung des Zusammenhangs zum Einfluss der zugrunde liegenden geometrischen Parameter auf die Bewertung. Deutlich leichter fiel es den Experten, in Zusammenhang zubringende nicht-geometrische Informationen zu identifizieren, die bei der Bewertung der LW Einfluss nehmen. Durch die Anwendung der Methode des lauten Denkens konnten in der Auswertung der Interviews zu den direkt identifizierten Indikatoren weitere Zusammenhänge zwischen den als geometrisch und attributiv klassifizierten Daten erarbeitet werden. Alle resultierenden Informationen wurden zu Indikatoren für die LW verdichtet und für die Entwicklung der Bewertung der in Kapitel 4.3 vorgestellten Metriken verwendet. An dieser Stelle soll nicht tiefer auf die einzelnen Indikatoren eingegangen werden, um Redundanzen zu Kapitel 4.3 zu vermeiden. Die Modellierung und Bedeutung der Indikatoren, im Kontext der identifizierten Zusammenhänge, gehen aus der Beschreibung in Kapitel 4.3 hervor.

## 5.2 Ermittlung des Zielwertes der Layoutwandlungsfähigkeit

Um die LW bewerten zu können, werden die identifizierten Zusammenhänge und Indikatoren mathematisch modelliert (Metrikbildung). Die so vorgenommene Modellierung bildet die Basis einer maschinellen Interpretierbarkeit, die Voraussetzung für die Einbindung in ein automatisiertes System der FP ist. In Kapitel 5.2.1 wird der generische Metrikaufbau und das Zusammenwirken mit dem DZ erklärt. Die vollständigen Metriken können den Kapiteln 4.3.2 bis 4.3.6 entnommen werden. Anschließend wird in Kapitel 5.2.2 die Bildung des aggregierten Zielwertes der LW vorgestellt. Dieser drückt die Gesamtbewertung der LW aus und bringt die LV in eine Rangfolge.

### 5.2.1 Ableitung von Metriken zur Bewertung der Layoutwandlungsfähigkeit

Aus den durch die Expertenstudie abgeleiteten Indikatoren und Zusammenhängen kann eine Modellierung der Bewertung der LW entwickelt werden. Dafür wird jedes relevante Teilkriterium durch mindestens eine Metrik abgebildet. Darüber hinaus werden Zusammenhänge zum benötigten Datenaustausch von geometrischen und attributiven Daten des digitalen Modells dargestellt. Über die nachfolgend vorgestellte Gesamtzielwertermittlung können die einzelnen Teilkriterienbewertungen dann schließlich zur gesamtheitlichen LW Bewertung aggregiert werden. Die Zusammenhänge von Metriken, DZ und der Funktionsweise in einem automatisierten System der FP werden beispielhaft anhand des Teilkriteriums Monumente vorgestellt.

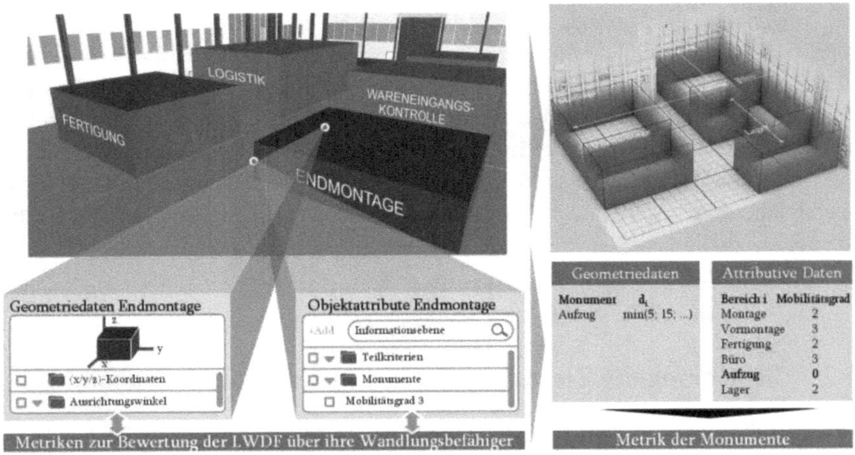


**Abbildung 35: Abstraktion des DZ zur Metrikmodellierung**

In Abbildung 35 ist links der DZ abgebildet. Dieser besteht im Kern aus einem 3D-Geometriemodell und einem damit verknüpften Datenmodell. Während der Planung wird der DZ mit allen vorliegenden Informationen gespeist. Die Besonderheit des DZ in der Planung ist, dass dieser dem physischen Abbild einen Schritt voraus sein kann. D. h. er bildet das noch umzusetzende Ideal des Layouts ab. In der automatisierten FP entsteht eine Vielzahl von digitalen LV-Zwillingen. Durch die virtuelle Abbildung kann der beste ausgewählt werden, bevor die physische Umsetzung beginnt. In der automatisierten FP greift ein Algorithmus auf die geometrischen und attributiven Daten des DZ zurück, um diese für jede LV in die entwickelten Metriken einzusetzen. Auf der rechten Seite der Abbildung 35 ist eine Abstraktion des DZ dargestellt. Diese besteht aus einem schematischen Layout, welches die geometrischen Eigenschaften widerspiegelt. Darunter werden die relevanten Geometriedaten, wie sie der Algorithmus benötigt, um diese in die Metriken einzusetzen, dargestellt. Daneben sind zudem die attributiven Daten abgebildet, die als Teil des DZ den Bereichen des Layouts zugeordnet sind. Es werden nur die für die jeweilige Metrik relevanten Daten aufgezeigt. Diese abstrahierten Informationen unterscheiden sich in Teilen für jede LV. Der Algorithmus greift diese auf, setzt diese in die Metriken ein und bildet so einen Zielwert für jede Metrik.

Abbildung 36 zeigt die abstrahierte Modellierung des DZ. Für die Bewertung der Monumente ist relevant, wie groß die Distanz von statischen Wänden zum Monument ist. Um dies zu messen, muss zuerst geprüft werden, bei welchen Bereichen es sich um Monumente handelt. Für die Bereiche, die als Monument deklariert sind, werden die Abstände zu den Wänden ermittelt. Daraus wird der minimale Wert ausgewählt und in die Metrik eingesetzt. Für alle Monumentbereiche wird gemäß Formel 4.1 (vgl. Kapitel 4.3.2) der kürzeste Abstand aufaddiert.

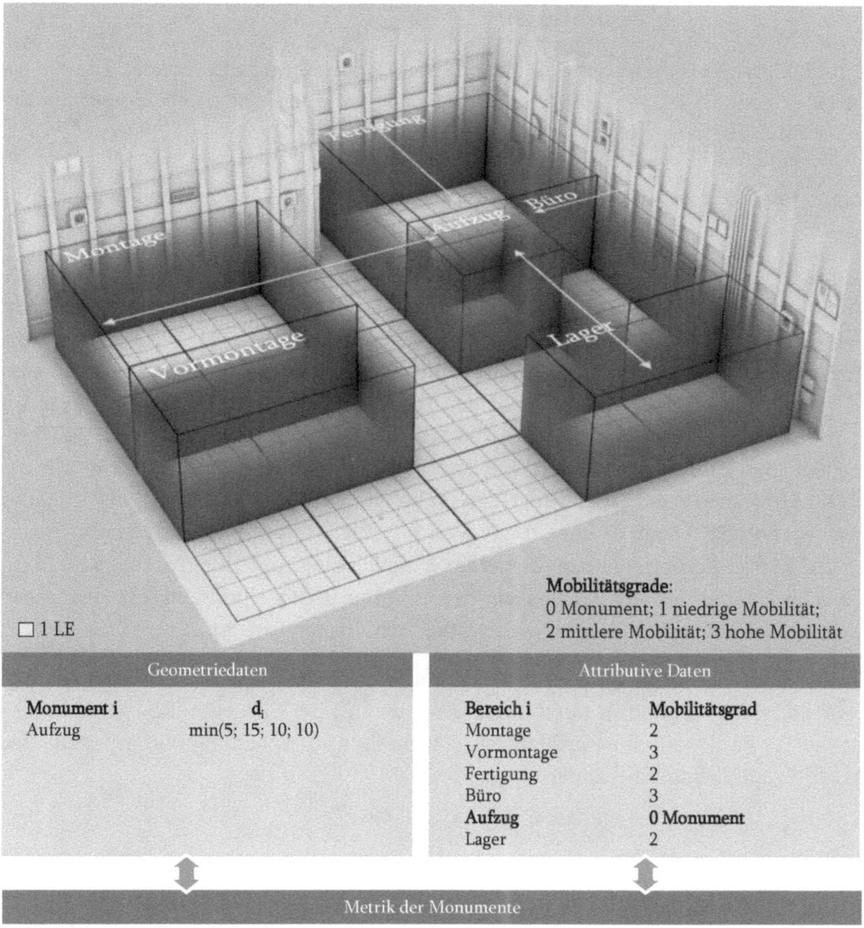


**Geometriedaten**

| **Monument i** | $d_i$ |
|---|---|
| Aufzug | min(5; 15; 10; 10) |

**Attributive Daten**

| **Bereich i** | **Mobilitätsgrad** |
|---|---|
| Montage | 2 |
| Vormontage | 3 |
| Fertigung | 2 |
| Büro | 3 |
| **Aufzug** | **0 Monument** |
| Lager | 2 |

Metrik der Monumente

**Abbildung 36: Modellierung des Teilkriteriums Monumente**

$$\text{Monumente } W_{1b} = \sum_{i=1}^{m} d_i \tag{4.1}$$

mit

$d_i$: Kürzeste Distanz eines Monumentes i zur statischen Wand [m]

m: Anzahl der Monumente [-]

Durch dieses Vorgehen werden Zielwerte für jedes Teilkriterium gebildet. Diese müssen aber noch zu einem Gesamtzielwert aggregiert werden, wie im nachfolgenden Kapitel 5.2.2 erläutert wird.

### 5.2.2 Bestimmung des aggregierten Gesamtzielwertes der Layoutwandlungsfähigkeit[294]

Um aus den vorgestellten Metriken die Schlussfolgerung ziehen zu können, welche LV im Sinne der LW am besten bewertet ist, sollen die LV in eine Rangfolge gebracht werden. Dazu wird für jede LV ein aus den Teilkriterien aggregierter Gesamtzielwert benötigt, der die gesamtheitliche Bewertung der LW widerspiegelt. Das Aufstellen einer expliziten Zielfunktion ist für qualitative Ziele jedoch problematisch. Dies resultiert beispielsweise aus nicht normierten Skalenausprägungen der einzelnen Metrikergebnisse oder teils zu maximierender und teils zu minimierender Zielwerte. Mit der TOPSIS-Methode[295] (TOPSIS: engl. für Technique for Order Preference by Similarity to Ideal Solution) kann der Gesamtzielwert für die LW ermittelt werden, ohne die explizite Zielfunktion zu kennen. Es werden lediglich die Ausprägungen, aber kein funktionaler Zusammenhang der Teilkriterien benötigt. Dabei werden die Ausprägungen der Teilkriterien durch die zuvor vorgestellten Metriken bestimmt.

Bei der TOPSIS-Methode handelt es sich um einen Bewertungsansatz, bei dem die Bewertung jeder Alternative durch ihren Abstand zu einer virtuellen Best-Case-Lösung sowie Worst-Case-Lösung erfolgt, wie schematisch in Abbildung 37 dargestellt und nachfolgend detailliert erläutert wird.

---

[294] Die erste Iteration der Gesamtzielwertermittlung wurde veröffentlicht (Vgl. Burggräf et al. (2021), Uncovering the evaluation of changeability, S. 295ff.)

[295] Vgl. Behzadian et al. (2012), A state-of the-art survey of TOPSIS, S. 13052

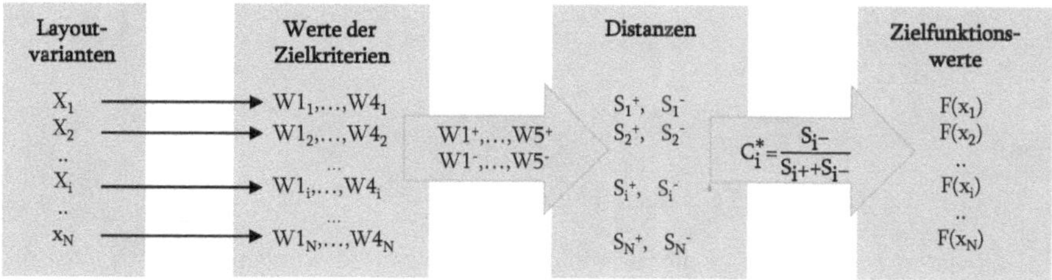


**Abbildung 37: Bestimmung des Gesamtzielwertes**

Zuerst wird die normalisierte Entscheidungsmatrix aufgestellt. Um die Werte für die einzelnen Teilkriterien zu bestimmen, werden die zuvor vorgestellten Metriken verwendet und deren Werte in die Entscheidungsmatrix E (vgl. Gleichung 5.1) eingefügt.

$$E_1 = \begin{array}{c} \\ A_1 \\ \cdots \\ \cdots \\ A_n \end{array} \begin{array}{c} \begin{matrix} W_{1a} & W_{1b} & W_{1c} & W_{2a} & W_{2b} & W_3 & W_4 & W_5 \end{matrix} \\ \begin{bmatrix} w_{11a} & w_{11b} & w_{11c} & w_{12a} & w_{12b} & w_{13} & w_{14} & w_{15} \\ \cdots & \cdots & \cdots & \cdots & \cdots & \cdots & \cdots & \cdots \\ \cdots & \cdots & \cdots & \cdots & \cdots & \cdots & \cdots & \cdots \\ w_{n1a} & w_{n1b} & w_{n1c} & w_{n2a} & w_{n2b} & w_{n3} & w_{n4} & w_{n5} \end{bmatrix} \end{array} \tag{5.1}$$

mit

$A_i$: Layoutvariante i

$W_j$: Teilkriterium j der LW

$w_{ij}$: Ausprägung von Layoutvariante i für Teilkriterium j

Anschließend wird die Entscheidungsmatrix normalisiert. Dies ist notwendig, da die Teilkriterien der Ziele i.d.R. unterschiedliche Skalen aufweisen und somit Skaleneffekte ausgeschlossen werden. So erfolgt z. B. die Bewertung der Monumente über die zugrundeliegende Distanz [m], die Mobilität in einem Layout aber u. a. über die Größe der Flächen [m²] mit gleichem Mobilitätsgrad. Zur Normalisierung der Entscheidungsmatrix kann auf die Vektornormierung (vgl. Gleichung 5.2) zurückgegriffen werden[296].

[296] Vgl. Ginevičius (2008), Normalization of Quantities of Various Dimensions, S. 81

$$\widetilde{w}_{ij} = \frac{w_{ij}}{\sqrt{\sum_{j=1}^{n} w_{ij}^2}} \tag{5.2}$$

mit

$\widetilde{w}_{ij}$: Normierte Teilkriterienausprägung

Im nächsten Schritt erfolgt die Gewichtung der Entscheidungsmatrix. Zur Bestimmung der Gewichtung kann auf eine beliebige Methode zurückgegriffen werden[297]. Ein für die Fabrikplanung übliches Verfahren ist die Verwendung von paarweisen Vergleichen. Die so entstehenden Gewichtungsausprägungen der Teilkriterien werden in einem Gewichtungsvektor $\vec{g} = (g_1, g_2, \ldots, g_5)$ eingetragen. Daraufhin wird jeder Spaltenvektor der normalisierten Entscheidungsmatrix mit dem Gewichtungsvektor multipliziert (vgl. Gleichung 5.3).

$$V = \begin{matrix} & \begin{matrix} W_{1a} & W_{1b} & W_{1c} & W_{2a} & W_{2b} & W_3 & W_4 & W_5 \end{matrix} \\ \begin{matrix} A_1 \\ \ldots \\ \ldots \\ A_n \end{matrix} & \begin{bmatrix} \widetilde{w}_{11a} & \widetilde{w}_{11b} & \widetilde{w}_{11c} & \widetilde{w}_{12a} & \widetilde{w}_{12b} & \widetilde{w}_{13} & \widetilde{w}_{14} & \widetilde{w}_{15} \\ \ldots & \ldots & \ldots & \ldots & \ldots & \ldots & \ldots & \ldots \\ \ldots & \ldots & \ldots & \ldots & \ldots & \ldots & \ldots & \ldots \\ \widetilde{w}_{n1a} & \widetilde{w}_{n1b} & \widetilde{w}_{n1c} & \widetilde{w}_{n2a} & \widetilde{w}_{n2b} & \widetilde{w}_{n3} & \widetilde{w}_{n4} & \widetilde{w}_{n5} \end{bmatrix} \end{matrix} \cdot \vec{g} \tag{5.3}$$

mit

$A_i$: Layoutvariante n

$W_j$: Teilkriterium j der LW

$\widetilde{w}_{ij}$: Normierte Teilkriterienausprägung j von Layoutvariante i

Daraufhin erfolgt die Bildung einer virtuellen Best-Case-Lösung und Worst-Case-Lösung. Diese vereinen jeweils die bestmöglichen bzw. schlechtmöglichen Teilkriterienausprägungen aller LV. Anschließend erfolgt die Berechnung der Abstandsmaße. Dazu werden die euklidischen Abstände der realen LV zu den virtuellen Alternativen bestimmt (vgl. Gleichung 5.4). Durch euklidische Abstände wird der Abstand zwischen zwei Punkten in einem mehrdimensionalen Raum gemessen. Dabei wird die Dimension des Raums durch die Anzahl der Teilkriterien bestimmt.

[297] Vgl. Rudtsch (2016), Methodik zur Bewertung von Produktionssystemen, S. 72

$$S_{i^-} = \sqrt{\sum_{j=1}^{m} \left(v_{ij} - v_j^-\right)^2} \; \forall \, i = 1, \dots, n \qquad (5.4)$$

$$S_{i^+} = \sqrt{\sum_{j=1}^{m} \left(v_{ij} - v_j^+\right)^2} \; \forall \, i = 1, \dots, n$$

mit

$S_{i^-}$: Abstand von Layoutvariante i zur Worst-Case-Lösung

$S_{i^+}$: Abstand von Layoutvariante i zur Best-Case-Lösung

$v_{ij}$: Teilkriterienausprägung j von Layoutvariante i

$v_i^-$: Ausprägung für Teilkriterium j der Worst-Case-Lösung

$v_i^+$: Ausprägung für Teilkriterium j der Best-Case-Lösung

Abschließend erfolgt die Ermittlung des Abstandsindexes $C_i^*$, anhand dessen die Rangfolgebildung zwischen den LV erfolgt (vgl. Gleichung 5.5). Dieser ist ein Maß für die Effizienz einer LV, dem die Idee zugrunde liegt, dass eine effiziente LV möglichst nah an der Best-Case-Lösung liegt und möglichst weit von der Worst-Case-Lösung entfernt sein sollte.

$$C_i^* = \frac{S_{i^-}}{S_{i^+} + S_{i^-}} \qquad (5.5)$$

mit

$C_i^*$: Abstandsindex Layoutvariante i

$S_{i^-}$: Abstand von Layoutvariante i zur Worst-Case-Lösung

$S_{i^+}$: Abstand von Layoutvariante i zur Best-Case-Lösung

Die so ermittelten Abstandsindizes der LV entsprechen den jeweiligen LW-Gesamtzielwerten. Diese können einen Wert zwischen 0 und 1 annehmen. Dabei nähern sich wandlungsfähige LV dem Wert 1 und wenig wandlungsfähige LV dem Wert 0 an.

## 5.3 Untersuchung der Reliabilität der Bewertung der Layoutwandlungsfähigkeit[298]

HEVNER fordert eine Untersuchung des Artefakts in Bezug auf dessen Funktionalität, Vollständigkeit, Widerspruchsfreiheit, Genauigkeit, Leistung, Verlässlichkeit und Anwendbarkeit. Sofern es angemessen ist, können diese Aussagen durch eine mathematische Analyse der Modelle getroffen werden[299]. Daraus ergibt sich der Bedarf, die aus der Expertenbefragung abgeleiteten Metriken auf ihre Reliabilität hin zu überprüfen und ggf. entstehende Anpassungsbedarfe zu identifizieren und umzusetzen. Hierzu wird eine Sensitivitätsanalyse durchgeführt. Diese adressiert zum einem die Widerspruchsfreiheit, Verlässlichkeit und Genauigkeit und vermittelt zum anderen ein besseres Verständnis über die Bewertungsergebnisse der zuvor entwickelten LW-Metriken.

### 5.3.1 Untersuchungsdesign

Die Sensitivitätsanalyse dient der Systemanalyse und soll den Einfluss der Variation der Eingangsvariablen auf die Veränderung der jeweiligen Systemantwort (Ausgangsgröße) zeigen.[300] Übertragen auf den Kontext dieser Arbeit bedeutet dies, dass die Änderung des Bewertungsergebnisses, unter Variation eines veränderlichen Parameters der jeweiligen Metrik, analysiert wird. Methodisch wird dies über die lokale Sensitivitätsanalyse untersucht. Die Untersuchung der Aggregation der einzelnen Bewertungsergebnisse zu einem Gesamtzielwert der LW erfolgt durch die globale Sensitivitätsanalyse.

Die lokale Sensitivitätsanalyse untersucht die Stabilität des Bewertungsergebnisses, indem die Auswirkung kleiner Änderungen der Eingangsfaktoren auf das Bewertungsergebnis untersucht werden.[301] Dabei folgt sie dem Ansatz „one Factor[302] at a time".[303] D. h. es wird jeweils nur ein Parameter der Metrik verändert, wobei die anderen Parameter konstant bleiben. Es werden spezifische Kombinationen von Eingangswerten untersucht, die potenziell zu Abweichungen des intendierten Bewertungsergebnisses führen. Die globale Sensitivitätsanalyse hingegen betrachtet den Einfluss der Variation

[298] Die Ergebnisse der Sensitivitätsanalyse wurden teilweise vorab veröffentlicht: Vgl. Burggräf et al. (2022), Sensitivity analysis of specific metrics

[299] Vgl. Hevner et al. (2004), Design science in information systems research, S. 86

[300] Vgl. Siebertz et al. (2017), Sensitivitätsanalyse, S. 415

[301] ebd

[302] Vgl. Morris (1991), Factorial Sampling Plans, S. 161

[303] Vgl. Campolongo et al. (2007), An effective screening design for sensitivity analysis, S. 1509

der Faktoren über ihren gesamten Definitionsbereich. Somit kann ein Verständnis über die Signifikanz des Einflusses verschiedener Faktoren untereinander geschaffen werden.[304] Dieses Vorgehen wird zur Ermittlung der Gesamtzielwerte und somit auf die Bildung der Rangfolge der LV angewendet. Dabei soll insbesondere festgestellt werden, wie zuverlässig die besten LV identifiziert werden. Dazu wird analysiert, ob und unter welchen Voraussetzungen sich die Rangfolge der LV verschieben kann. Durch den Einsatz der Sensitivitätsanalyse zur Untersuchung der Reliablilität resultierenden interpretationsbedürftige Ergebnisse, aus denen sich Handlungsempfehlungen, direkte Anpassungsbedarfe der Metriken und qualitative Aussagen über die Reliabilität der Bewertung der LW ableiten lassen.

### 5.3.2 Lokale Sensitivitätsanalyse zur Ermittlung der Zielwerte der Teilkriterien

In der lokalen Sensitivitätsanalyse erfolgt die Modifikation der jeweiligen Metrik in der Anwendung und Visualisierung an einem beispielhaften Layout. Die Layouts (vgl. Abbildung 38) werden im Folgenden kurz beschrieben, um eine Dimensionseinschätzung und ein besseres Verständnis über die Definition der Bereiche zu geben. Jede Analyse wird anhand eines der drei Layouttypen durchgeführt. Für die Analyse der Kompatibilität dient Layout 1, für die Analyse der Mobilität dient Layout 2 und für die Analyse der Erweiterbarkeit und der Modularität dient Layout 3. Der Aufbau der Layouts wurde dabei so gestaltet, dass möglichst signifikant die Änderung des Bewertungsergebnisses zum Vorschein kommt. Alle Layouts weisen eine Fläche von maximal 2.500 m² auf und unterscheiden sich in ihrer die Planungsfläche determinierenden Layoutform und Größe der Brandabschnitte (dicke schwarze Linien).

[304] Vgl. Siebertz et al. (2017), Sensitivitätsanalyse, S. 415

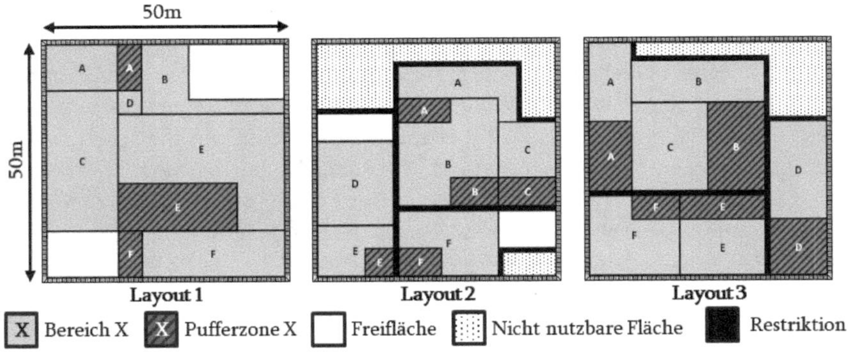


**Abbildung 38: Basislayouts der Sensitivitätsanalyse**

Layout 1 besitzt einen quadratischen Grundriss und wird nicht durch vorgegebene Brandabschnitte eingeschränkt. Layout 2 und 3 weisen hingegen komplexere Gebäudeformen auf. Zudem sind sie in drei Brandabschnitte aufgeteilt. Jede LV besitzt sechs verschiedene Bereiche A bis F. Einigen Bereichen sind Pufferzonen zugeordnet, welche flexible Umnutzungsmöglichkeiten innerhalb des Layouts bieten. Tabelle 1 bietet eine detaillierte Übersicht über die Größe der Flächen der Layoutbereiche.

**Tabelle 1: Flächenübersicht der Basislayouts**

| | Layout 1 | | Layout 2 | | Layout 3 | |
|---|---|---|---|---|---|---|
| | Genutzt | Puffer | Genutzt | Puffer | Genutzt | Puffer |
| **Bereich A** | 150 m$^2$ | 50 m$^2$ | 195 m$^2$ | 55 m$^2$ | 153 m$^2$ | 135 m$^2$ |
| **Bereich B** | 210 m$^2$ | 0 m$^2$ | 368 m$^2$ | 60 m$^2$ | 252 m$^2$ | 228 m$^2$ |
| **Bereich C** | 450 m$^2$ | 0 m$^2$ | 144 m$^2$ | 72 m$^2$ | 304 m$^2$ | 0 m$^2$ |
| **Bereich D** | 25 m$^2$ | 0 m$^2$ | 288 m$^2$ | 0 m$^2$ | 252 m$^2$ | 144 m$^2$ |
| **Bereich E** | 625 m$^2$ | 250 m$^2$ | 140 m$^2$ | 36 m$^2$ | 216 m$^2$ | 90 m$^2$ |
| **Bereich F** | 300 m$^2$ | 50 m$^2$ | 240 m$^2$ | 54 m$^2$ | 273 m$^2$ | 50 m$^2$ |
| **Freifläche** | 390 m$^2$ | | 192 m$^2$ | | 0 m$^2$ | |
| **Gesamtfläche** | 2500 m$^2$ | | 1844 m$^2$ | | 2097 m$^2$ | |

**Analyse der Mobilität**

Wie Kapitel 4.3.2 zu entnehmen ist, erfolgt die Bewertung der Mobilität anhand der Metrik der Mobilitätsaggregation (Metrik 4.2), des Mobilitätsgrads (Metrik 4.3) und der Monumente (Metrik 4.1). Die Mobilitätsaggregation bewertet die Verteilung der Flächen mit einem gleichen Mobilitätsgrad, der die Bewegungsfreiheit der Betriebsmittel repräsentiert. Hierfür sind in den attributiven Daten des digitalen Modells verschiedene Mobilitätsgrade $n$ definiert. Diese können als hohe, mittlere, niedrige und nicht gegebene Mobilität klassifiziert werden. Sie geben Rückschluss über den Aufwand, einen Bereich inklusive der dazugehörigen Betriebsmittel, innerhalb der Fabrik zu bewegen. Durch die Sensitivitätsanalyse soll untersucht werden, inwiefern sich die Erhöhung der Bewegungsfreiheit der Betriebsmittel in der Bewertung des Mobilitätspotentials widerspiegelt. Zur Analyse wird der Mobilitätsgrad einiger Flächen der untersuchten Layouts systematisch verbessert und mit dem Ursprungszustand verglichen.

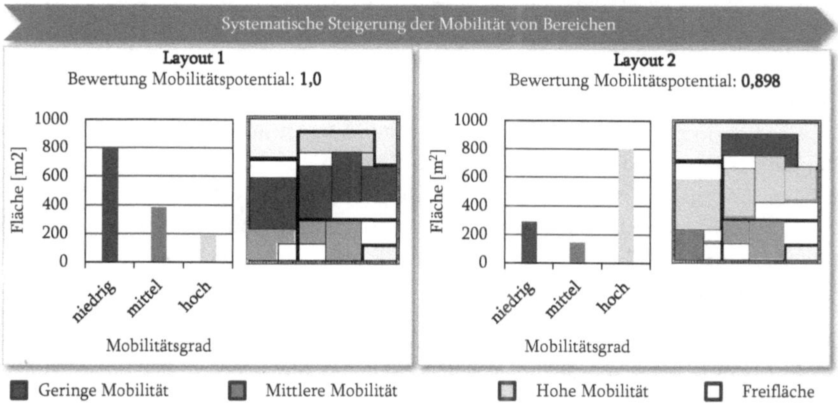


**Abbildung 39: Auswirkung von erhöhter Mobilität auf das Bewertungsergebnis**

Abbildung 39 stellt die Modifikation der Mobilitätsgrade innerhalb einer LV dar. Layout 1 besitzt vorwiegend Bereiche mit niedriger Mobilität, wohingegen ein Großteil dieser Bereiche mit niedriger Mobilität in Layout 2 durch Bereiche mit hoher Mobilität ersetzt werden. Es wird deutlich, dass sich der Anteil der Fläche mit hoher Mobilität in Layout 2 stark gegenüber dem ursprünglichen Zustand in Layout 1 erhöht. Dies führt allerdings kontraintuitiv zu einer schlechteren Bewertung der Mobilitätsaggregation. Dies liegt zum einen daran, dass nur die Aggregation der Bereiche mit identischem Mobilitätsgrad und nicht die Höhe des Mobilitätsgrads bewertet wird. Da in Layout 2 die Fläche mittleren Mobilitätsgrads unterbrochen und somit die aggregierte Fläche kleiner ist, kommt eine schlechtere Bewertung zustande. Zudem stellt die aufgestellte Metrik die Bewertung der Mobilität eines Layouts mit einheitlich niedrigen

Mobilitätsgrad einem Layout mit einheitlich hohem Mobilitätsgrad gleich. Zum anderen kann festgestellt werden, dass sich vorhandene Freiflächen negativ auf die Bewertung der Mobilitätsaggregation auswirken. So fällt für den Fall, dass zwei Bereiche desselben Mobilitätsgrads durch eine Freifläche getrennt werden, die Bewertung schlechter aus. Die Metrik lässt lediglich den größten Bereich der jeweiligen Mobilitätsklassifikation in das Ergebnis einfließen. So werden ggf. vorhandene kleinere Bereiche ungeachtet des Mobilitätsgrades nicht mit einbezogen. Dabei muss kritisch hinterfragt werden, ob Freiflächen einen negativen Einfluss auf die Mobilität haben. Dies hängt davon ab, ob die Flächen wirklich unbenutzt sind oder vorübergehend durch andere Unternehmensentitäten in Benutzung sind. Dies könnte beispielsweise der Fall sein, wenn die zweite Entität am Wachsen ist und deren ursprüngliche Fabrikhalle nicht mehr ausreicht. So können beispielsweise Teile der Lagerflächen ausgelagert und vorübergehend in einen Bereich der ersten Unternehmensentität verlagert werden. In diesem Fall ist trotzdem davon auszugehen, dass die platzierten Ressourcen aufgrund ihrer nur temporären Verweildauer an diesem Übergangslösungsort eine hohe Mobilität aufweisen und somit keinen negativen Einfluss auf die Gesamtmobilität aufweisen. Der unwahrscheinlichere Fall ist, dass die Freifläche keine Betriebsmittel aufweist. Dann sollten die Freiflächen sogar einen positiven Einfluss auf die Bewertung aufweisen. Als Empfehlung kann abgeleitet werden, Freiflächen einen dem Planungsfall entsprechenden Mobilitätsgrad zuzuweisen.

Die Analyse zeigt, dass die Metrik nur einen Teil der Mobilität bewerten kann. So liegt der Fokus der Bewertung lediglich auf der Aggregation mobiler Bereiche. Zu einer vollständigen Abbildung besteht der Bedarf, die Bewertung des Mobilitätsgrads zu ergänzen. Diese erfasst die Einfachheit der Verschiebung von Bereichen. So kann beispielsweise relativiert werden, dass große Flächen mit Monumenten, die nicht beweglich sind, eine hohe Mobilitätsbewertung erlangen. Somit wird in einer zusätzlichen Metrik der tatsächliche Mobilitätsgrad in Form einer Gewichtung berücksichtigt. Für diese ergänzende Metrik wird, wie bei der Bewertung der Mobilitätsaggregation, auf den dem jeweiligen Bereich zugeordneten Attributwert des Mobilitätsgrads zur Quantifizierung der Mobilitätseinstufung zurückgegriffen. Dieser wird zur weiteren Analyse als $g \in \mathbb{N}$ benannt. Die höchste Einstufung wird durch $g^+$ beschrieben. Zur Berechnung des Mobilitätsgrads wird die Summe aller eingestuften Layoutbereiche in das Verhältnis zur Gesamtfläche $A_{Gesamt}$ gesetzt, die mit der Einstufung des höchsten Mobilitätsgrades $g^+$ multipliziert wird. Durch die Gewichtung des Mobilitätsgrads wird ein tatsächlicher Eindruck von dem Anteil mobiler Bereiche innerhalb des Layouts gewonnen. Des Weiteren können Freiflächen durch die Zuordnung eines Mobilitätsgrads mit projektabhängig definiertem Einfluss in das Ergebnis einfließen. Im Zusammenspiel mit der Mobilitätsaggregation gibt der Mobilitätsgrad eine Einschätzung über die relative Höhe sowie räumliche Mobilitätsbereichsverteilung. Durch die Ergänzung zu den beiden anderen Mobilitätsmetriken soll die Aussagekraft und Verlässlichkeit der Mobilitätsbewertung gesteigert werden.

Die letzte in die Mobilitätsbewertung einfließende Metrik ist die der Monumente. Die Metrik bewertet die Platzierung der unbeweglichen Bereiche am Rande des Layouts. So stören diese bei einer erforderlichen Layoutwandlung weniger. Die Bewertungsmetrik (vgl. Metrik 4.1) erfasst den kürzesten Abstand $d_i$ zum nächstgelegenen statischen Element des Gebäudes, wie zum Beispiel zu tragenden Wänden oder Brandschutzwänden. Die Summe der Abstände ergibt das Bewertungsergebnis. Der Wert null steht dabei für das Optimum, sofern keine Monumente existieren. Da durch die systematische Sensitivitätsanalyse einer Summenformel mit keinen unerwarteten Ergebnissen zu rechnen ist, wird davon abgesehen, diese Gleichung näher zu untersuchen. Allerdings kann festgestellt werden, dass sich eine räumliche Aggregation von Monumenten innerhalb des Layouts positiv auf die LW auswirken kann. Diese wird jedoch durch die Bewertung Mobilitätsaggregation erfasst.

### Analyse der Kompatibilität

Die Kompatibilität wird anhand der beiden Metriken Kompatibilitätsaggregation (Metrik 4.5) und Erweiterbarkeit (Metrik 4.4a) auf ihre Sensitivität hin analysiert. Die Kompatibilitätsaggregation gibt Aufschluss über die anzustrebende Einheitlichkeit des Medienprofils. Die Erweiterbarkeit hingegen bewertet die Möglichkeit, einheitliche Medienprofile miteinander zu verbinden. Durch die Kompatibilitätsaggregation wird die Erweiterbarkeit gewissermaßen befähigt. Bei der Metrik werden die Eingangswerte für jede LV durch die attributiven und geometrischen Daten des digitalen Zwillings determiniert. Der hier variierbare Eingangswert ist die Anzahl der vorliegenden Medien. Zur Analyse werden die den vier Bereichen zugeordneten Medienprofile variiert und die Anzahl der vorhandenen Medien in dem zu analysierenden Layout iterativ verringert. Dabei wird so vorgegangen, dass der kleinstflächigste Bereich eines Medienprofils an das Medienprofil des nächstgelegenen Bereichs angeschlossen wird. Dieser Vorgang wird so lange wiederholt, bis ein einheitliches Medienprofil im Layout abgebildet ist. Die iterative Reduktion der unterschiedlichen Medienprofile sowie das damit verbundene Bewertungsergebnis bzgl. der Kompatibilitätsaggregation sind in der nachfolgenden Abbildung 40 dargestellt:

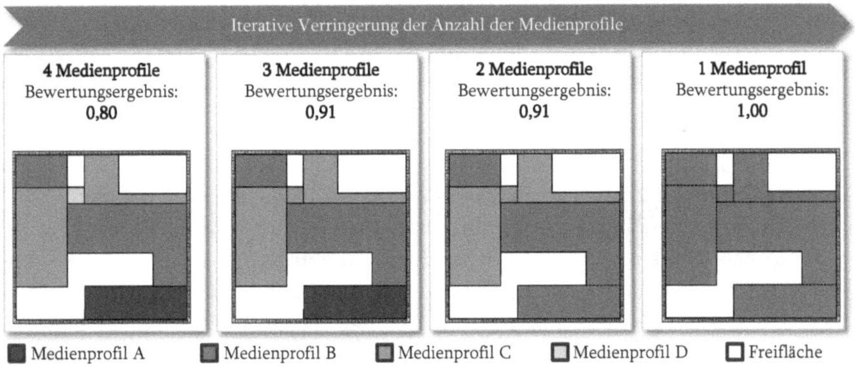


**Abbildung 40: Auswirkungen der Medienprofilanzahl auf das Bewertungsergebnis**

In der ersten LV liegen vier Medienprofile innerhalb der sechs Layoutbereiche vor, wobei die Medienprofile der einzelnen Bereiche nicht räumlich aggregiert sind. Das resultierende Bewertungsergebnis der Metrik 4.5 liegt bei gerundet 0,8. Die zweite LV stellt die identische Anordnung der Layoutbereiche dar, allerdings liegt eine Verringerung von vier auf drei Medienprofile in den Eigenschaften der Bereiche vor. Dies führt zu einer Steigerung des Bewertungsergebnisses auf einen Wert von 0,91. Dieses Ergebnis bleibt bei einer weiteren Reduktion auf zwei Medienprofile unverändert, da nur die Fläche des größten aggregierten Bereichs betrachtet wird. Die letzte Reduktion der Medienprofile auf ein Einheitliches führt zum bestmöglichen Bewertungsergebnis mit einem Wert von 1,0. Es wird deutlich, dass eine Verringerung der Medienprofile zu einer Verbesserung des Bewertungsergebnisses der Kompatibilitätsaggregation führen kann. Dabei fällt jedoch auf, dass eine Verbesserung der Bewertung nur erfolgt, wenn die größte aggregierte Fläche eines Medienprofils $p$ vom Anschluss desselben Medienprofils betroffen ist. Im Falle einer räumlichen Aggregation aller Bereiche zu einem Medienprofil tritt wie erwartet das bestmögliche Bewertungsergebnis auf. Die Analyse zeigt jedoch ähnlich zur Bewertung der Mobilitätsaggregation auch, dass die Bewertungsmetrik nicht vollständig den Kerngedanken der Kompatibilität, nämlich möglichst einheitliche und standardisierte Schnittstellen einer im idealen Falle hohen Medienverfügbarkeit zu schaffen, abbildet. LV 2 und LV 3 unterscheiden sich nicht in der Bewertung, obwohl eines der Layouts als besser zu erachten ist, da eine höhere Güte des Medienprofils (mehr Anschlüsse) im Layout vorliegt. Die Verbesserung der Kompatibilitätsbewertung, durch die Berücksichtigung der Mediengüte soll aber aus den in Kapitel 4 beschriebenen Gründen nicht explizit erfolgen.

Die zweite Metrik zur Bewertung der Kompatibilität ist die Erweiterbarkeit. Durch diese kann eine Aggregation der Medienprofile durch die erweiternde Verbindung zweier Bereiche mit demselben Medienprofil erreicht werden. Als Eingangswert für die Analyse der Metrik (vgl. Metrik 4.4a) wird die Variation der Verbindungsfläche $A_v$ betrachtet. So wird untersucht, inwieweit sich diese auf das resultierende Bewertungsergebnis, welches auf einem Intervall (0,1) abgebildet wird, auswirkt. Dabei nähert sich das beste Ergebnis dem Wert null an. Je kleiner die Verbindungsfläche ausfällt, desto geringer ist der einhergehende Aufwand, die Bereiche des Layouts miteinander zu verbinden. Die Verbindungsfläche sowie die dadurch entstandene größere Fläche sind individuell von der jeweils vorliegenden LV abhängig. Je größer also die durch die Erweiterung entstandene Fläche im Verhältnis zum Verbindungsstück ist, desto positiver sollte sie bewertet werden. Zur Untersuchung wird eine Matrix nach folgendem Schema aufgebaut: Die Bewertungsergebnisse der Erweiterbarkeit werden für die Kombinationen der Werte $A_v$ und $A_p^*$ auf einer Skala von 25 m² bis 1.000 m² untersucht, wie schematisch durch Abbildung 41 dargestellt ist. Dabei besitzen die beiden unabhängigen Flächen $A_1$ und $A_2$ ein identisches Medienprofil, sodass sie über die Fläche $A_v$ verbunden werden können. Die Fläche $A_p^*$ setzt sich aus den Flächen $A_1$ und $A_2$ zusammen. Für die Annahme, dass die Fläche $A_v$ 25 m² und die Fläche $A_p^*$ 75 m² beträgt, würde die Erweiterbarkeit mit einem Wert von 0,25 bewertet werden.

| | | $A^*_p$ | | | |
|---|---|---|---|---|---|
| | | 25m² | 75m² | ··· | 1000m² |
| $A_v$ | 25m² | 0,5 | 0,25 | ··· | 0,02 |
| | 75m² | 0,75 | 0,5 | ··· | 0,05 |
| | ⋮ | ⋮ | ⋮ | ⋱ | ⋮ |
| | 1000m² | 0,98 | 0,95 | ··· | 0,5 |

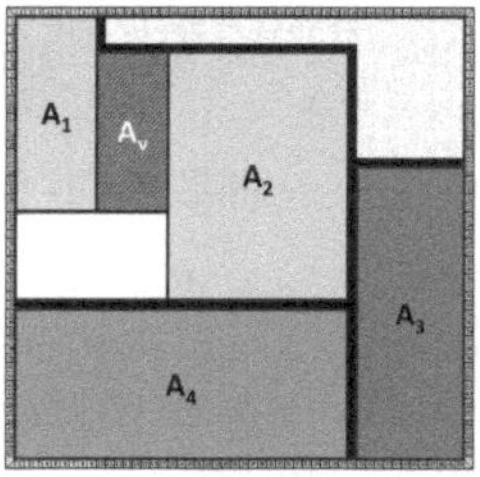


Medienprofil 1 Medienprofil 2 Medienprofil 3 Verbindungsfläche

**Abbildung 41: Analyse der Erweiterbarkeit in Abhängigkeit der entstehenden Fläche**

Zur Auswertung werden die Bewertungsergebnisse der Kombinationen von $A_v$ und $A_p^*$ aus einer Skala von 25 m² bis 1000 m² in Abbildung 42 abgebildet. Diese zeigt die Änderung des Bewertungsergebnisses bei einer Vergrößerung der Verbindungsfläche.

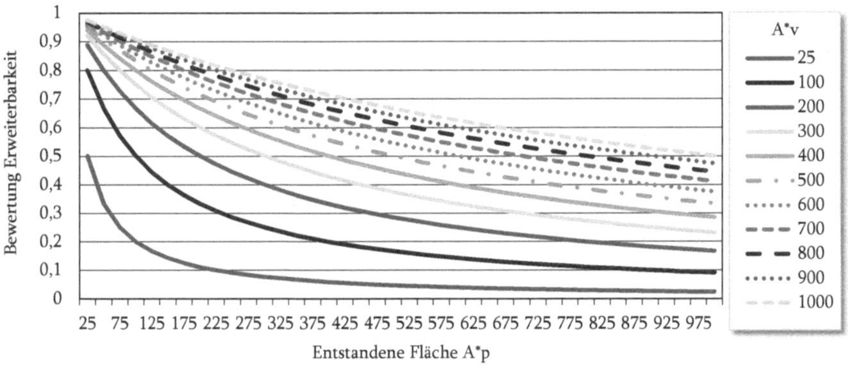


**Abbildung 42: Erweiterbarkeitsbewertung in Abhängigkeit der entstehenden Fläche**

Es wird ersichtlich, dass sich eine Vergrößerung der neu entstandenen Gesamtfläche bezogen auf eine konstante Verbindungsfläche eindeutig in den Bewertungsergebnissen widerspiegelt. Für den Fall, dass die neu entstandene Gesamtfläche in einem ansteigenden Verhältnis zu der Verbindungsfläche steht, nähert sich das Ergebnis einem Optimum von null an und die Ergebnisse können nicht signifikant voneinander differenziert werden. Ab einem Verhältnis zwischen $A_v$ und $A_p^*$ von 1:15 geht eine weitere Erhöhung der LW durch eine noch größere Fläche mit einheitlichem Medienprofil kaum mehr aus der Bewertung hervor. Folglich treten die durch die Bewertung erwarteten Zusammenhänge ein.

Die Untersuchung zeigt, dass ein mathematisch nicht definierter Randbereich für eine Zuordnung vom Wert null zu den Flächen $A_v$ als auch $A_p^*$ besteht. Für diesen Fall wird dem Bewertungsergebnis der Wert 0 zugeordnet. Dies bedeutet, es besteht kein Erweiterungsaufwand, was zu diesem besten Bewertungsergebnis führt. Es muss die Situation untersucht werden, dass die Möglichkeit der Erschließung einer größeren Fläche durch die Verbindung von Bereichen desselben Medienprofils nicht besteht. Dies ist der Fall, wenn bereits alle Bereiche mit demselben Medienprofil p räumlich aggregiert sind. In diesem Fall wird kein Aufwand benötigt, da die bestmögliche Bewertung bereits erreicht wurde. Dieser Fall tritt ein, wenn der Kompatibilitätsgrad gleich null ist. Durch die Fallunterscheidung der Metrik wird der Randbereich korrekt abgebildet. Die Berechnung des Kompatibilitätsgrads muss folglich vor der Berechnung der eigentlichen Erweiterbarkeit durchgeführt werden. Dabei beschreibt die Ergänzung für den ersten Fall: Kompatibilitätsgrad = 1, dass bereits alle Bereiche mit demselben Medienprofil räumlich aggregiert wurden. Infolgedessen ist die Kompatibilität des Layouts gegeben, sodass der Erweiterbarkeit der beste Wert null zugeordnet wird. Durch die Ergänzung der Metrik zur Bewertung der Erweiterbarkeit wird ein verlässliches Ergebnis über den gesamten Definitionsbereich erreicht.

#### Analyse der Skalierbarkeit

Die Skalierbarkeit wird maßgeblich durch den Faktor der zukünftig benötigten Fläche beeinflusst (vgl. Metrik 4.6). Die gegenwärtig genutzten Flächen $A_i$, inklusive der bestehenden Pufferzonen werden durch die betrachtete LV vorgeschrieben, welche den Daten des digitalen Zwillings zu entnehmen sind. Folglich sind die aktuellen Flächen $A_i$ nicht variabel, was eine Untersuchung des Einflusses von $A_i$ auf die Bewertung der Skalierbarkeit somit irrelevant macht. Der zukünftige Flächenbedarf der Metrik basiert auf einem prognostizierten Wert. Dieser ist zwar als attributiver Datenwert im digitalen Zwilling hinterlegt, jedoch liegt es in der Natur von prognostizierten Werten, dass diese unter Umständen nur bedingt den später wirklich benötigten Flächenbedarf korrekt widerspiegeln. Resultierend ist mit einer Abweichung des Wertes von $A_{Zukunft,i}$ zu rechnen. Es muss also analysiert werden, wie sehr das Bewertungsergebnis auf eine solche Abweichung des Eingangswertes reagiert. Dafür wird die Hilfsvariable $A^*_{Zukunft,i}$ eingeführt, die den tatsächlichen zukünftigen Flächenbedarf ausdrückt und sich wie folgt berechnet (vgl. Gleichung 5.6):

$$A^*_{Zukunft,i} = A_{Zukunft,i} + (\varepsilon * A_{Zukunft,i}) \tag{5.6}$$

mit

$A_{Zukunft,i}$: Fläche des Bereiches i [m²]

$A^*_{Zukunft,i}$: Gesamtfläche des Layouts [m²]

$\varepsilon$: Abweichung [-]

Der Definitionsbereich dieser Hilfsvariable liegt im Bereich der natürlichen Zahlen. Die Abweichung vom prognostizierten Wert wird durch den Faktor $\varepsilon$ beschrieben. Der Fall $\varepsilon = 0$ beschreibt dabei, dass der zukünftige Flächenbedarf korrekt prognostiziert wird. Durch die Definition von $\varepsilon \in [-1,1]$ wird eine positive als auch negative Abweichung vom prognostizierten zukünftigen Flächenbedarf von bis zu 100 Prozent erreicht und wird als Untersuchungsbereich der Analyse zugrunde gelegt. Eine positive Abweichung ($\varepsilon > 0$) bedeutet eine Unterschätzung des zukünftigen Flächenbedarfes. Die Überschätzung des Bedarfes wird durch eine negative Abweichung ($\varepsilon < 0$) abgebildet. Als Ausgangspunkt der Analyse dient der Fall, dass der prognostizierte Flächenbedarf der geplanten Fläche entspricht ($\varepsilon = 0$). Das Ergebnis, gemäß der zuvor eingeführten Formel, ist die Erreichung des besten Wertes von eins. Dieser beschreibt, dass 100% der zukünftigen Fläche in der aktuellen LP berücksichtigt ist und das Wandlungsszenario in Bezug auf die benötigte Fläche problemlos in der aktuellen Layoutfläche umgesetzt werden kann. Die Analyse zur Untersuchung der Skalierbarkeit zeigt, dass bei derselben Abweichung vom Optimum sowohl in positive als auch in negativer Richtung die jeweilige Bewertung nicht identisch ausfällt. Wenn der zukünftige Flächenbedarf unterschätzt wird, kommt es zu einer besseren Bewertung der Skalierbarkeit als es bei einer Überschätzung der Fall ist. Diese Abweichung wird in Abbildung 43 dargestellt:

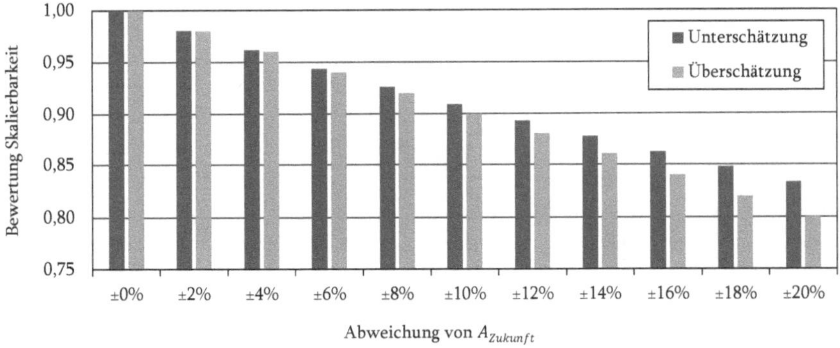


**Abbildung 43: Ergebnisse der Skalierbarkeitsbewertung**

Das Diagramm gibt die Abweichung der prognostizierten Fläche $A_{Zukunft}$ von $\pm 20\%$ wieder. Dabei ist festzustellen, dass sich die Abweichung progressiv verhält. Im Falle einer Abweichung von $\pm 2\%$ der Fläche zeigt sich kein nennenswerter Unterschied in der Bewertung durch Unter- und Überschätzung. Jedoch ist bei einer Abweichung von $\pm 20\%$ eine deutliche Differenz von 0,03 zu erkennen. Je höher die Fehleinschätzung ist, desto stärker stellt sich der Unterschied der Bewertung durch Unter- und Überschätzung heraus.

Die identifizierte Abweichung lässt sich durch die relative Bewertung der Metrik durch das Verhältnis der Flächen zueinander erklären. Folgendes Rechenbeispiel verdeutlicht die Systematik der Abweichung. Dazu werden zwei Flächen mit 110 $m^2$ und 90 $m^2$ betrachtet, die eine identische Differenz von 10 $m^2$ zu einer Fläche von 100 $m^2$ aufweisen. Wird der prozentuale Anteil von 100 $m^2$ zu 110 $m^2$ betrachtet, fällt dieser etwas größer aus als der prozentuale Anteil von 90 $m^2$ zu 100 $m^2$. Dies ist auf die Abweichung des zukünftigen Flächenbedarfes um 10 $m^2$ übertragbar. So kommt es zu einer systematischen Abweichung der Bewertung der Skalierbarkeit, sofern sich der zukünftige Flächenbedarf von der geplanten Fläche unterscheidet. Bei geringen Abweichungen fällt der Unterschied der Bewertungsergebnisse nur minimal aus. Sofern diese Formel jedoch zur automatisierten, algorithmischen Bewertung von LV verwendet wird, kann es zu einer fehlerhaften Einschätzung des Algorithmus kommen. Kritisch zu betrachten ist zudem die höhere Bewertung einer Unterschätzung des Flächenbedarfes. Für den Fall, dass die vorhandenen Flächen nicht ausreichen, um dem zukünftigen Bedarf gerecht zu werden, kommt es zu einer Erschöpfung der Flächenkapazitäten. Somit würde das Layout an seine Grenzen stoßen und die Wandlung des Fabriklayouts nicht wie prognostiziert möglich sein. Demgegenüber käme es bei einer Überschätzung des zukünftigen Bedarfs zu keiner negativen Auswirkung auf die Realisierbarkeit geplanter Anpassungen des Produktionssystems. Anzumerken ist dabei jedoch, dass eine unverhältnismäßig hohe Bereitstellung von vorgehaltenen Flächen wahrscheinlich nicht profitabel für das Unternehmen ist. Aus den identifizierten Zusammenhängen kann abgeleitet werden, dass die zukünftigen Bedarfsschätzungen zur sicheren Seite hin angenommen werden sollten.

#### Analyse der Universalität

Die Bewertung der Universalität betrachtet die Layoutform. Zur Analyse der Layoutformbewertung (vgl. Metrik 4.7) kann als Eingangswert die Geometrie des Layoutgrundrisses variiert werden. Hierfür wird die Auswirkung von vier verschiedenen Layoutformen auf die Bewertung geprüft, welche sich signifikant in ihrem Grundriss unterscheiden. Dabei wird die Layoutform iterativ verändert, um die erwartete LW zunehmend einzuschränken. Die Gesamtfläche bleibt jedoch konstant. Abbildung 44 visualisiert die Auswertung der Analyse.

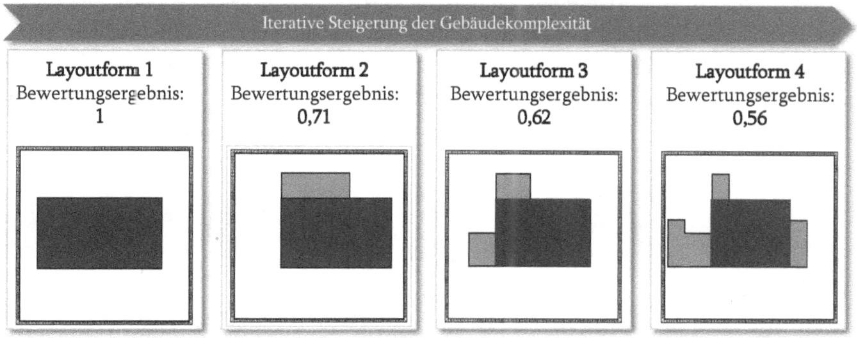


**Abbildung 44: Bewertung der Form des Layoutform**

Es zeigt sich, dass Layoutform 1 bis Layoutform 4 nach der Metrik absteigend in ihrer Güte bewertet werden. Aus den Ergebnissen geht also hervor, dass im Zuge einer zunehmenden Verwinkelung des Grundrisses eine Verschlechterung der tatsächlichen LW zu erwarten ist. Das Ergebnis fällt wie erwartet aus. Eine alternative Möglichkeit zur Bewertung könnte sein, die Layoutform über ihren Umfang zu beurteilen. Hier würde ein möglichst geringer Umfang im Verhältnis zur Gesamtfläche für eine gute Bewertung angestrebt werden. Zudem ist zu beachten, dass die Möglichkeit der Änderung der Layoutform nur in einer Greenfieldplanung oder beim Vorliegen verschiedener Hallenoptionen in der Brownfieldplanung auftritt und in die Bewertung einfließen kann.

**Analyse der Modularität**

Die Modularität bewertet, wie groß der prozentuale Anteil der Gesamtfläche ist, der aus Modulen besteht. Dabei besteht zum einen die Möglichkeit, eine Mindestmodulgröße zu definieren und ganzzahlige Vielfache als weitere Module zuzulassen. Zum anderen können verschiedene Modulgrößen vordefiniert werden. Die möglichen Modulgrößen werden als attributive Daten festgelegt. Diese können für jedes Projekt individuell definiert werden. Die Modulanzahl t stellt einen variablen Eingangswert dar, der Einfluss auf das Ergebnis nimmt, aber nicht betrachtet werden soll. Denn je mehr unterschiedliche Modulgrößen vorhanden sind, desto wahrscheinlicher wird es, die Gesamtfläche deckungsgleich mit Modulen abzubilden. Eine hohe Anzahl an Modulen geht mit einer zunehmenden Individualisierung einher, was im Widerspruch zum Grundgedanken der Modularität steht. Dieser liegt der Gedanke einheitlicher, standardisierter Elemente zugrunde. Aus diesem Grund wird die Variation der Modulanzahl als geeignetes Mittel zur Untersuchung der Sensitivität des Ergebnisses ausgeschlossen. Die Variation der Modulgröße m soll jedoch als Eingangswert analysiert werden. Dafür muss für die Bewertung festgelegt werden, ob Bereiche aus verschiedenen Modulen unterschiedlicher Größen oder Vielfacher bestehen können oder ob diese lediglich als Ganze durch ein Modul abgebildet werden können. In letzterem Fall kann die Definition der Modulgrößen die mögliche modulare Fläche und respektive den Überdeckungsgrad beeinflussen, wie schematisch in Abbildung 45 gezeigt wird.

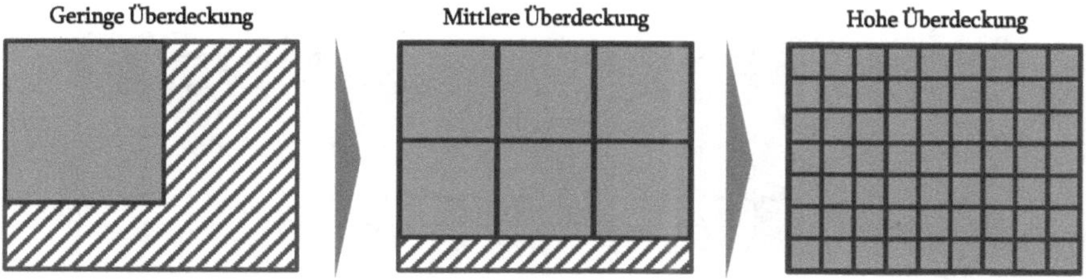


**Abbildung 45: Abdeckungsgrad in Abhängigkeit der Modulgröße**

Da die Überdeckung der Bereiche mit einem Modul gerade für nicht rechteckig geformte Bereiche impraktikabel ist, wird die Analyse für den Fall durchgeführt werden, dass ein Bereich aus mehreren Modulen bestehen kann. Eine Übersicht der in der Analyse verwendeten Modulgrößen der in Tabelle 2 definierten Modulkonfigurationen kann nachfolgend entnommen werden.

**Tabelle 2: Kantenlängen der verschiedenen Modulkonfigurationen**

| Konfiguration | Kantenlänge der Module [m] | | |
|---|---|---|---|
| | $l^*_1$ | $l^*_2$ | $l^*_3$ |
| A | 2 | 4 | 6 |
| B | 3 | 6 | 9 |
| C | 5 | 10 | 15 |
| D | 2 | 3 | 5 |

Dabei kann zum einen die Variation der Modulgrößen durch ein Vielfaches $l^* = \gamma * l$ mit $\gamma \in \mathbb{N}$ der kleinsten Kantenlänge l gebildet werden (vgl. Konfigurationen A, B, C). Zum anderen können die Modulgrößen unabhängig voneinander mit einer Kantenlänge $l^* = \mu * l$ mit $\mu \in (1, \infty)$ definiert werden (vgl. Konfiguration D). Der modulare Aufbau, der sich aus den Konfigurationen Layoutmodularisierungen ergibt, wird zudem durch Abbildung 46 visualisiert. Dafür wurde für alle Konfigurationen dasselbe Grundlayout gewählt und mit den in Tabelle 2 definierten Modulen abgedeckt. Die schraffierten Layoutbereiche stellen Restflächen dar, die nicht durch die definierten Module abgedeckt werden können.

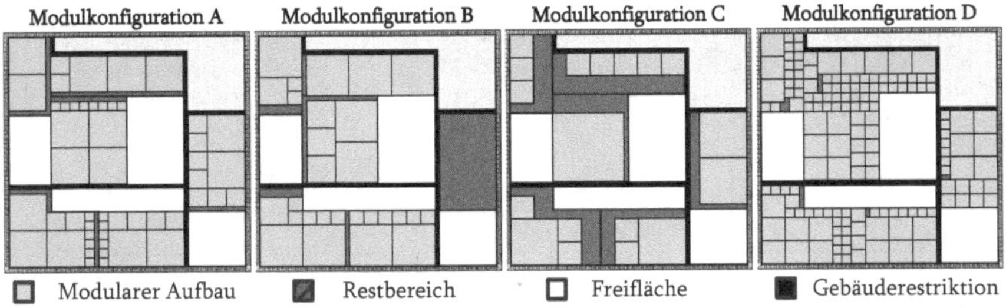


**Abbildung 46: Anwendung von Modulkonfigurationen basierend auf Beispiellayout 3**

Durch die Visualisierung der Wahl der unterschiedlichen Modulgrößen lässt sich feststellen, dass die abgedeckte Fläche je nach Größe der Module unterschiedlich ausfällt. In Anlehnung an die Finite Elemente Methode wird die Hypothese aufgestellt, dass, je mehr und respektive oder kleiner die zu untersuchenden Elemente gewählt werden, ein höherer Überdeckungsgrad erreicht werden kann[305]. Bezogen auf die dargestellten Auswirkungen der Modulkonfiguration ist also davon auszugehen, dass die Modulkonfigurationen mit der kleinsten Kantenlänge (vgl. Konfigurationen A und D) das beste Bewertungsergebnis erzielen. Für die Anwendung der Metrik muss dennoch berücksichtigt werden, dass die Mindestgröße der Module nicht zu klein gewählt werden darf, um die zuvor beschriebene Individualisierung zu vermeiden. Als gängiges Mindestmaß kann gemäß der Experten die Europoolpalette (1,2 x 0,8 Metern) genutzt werden.

Abbildung 47 dient der Visualisierung der Analyseergebnisse. Hier wurden neben dem zuvor visualisierten Beispiellayout 3 (vgl. Abbildung 38) auch die Auswirkungen bei Nutzung der anderen beiden Beispiellayouts aus Abbildung 38 aufgetragen:

[305] Vgl. Rao (2017), The finite element method, S. 3f.

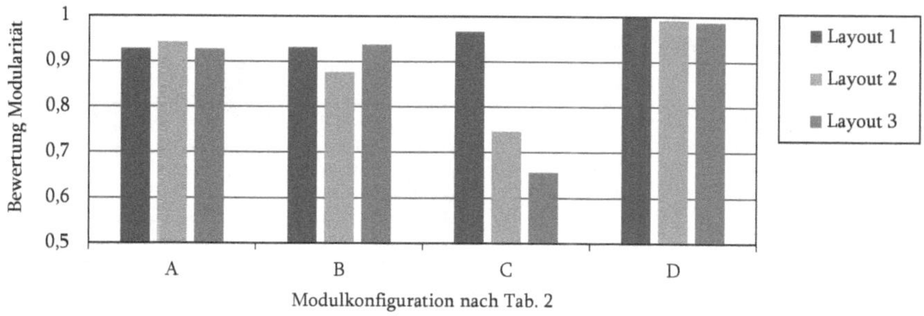


**Abbildung 47: Einfluss der Modulgröße auf das Bewertungsergebnis**

Die Grafik zeigt die Bewertungsergebnisse durch die Modularitätsmetrik (vgl. Metrik 4.7) unter Anwendung der Modulkonfigurationen A bis D, bezogen auf die drei unterschiedlichen LV. Die Auswertung zeigt, dass Konfiguration A zwar bei jedem der drei untersuchten Layouts ein hohes Bewertungsergebnis erhält, dieses jedoch durch die Konfigurationen B und C in Layout 2 und 3 übertroffen wird. Konfiguration D erreicht hingegen bei allen untersuchten Layouts die beste Bewertung, welche sich in allen LV dem Bewertungsoptimum annähert. So kann festgestellt werden, dass die Annahmen der aufgestellten Hypothese nur teilweise bewahrheitet werden. Es zeigt sich zudem, dass die Wahl der kleinsten definierten Kantenlänge Auswirkungen auf die Varianz der Bewertung hat. Je größer die kleinste Kantenlänge der Module gewählt wird, desto höher fällt die Varianz der Bewertung aus. Während das niedrigste und das höchste Bewertungsergebnis von Variante A um lediglich 0,015 Bewertungspunkte differieren, liegt die maximale Abweichung der Variante C bei 0,31 Bewertungspunkten. Für die Definition der Modulgröße im digitalen Zwilling ist daher zu beachten, dass bei einer geringen Kantenlänge der Module unabhängig vom Layout mit einem guten Ergebnis zu rechnen ist. Zudem verliert das Ergebnis an Eindeutigkeit, wenn die Kantenlängen kein Vielfaches voneinander darstellen.

Eine Zusammenfassung der lokalen Sensitivitätsanalyse kann Tabelle 3 entnommen werden:

**Tabelle 3: Zusammenfassung lokale Sensitivitätsanalyse**

| **Teil-kriterium** | **Variierter Wert** | **Ausgangs-wert** | **Kommentar** |
|---|---|---|---|
| Mobilität | Mobilitäts-grade | Wert der Metrik der Mobilitäts-aggregation | • Erhöhung der Mobilitätsgrade im Layout führt nicht zwangsläufig zur Verbesserung der Mobilitätsaggregation<br>• Gleich gute Bewertung für aggregierte Flächen niedriger sowie hoher Mobilität<br>• Bei räumlicher Aggregation der Bereiche desselben Mobilitätsgrads tritt, wie erwartet, das beste Ergebnis ein<br>• Empfehlung zur Ergänzung durch die Mobilitätsgrad-Metrik<br>• Empfehlung zur Zuweisung eines projektspezifischen Mobilitätsgrads für Freiflächen |
| Mobilität | Distanzen Monument zum Rand | Wert der Metrik der Monumente | • Aggregation von Monumenten sollte sich positiv auswirken ➔ wird über die Mobilitätsaggregation erfasst<br>• Summenformel führt zu erwarteten Ergebnissen |
| Kompatibili-tät | Anzahl der Medien-profile | Wert der Metrik der Kompatibili-tätsaggre-gation | • Bei räumlicher Aggregation der Bereiche desselben Profils tritt, wie erwartet, das beste Ergebnis ein<br>• Verbesserung des Werts trotz unterschiedlich vieler Medienprofile nur, wenn diese aggregiert sind<br>• Ergänzung der Metrik durch die Metrik des Kompatibilitätsgrads ist aus beschriebenen Gründen (vgl. Kap. 4) nicht erstrebenswert |
| Kompatibili-tät | Größe der Verbindungs-fläche | Wert der Metrik der Erweiterbar-keit | • Kompatibilitätsaggregation befähigt die Erweiterbarkeit<br>• Für den Fall, dass die neu entstandene Gesamtfläche eines Medienprofils in einem ansteigenden Verhältnis zur Verbindungsfläche steht, nähert sich das Ergebnis einem Optimum von null an<br>• Ab einem Verhältnis zwischen $A_v$ und $A_p^*$ von 1:15 geht eine weitere Erhöhung der LW durch eine noch größere Fläche mit einheitlichem Medienprofil kaum mehr aus der Bewertung hervor<br>• Abdeckung des mathematischen Randbereichs durch Fallunterscheidung notwendig<br>• Bewertung führt zu erwarteten Ergebnissen |

| Teil-kriterium | Variierter Wert | Ausgangs-wert | Kommentar |
|---|---|---|---|
| Skalierbar-keit | Abweichung des Werts des prognos-tizierten zukünftigen Flächen-bedarfs | Abweichung des Skalierbar-keitswerts bei Unter- und Über-schätzung von $A_{Zukunft}$ | • Abweichung verhält sich progressiv<br>• Je höher die Fehleinschätzung ist, desto stärker stellt sich der Unterschied der Bewertung durch Unter- und Überschätzung heraus<br>• Bewertung einer Unterschätzung des Flächenbedarfes wirkt sich stärker als bei Überschätzung aus<br>• Handlungsempfehlung: Prognostizierte Werte zur sicheren Seite hin abschätzen |
| Universa-lität | Veränderung der Layoutform | Wert der Metrik der Layoutform | • Zunehmende Verwinkelung führt zur Verschlechterung des Bewertungsergebnisses<br>• Bewertung führt zu erwarteten Ergebnissen |
| Modularität | Modulgrößen | Wert der Metrik der Modularität | • Je kleiner die kleinste Modulgröße gewählt wird, desto besser ist der Überdeckungsgrad<br>• Empfehlung zur Festlegung des kleinsten Moduls durch realistische Modulgröße wie z. B. Europaletten<br>• Empfehlung zur Festlegung einer Modulgröße und Ermöglichung zur Bildung weiterer Modulgrößen durch ganzzahlige Vielfache |

### 5.3.3 Globale Sensitivitätsanalyse zur Ermittlung des Gesamtzielwertes der Layoutwandlungsfähigkeit

Nach der Analyse der Wirkzusammenhänge und des Zustandekommens der Bewertungsergebnisse der Teilkriterien der LW werden diese nun auch für den aggregierten Gesamtzielwert der LW untersucht. Dafür wird die in Kapitel 5.2.2 vorgestellte Ermittlung der Rangfolge der LV durch die TOPSIS-Methode untersucht. In diese gehen neben den Ergebnissen der bewerteten Teilkriterien die individuell festgelegten Gewichtungen ein. Dabei sind die Gewichtungen der variable Eingangswert, deren Einfluss auf die Änderung des Gesamtzielwertes und somit auf die Rangfolge sowie der damit einhergehenden Empfehlung der besten LV ermittelt werden soll. Für das Untersuchungsdesign wird die Anzahl der zu untersuchenden LV $n$ auf zehn festgelegt, sodass gewährleistet wird, dass jede der acht Bewertungsmetriken mindestens in einer LV dominant vertreten werden kann. Durch die obere Begrenzung von zehn Varianten wird zudem die Übersichtlichkeit sichergestellt, sodass Abweichungen in der Gesamtrangfolge signifikant zum Vorschein kommen.

Für die Festlegung der Gewichtungen wurde keine Methodik angegeben, der gefolgt werden muss. Es soll an dieser Stelle jedoch darauf hingewiesen werden, dass die jeweiligen Methoden selber gewissen Ungenauigkeiten unterliegen und die ermittelte Gewichtung nicht zwingend die intendierte Präferenz der Planenden wiedergibt. Eine gängige und computerunterstützte Möglichkeit die Gewichtungen festzulegen, ist beispielweise der sogenannte Paarweise Vergleich[306]. Bei diesem entscheidet der Planende über die Relevanz der einzelnen Teilkriterien. Dabei werden in einer Matrix die Teilkriterien der vertikalen Achse den Teilkriterien der horizontalen Achse gegenübergestellt. Der Wert eins ordnet dem Teilkriterium der vertikalen Achse eine höhere Signifikanz zu, wohingegen der Wert null für eine geringere Wichtigkeit des Teilkriteriums im Projekt steht. Aus der Summe der Matrixeinträge und deren prozentualem Anteil an der Gesamtsumme lässt sich die Gewichtung $g_j$ des jeweiligen Teilkriteriums bestimmen. Obwohl es sich beim Paarweisen Vergleich um eine systematische Vorgehensweise handelt, können durch die zuvor genannten und durch weitere Gründe Abweichungen auftreten. So ist bei dieser Methode lediglich ein absoluter Vergleich zwischen den Teilkriterien möglich und eine feingliedrigere Abwägung zwischen zwei Teilkriterien ausgeschlossen. Generell unterliegt die Gewichtung keiner absoluten Objektivität. Dies muss auch für andere Gewichtungsmethoden beachtet werden. Umso interessanter ist jedoch die Analyse der Stärke des Einflusses einer, von der eigentlichen Präferenz abweichenden, Gewichtung auf das Gesamtergebnis der Bewertung.

Methodisch wird bei der Durchführung der globalen Sensitivitätsanalyse LI ET AL. gefolgt.[307] Nach dieser besteht der Bedarf, die Gewichtung $g_k$ eines Teilkriteriums k auf Grund eines externen Einflusses anzupassen, wie beispielsweise wegen einer Fehleinschätzung oder geänderten Rahmenbedingungen. So kommt die initiale Anpassung der Gewichtung $g_k^*$ durch die Einführung des Faktors $\gamma_k > 0$ zustande (vgl. Gleichung 5.8):

$$g_k^* = \gamma_k * g_k \tag{5.8}$$

mit

$g_k^*$: Initiale Änderung der Gewichtung k

$\gamma_k$: Initialer Änderungsfaktor der Gewichtung k

$g_k$: Ursprüngliche Gewichtung k

Es ist die notwendige Bedingung vorausgesetzt, dass die Summe aller Gewichtungen den Wert eins ergibt. Diese ist allerdings vorerst nach der initialen Anpassung der Gewichtung $g_k^*$ nicht mehr erfüllt, sodass für die Summe der Gewichtungen (vgl. Gleichung 5.9) gilt:

306 Vgl. Burggräf et al. (2021), Uncovering the evaluation of changeability, S. 296

307 Vgl. Li et al. (2013), Sensitivity analysis of TOPSIS

$$\sum_{j=1}^{n} g_j = g_1 + g_2 + \cdots + g_k^* + \cdots + g_n \neq 1 \tag{5.9}$$

mit

$g_j$: Geänderte Gewichtung k

Da die notwendige Bedingung der geforderten Summe von eins gelten muss, muss die Anpassung einer Gewichtung $g_k^*$ zwingend Einfluss auf die Gewichtungen der übrigen Teilkriterien nehmen. So werden die Gewichtungen in einheitlich geänderte Gewichtungen transformiert. Die sich so ergebenden einheitlichen geänderten Gewichtungen $g_j'$ lassen sich durch die nachfolgenden Gleichung 5.10 berechnen:

$$g_j' = \begin{cases} g_1' = \dfrac{g_1}{g_1 + g_2 + \cdots + g_k^* + \cdots + g_n} = \dfrac{g_1}{1 + (\gamma_k - 1)g_k} \\ g_2' = \dfrac{g_2}{g_1 + g_2 + \cdots + g_k^* + \cdots + g_n} = \dfrac{g_2}{1 + (\gamma_k - 1)g_k} \\ \vdots \\ g_k' = \dfrac{g_k^*}{g_1 + g_2 + \cdots + g_k^* + \cdots + g_n} = \dfrac{\gamma_k g_k}{1 + (\gamma_k - 1)g_k} \\ \vdots \\ g_n' = \dfrac{g_n}{g_1 + g_2 + \cdots + g_k^* + \cdots + g_n} = \dfrac{g_n}{1 + (\gamma_k - 1)g_k} \end{cases} \tag{5.10}$$

mit

$g_k^*$: Initiale Änderung der Gewichtung k

$g_i'$: Einheitlich geänderte Gewichtungen

$\gamma_k$: Initialer Änderungsfaktor der Gewichtung k

$g_k$: Ursprüngliche Gewichtung k

Das Verhältnis zwischen dem ursprünglichen ($g_k$) und dem aktuellen Zustand ($g_k'$) der einheitlichen Gewichtungen wird durch den Faktor $\beta_k$ (vgl. Gleichung 5.11) beschrieben:

$$\beta_k = \frac{g_k'}{g_k} \tag{5.11}$$

$g_k'$: Einheitliche Änderung der Gewichtung k

$\beta_k$: Einheitlicher Änderungsfaktor der Gewichtung k

Der Definitionsbereich der geänderten einheitlichen Gewichtung $g'_k$ liegt im Intervall [0,1]. Dabei gilt jedoch (vgl. Gleichung 5.12):

$$\beta_k * g_k^{max} \leq 1 \qquad (5.12)$$

mit

$g_k^{max}$: Höchste Gewichtung k

Um die Variation der Gewichtung eines Teilkriteriums k zu analysieren, werden vierzehn verschiedene Fälle mit der Änderung des Faktors $\beta_k$ definiert (vgl. Gleichung 5.13). Diese decken den gesamten Variationsspielraum ab, indem die Gewichtung des anzupassenden Teilkriteriums k sowohl erhöht als auch verringert wird. Zur präzisen Untersuchung der Änderungen wurden regelmäßige Abstufungen vorgenommen:

$$\beta_k = \{0{,}01;\ 0{,}02;\ 0{,}05;\ 0{,}1;\ 0{,}2;\ 0{,}5;\ 1;\ 1{,}5;\ 2;\ 2{,}5;\ 3;\ 3{,}5;\ 4;\ 4{,}5\} \qquad (5.13)$$

mit

$\beta_k$: Einheitlicher Änderungsfaktor der Gewichtung k

Für jeden dieser Werte wird anschließend der, die Effizienz ausdrückende, Gesamtzielwert der LV unter Berücksichtigung der geänderten Gewichtung berechnet. Die Analyse der Gewichtungsänderungen wird für jedes der acht Teilkriterien der LW durchgeführt und die Auswirkungen auf mögliche, sich ergebende Änderungen der Rangfolge der LV betrachtet.

**Analyse der Auswirkungen der Gewichtungsänderungen**

Die Auswertung wird exemplarisch an den Auswirkungen durch die Änderung der Gewichtung der Skalierbarkeit mittels der Werte aus Gleichung 4.6 auf das Verhalten der zehn LV präsentiert. In Abbildung 48 ist die Variation der Skalierbarkeitsgewichtung über den Gesamtzielwert jeder LV aufgetragen. Die Ermittlung der Gesamtzielwerte erfolgt gemäß des in Kapitel 5.2.2 vorgestellten Vorgehens. Die Änderung der Rangfolge der LV kann abhängig des jeweiligen Gewichtungswertes gemäß der Pfeilrichtung abgelesen werden. So steht ein hoher Gesamtzielwert für eine gute Bewertung der LV.

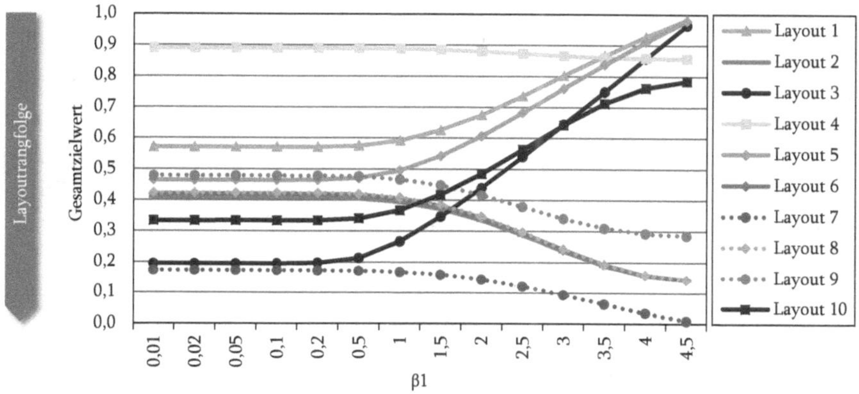


**Abbildung 48: Einfluss der Skalierbarkeitsgewichtung**

Für die Interpretation der Ergebnisse ist zu beachten, dass die Rangfolge für den Wert $\beta_1 = 1$ den unveränderten Zustand darstellt, da keine Änderung der Gewichtung vorliegt. Dahingegen bewirkt der Fall $\beta_1 > 1$ die Steigerung der Gewichtung, wohingegen der Fall $\beta_1 < 1$ eine Verringerung herbeiführt. Es wird deutlich, dass die Gesamtzielwerte der LV bei einer Steigerung der Skalierbarkeitsgewichtung eine starke Reaktion zeigen. Dabei fällt die Auswirkung der Gewichtungsänderung für jede LV unterschiedlich aus. Für die LV 1, 3, 5 und 10 erhöht sich der Zielwert. Die Verbesserung der Gesamtbewertung dieser LV im Vergleich zum ursprünglichen Zustand fällt deutlich aus. Die LV 2, 7, 8 und 9 hingegen weisen einen Abwärtstrend der Gesamtzielwerte auf. Es kann festgestellt werden, dass sich neben den divergierenden Trendrichtungen die Intensität der Reaktionen unterschiedlich auf die Änderung der Gewichtung auswirkt. LV 3 zeigt die stärkste positive Reaktion auf die Steigerung der Skalierbarkeitsgewichtung. Dabei verbessert sich das Gesamtergebnis der LW-Bewertung vom zweitschlechtesten Wert auf den drittbesten Wert. Im Gegensatz dazu fällt die Reaktion der LV 4 mit einer Verringerung um 0,03 sehr gering aus. Aus der Analyse geht hervor, dass die Änderung der Gewichtung eines Teilkriteriums einen erheblichen Einfluss auf die Rangfolge und somit der Empfehlung der besten LV haben kann. Ein solcher Wechsel der Rangfolge tritt auf, wenn sich der Gesamtzielwert einer LV im Vergleich zu den anderen über- oder unterproportional ändert. Im Falle der Skalierbarkeit kommt es bereits ab dem Fall $\beta_1 = 1{,}5$ zu einer Änderung innerhalb der Rangfolge, durch die LV 10 in der LW-Bewertung gegenüber LV 8, 2 und 6 bessergestellt wird.

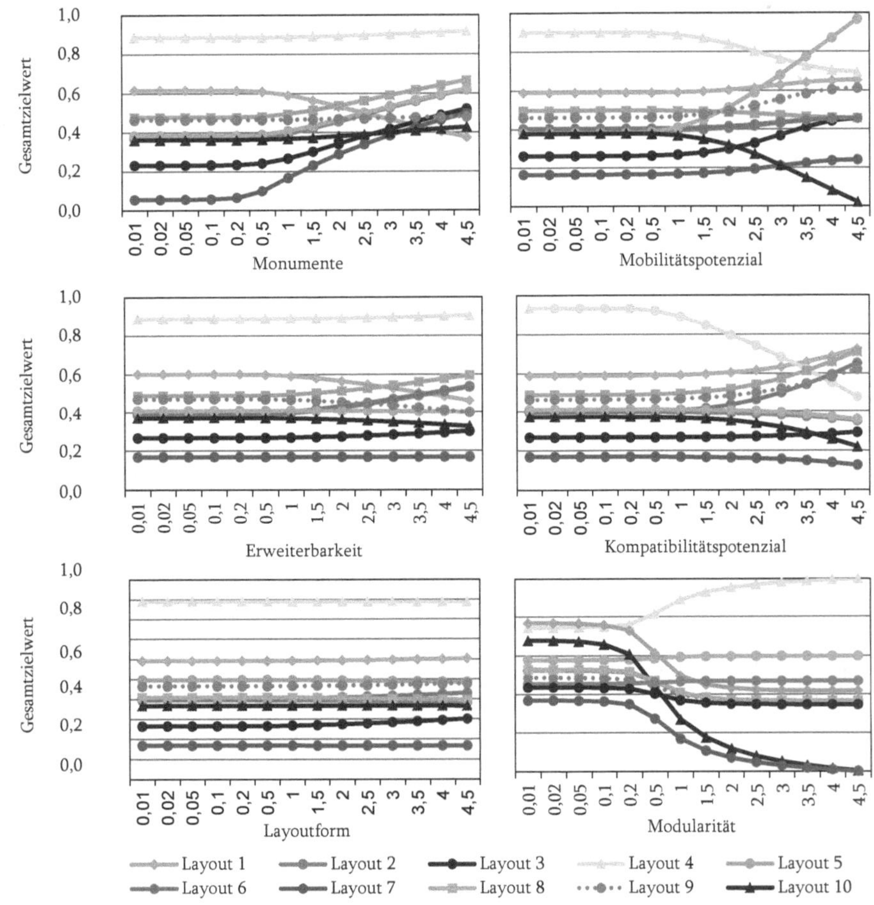


**Abbildung 49: Einfluss der Gewichtungsänderungen auf die Layoutrangfolge**

Abbildung 49 stellt die Reaktion der Änderung der Gewichtungen weiterer Teilkriterien auf den Gesamtzielwert der LW und der Rangfolge der LV dar. Die Betrachtung zeigt, dass sich die Rangfolge nicht in allen Fällen verändert. Die Intensität der Reaktion auf die Gewichtungsvariation fällt für die verschiedenen Teilkriterien unterschiedlich extrem aus. Es kann abgeleitet werden, dass das Reaktionsausmaß als auch die Reaktionsrichtung von der jeweiligen LV und der Stärke der Gewichtung abhängen. Zudem ist festzustellen, dass das kritische Gewichtungsmaß, ab dem eine Änderung der Rangfolge eintritt, individuell von dem jeweiligen Teilkriterium abhängig ist. So zeigt die Variation der Gewichtung der Monumente ab $\beta_2 = 2$ eine Änderung innerhalb der Rangfolge. Dahingegen bewirkt die Variation der Gewichtungen der Layoutform kaum eine Änderung des Gesamtergebnisses, was auf eine gleichbleibende Layoutform aller LV hindeutet. Insgesamt sind die Ergebnisse der Bewertungsmetriken der Teilkriterien neben den Gewichtungen die Grundlage für die Reaktion sowie das Ausmaß der Sensitivität auf die Änderung einer Gewichtung für jede LV. So zeigt sich, dass, wenn die Gewichtung eines Teilkriteriums erhöht wird, zwei unterschiedliche Reaktionen eintreten können. Wenn das Bewertungsergebnis des entsprechenden Teilkriteriums über dem Durchschnitt der normierten Bewertungsergebnisse der LV liegt, verbessert sich der Gesamtzielwert. Für den Fall, dass das Bewertungsergebnis kleiner als der normierte Durschnitt ausfällt, verringert sich dieser.

Es lässt sich schlussfolgern, dass LV mit stark variierenden Gesamtzielwertausprägungen der LW besonders sensibel auf die Änderung der Gewichtungen reagieren. Dies ist der Fall, wenn ein Layout besonders gut oder schlecht hinsichtlich der Teilkriterien der LW abschneidet. Daraus resultierend ist bei diesen LV mit einem Wechsel in der Rangfolge zu rechnen, wenn eine Änderung der Gewichtungen erfolgt. Hingegen ist davon auszugehen, dass die LV, die insgesamt sehr ausgeglichen alle Teilaspekte der LW bedienen und ein hohes Maß dieser besitzen, unabhängig von der Gewichtung einen hohen Gesamtzielwert erreichen. Beim Vorliegen solcher LV ist mit dem Vorhandensein einer absolut dominanten LV zu rechnen. Dies bedeutet, dass eine LV innerhalb des Datensatzes in allen Teilkriterien den übrigen Varianten überlegen ist. Folglich ist damit zu rechnen, dass eine Änderung der Gewichtungen nur geringe Auswirkung auf die beste Bewertung und keine Auswirkungen auf die Änderung der Rangfolge der absolut dominanten LV hat. Eine Zusammenfassung der globalen Sensitivitätsanalyse zeigt Tabelle 4:

**Tabelle 4: Zusammenfassung der globalen Sensitivitätsanalyse**

| Variierter Wert | Ausgangswert | Kommentar |
|---|---|---|
| Gewichtung der Teilkriterien | Rangfolge der Layoutvarianten | • Rangfolge verändert sich nicht in allen Fällen<br>• Intensität der Reaktion auf Gewichtungsänderungen fällt für die verschiedenen Teilkriterien unterschiedlich stark aus<br>• Reaktionsausmaß als auch die Reaktionsrichtung hängen von der jeweiligen LV und der Stärke der Gewichtung ab<br>• Kritischer Änderungspunkt ab dem Änderung der Rangfolge eintritt, für jedes Teilkriterium und jede Konstellation individuell<br>• LV mit stark variierenden Gesamtzielwertausprägungen der LW reagieren besonders sensibel auf die Änderung der Gewichtungen<br>• Wenn eine LV dominant ist, kommt es zu keiner Änderung der Rangfolge |

## 5.4 Implementierung der automatisierten Bewertung der Layoutwandlungsfähigkeit

Zur abschließenden Demonstration der automatisierten LW-Bewertung wird eine Implementierung der Metriken in ein GD-System vorgenommen. Wie bereits in Kapitel 3 beschrieben, findet die Bewertung im Rahmen der Layoutoptimierung durch einen genetischen Algorithmus (NSGA-II) statt. Dazu wurde als Modellierungsumgebung die Software Autodesk Revit in Verbindung mit Dynamo gewählt. Bei Revit handelt es sich um eine parametergestützte BIM-Software.[308] Das im Folgenden beschriebene Modell wurde auf einem MacBook Pro mit einem Intel Core i5-5257U CPU @ 2,70Ghz und 8 GB RAM erstellt und optimiert. Als Betriebssystem wurde Windows 10 Pro N installiert. Weitergehend wurden Revit 2021.1.2, Dynamo Revit 2.6.1.8850 und Generative Design Version 21.11.1.0 verwendet. Zur Umsetzung wird eine Brownfield-Fallstudie erstellt, die die LW-Metriken implementiert und die Anwendbarkeit des Bewertungsvorgehens mit einem GD-System demonstriert. Um einen möglichst realistischen Planungsfall darzustellen, wird die Materialflusseffizienz als weiteres Optimierungskriterium einbezogen. In dem Planungsfall sollen sechs Bereiche in einem Layout eines Bestandsgebäudes so platziert werden, dass eine hohe LW unter Beibehaltung eines effizienten Materialflusses erreicht wird. Dafür wird in Kapitel 5.4.1 auf die Erstellung des Planungsraums eingegangen, der der Erzeugung der LV dient. In Kapitel 5.4.2 wird die Implementierung der Metriken beschrieben. Um die Nutzbarkeit in einem alltagstauglichen Planungsfall zu demonstrieren, wird in Kapitel 5.4.3 zuerst eine

[308] Vgl. Kensek (2015), Visual Programming for BIM, S. 36

multikriterielle Optimierung und Auswertung gezeigt. Diese gibt Layouts aus, in denen alle Zielkriterien mit einer gleichen Gewichtung in die Optimierung eingeflossen sind. Anschließend wird eine weitere Optimierung und Auswertung gezeigt, die aber für jedes implementierte Teilkriterium einzeln durchgeführt wird. D. h. alle weiteren Teilkriterien werden nicht beachtet und erhalten den Gewichtungswert von null. Mit diesen Einzelkriterienbetrachtungen soll die aus den Experteninterviews abgeleitete Funktionsweise der Metriken gezeigt werden.

### 5.4.1 Erstellung des parametrischen Generative Design Planungsraums

Hierzu wird zunächst der Planungsraum mittels visueller Programmierung erstellt und durch die Implementierung von Metriken auswertbar gemacht. Dafür wird ein digitaler Zwilling eines Fabrikgebäudes in Revit erstellt, auf welches das in Dynamo erstellte parametrische Modell zugreift. Abbildung 50 zeigt das initiale Modell.

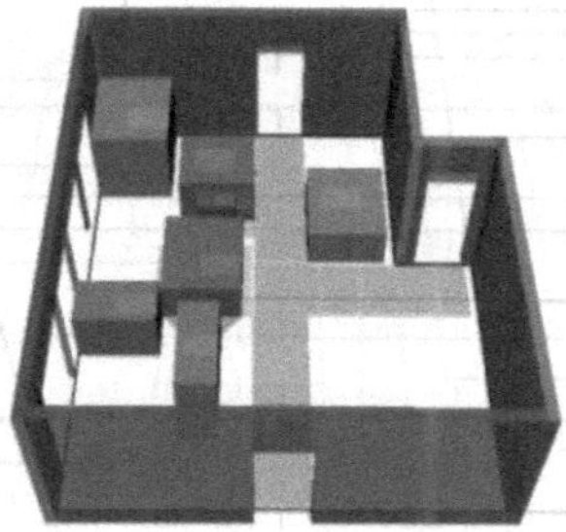

**Abbildung 50: Aufbau des Planungsraums**

Zudem werden von der Software Generative Design im Rahmen der Optimierung im Modell gekennzeichnete Input-Schnittstellen verwendet, welche programmseitig LV erstellen. Die Schnittstellen Position und Rotation bestimmen das Layout und lassen den GD Algorithmus das Modell in der Optimierung manipulieren. Um sich den gegebenen Leistungsmöglichkeiten des oben beschriebenen Computers anzupassen und so eine akzeptable Rechenzeit zu erreichen, wird von einer Variation der Bereichsgrößen vorerst abgesehen. Zudem werden weitere Einstellungen durch den Benutzer vorgenommen. Diese bestimmen, ob die Zielwerte des Modells im Zuge der Optimierung minimiert oder maximiert werden sollen. Parallel hierzu wird der digitale Zwilling mit den für die Auswertung der Metriken benötigten attributiven Daten über den Import einer Excel Datei gespeist.

### 5.4.2 Implementierung der Metriken in das Generative Design System

Die Implementierung der Ziele findet auf Basis der zuvor vorgestellten Metriken statt. So werden die Teilkriterien der LW Mobilitätsaggregation, Kompatibilitätsaggregation, Skalierbarkeit, Monument und Erweiterbarkeit implementiert. Diese werden durch die Zielkriterien der Materialflusseffizienz Transportaufkommen (B1)[309], Kreuzungen (B2a), Gradlinigkeit (B2b)[310] (vgl. Anhang Ai) ergänzt, um eine in der Planung unumgängliche Abwägung zwischen zwei wichtigen Zielkriterien zu berücksichtigen. Darüber hinaus wird die Restriktion, dass Bereiche nur dort platziert werden, wo die Bodentraglast ausreichend ist, durch die Hilfsmetrik Bodentraglast (R1) berücksichtigt. Diese prüft die Übereinstimmung von Bereichs- und Gebäudeeigenschaften und führt bei Nichtübereinstimmung zu höheren Investitionskosten. Zudem wird zur Gewährleistung der Einhaltung notwendiger Restriktionen der Zielwert der Anzahl an Überschneidungen eingeführt. Dieser gibt die Anzahl der Überschneidungen von Bereichen mit anderen Bereichen, Begrenzungen der Planungsfläche und sonstigen Hindernissen wieder. Die Metriken Mobilitätsgrad und Modularität werden nicht implementiert, da für einen ersten Aufbau eines GD-Systems die Komplexität möglichst gering gehalten werden soll. Daher wird die Variation der Bereichsgrößen vorerst nicht ermöglicht. Dies führt dazu, dass die Metriken keine Aussagekraft haben.

Die Bewertung des Zielwertes Mobilitätsaggregation wird durch die Addition der jeweils größten Flächen, die durch angrenzende Bereiche mit einem einheitlichen Mobilitätsgrad gebildet werden, implementiert. Dieser Wert wird in einem weiteren Schritt durch die Gesamtfläche, die durch alle platzierten Bereiche gebildet wird, dividiert. Um zu bestimmen, bei welchen Bereichen es sich um angrenzende handelt, werden die Einheiten zunächst in Gruppen, abhängig von ihrem Attributwert, eingeteilt. Als angrenzend gelten hierbei Bereiche, die zu mindestens einem Bereich der Gruppe einen Abstand geringer als eine Längeneinheit aufweisen. So wird zwischen jeweils zwei Bereichen derselben Gruppe der Abstand bestimmt. Mittels des folgenden, auf die Werte der Fallstudie angepassten, Python Skripts wird abschließend die Auswertung vorgenommen:

[309] Vgl. Warnecke et al. (1981), Layoutplanung, S. 3

[310] Vgl. Wäscher (1982), Ziele und Restriktionen, S. 66f.

```
Distanzen = IN[0]
disMatrix = IN[1]
Flaechen = IN[2]
Attribute = IN[3]
attributGruppen = [[], [], []]
i = 0
# sortiert Einheiten in Gruppen abhängig nach Attributwert
for d in Attribute:
    attributGruppen[int(d - 1)].append(i)
    i += 1
# erstellt Gruppen der Distanzpaare, die einen Abstand ge-
ringer als 1 haben.
c = 0
level = 0
gruppenMatrix = [[], [], []]
for m in disMatrix:
    for i in m:
        if 0 <= Distanzen[c] < 1:
            gruppenMatrix[level].append(i)
        c += 1
    level += 1
# erstellt Diktionär, in dem jeder Einheit die Einheiten
zuweist, die einen Abstand kleiner 1 haben
d = {}
for lst in gruppenMatrix:
    for lst2 in lst:
        d.setdefault(lst2[0], []).extend(lst2)
# entfernt duplikate aus Diktionär
for key in d:
    d[key] = list(set(d[key]))
# fügt den Einheiten im Diktionär die Einheiten hinzu, die
angrenzenden Einheiten angrenzend sind
for key in d:
    for key2 in d:
        if key != key2 and key in d[key2]:
            d.setdefault(key, []).extend(d[key2])
# entfernt Duplikate aus Diktionär
for key in d:
    d[key] = list(set(d[key]))
# tauscht im Diktionär die Einheiten Namen durch deren Flä-
chen aus und summiert diese
for key in d:
    zs = []
```

```
    for Einheit in d[key]:
        zs.append(Flaechen[Einheit])
    summe = 0
    for fl in zs:
        summe += fl
    d[key] = summe
# sucht die größte zusammenhängende Fläche jedes Mobilitäts-
grades heraus und fügt sie in die Liste flaechen ein
flaechen = []
for g in attributGruppen:
    groessteFlaeche = 0
    for i in g:
        if d[i] > groessteFlaeche:
            groessteFlaeche = d[i]
    flaechen.append(groessteFlaeche)
# summiert die größten zusammenhängenden Flächen
Ag = 0
for i in flaechen:
    Ag += i
# summiert alle Flächen
Ages = 0
for i in flaechen:
    Ages += i
OUT = Ag/Ages
```

Zum besseren Verständnis wird das Vorgehen der Mobilitätsaggregationsbewertung in Abbildung 51 anhand eines Beispiels dargestellt und erläutert. So werden in einem ersten Schritt alle Einheiten, ihrem Attributwert folgend, in Gruppen aufgeteilt. Damit wird ein Diktionär erstellt, in dem jeder Gruppe die Bereiche desselben Attributwertes zugewiesen werden, die einen Abstand kleiner einer LE zu ihr aufweisen. Diktionäre können als eine Sammlung von Daten definiert werden, die sich auf andere Daten referenzieren[311], in diesem Fall auf die Daten des digitalen Zwillings. In einem weiteren Schritt wird nun die Liste angrenzender Bereiche um die an diesen Bereich angrenzenden Bereiche erweitert. Somit weist das Diktionär jedem Bereich all jene Bereiche zu, die einen Attributwert teilen und sich in einer Gruppe angrenzender Bereiche befinden. Anschließend wird die Gesamtfläche jeder dieser Gruppen ermittelt.

[311] Vgl. Autodesk (2019), Dictionaries in Dynamo

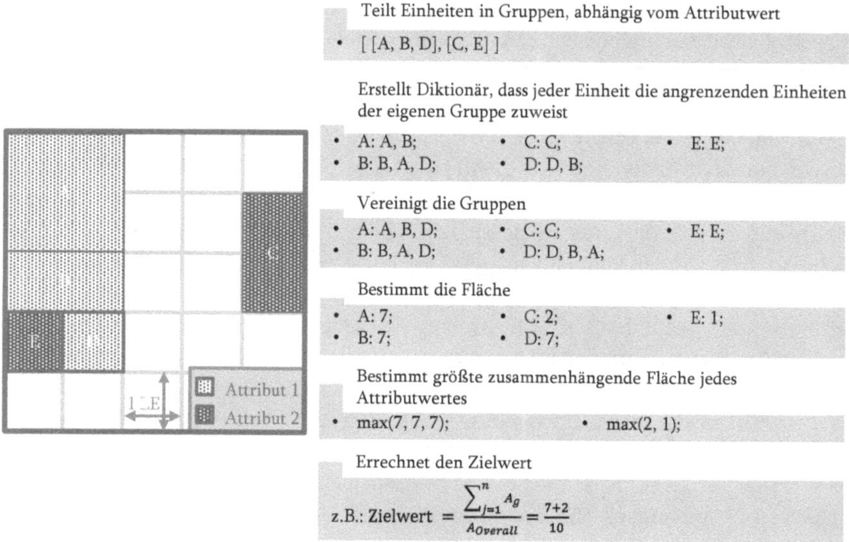


**Abbildung 51: Vorgehen zur Bewertung der Mobilitätsaggregation**

Im Folgenden wird die größte aggregierte Fläche je Attributwert bestimmt und dieser Wert zur Errechnung des Zielwertes herangezogen. Abbildung 52 (vgl. Anhang Aii) zeigt die Auswertung der Metrik, umgesetzt durch die visuelle Programmierung.

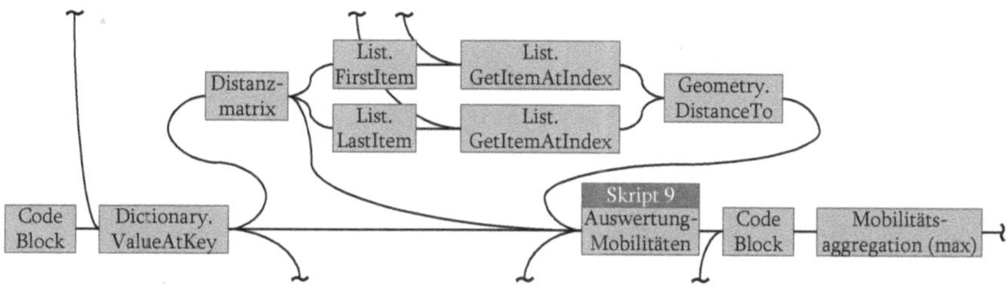


**Abbildung 52: Implementierung der Mobilitätsaggregationsbewertung - Dynamograph**

Die Metrik für die Kompatibilitätsaggregation wird analog zur Mobilitätsaggregation, auf Basis der entsprechenden attributiven Daten, implementiert (vgl. Anhang Aii).

Die Bewertung der Skalierbarkeit wird implementiert, indem im Falle einer prognostizierten Erweiterung eines Bereichs die Fläche von diesem, mit der zukünftig prognostizierten Wachstumsfläche und zusätzlichen freien Flächen des Planungsraums, addiert wird. Dieser Wert wird durch die prognostizierte Fläche der Einheit in Relation gesetzt. Im Falle einer prognostizierten Bereichsreduzierung wird der Kehrwert hiervon genommen. Aus den Ergebnissen für jeden Bereich wird folgend der Durchschnitt errechnet. Dabei werden in die Auswertung der Metrik lediglich zukünftige Flächenbedarfe einbezogen, die unter Berücksichtigung der Überschneidungsfreiheit aller Bereiche platziert werden können. Um eine Überbewertung der Metrik Skalierbarkeit zu vermeiden, wird bei der Implementierung der anderen Metriken nur auf die Fläche $A_{Ist}$ referenziert. Abbildung 53 (vgl. Anhang Aii) zeigt den so umgesetzten, der Auswertung der Metrik dienenden, Dynamograph. Dabei werden die Bereiche über eine Kante mit dem Knoten Surface.Area verbunden. Daraufhin werden aus den hinterlegten attributiven Daten die Informationen der Bereiche über Fläche sowie über die wahrscheinlich benötigte zukünftige Fläche entnommen. Diese Informationen sowie der Wert der verbleibenden freien Fläche werden in einem Python Skript (vgl. Anhang Aiii, Skript 7) zusammengeführt und zum Zielwert der Skalierbarkeitsbewertung verrechnet. Dieser wird ausgegeben und durch den Knoten Code Block über die bereits erwähnte lineare Beziehung mit der Anzahl Überschneidungen verrechnet. Daraus ergibt sich der für die Optimierung verwendete endgültige Zielwert.

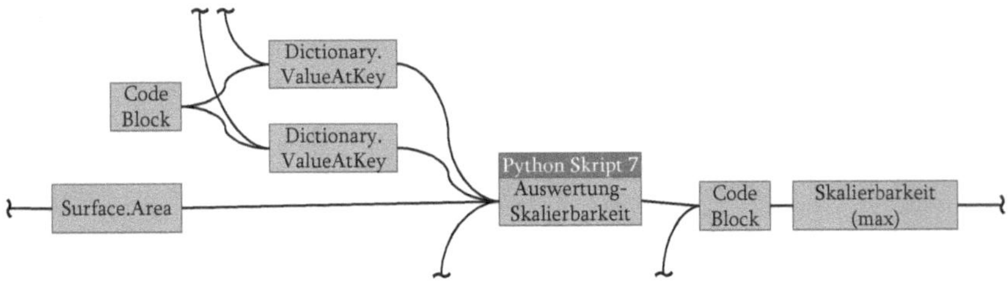


**Abbildung 53: Implementierung der Skalierbarkeitsbewertung - Dynamograph**

Die Umsetzung der Bewertung der Monumente wird über den Dynamographen in Abbildung 54 (vgl. Anhang Aii) gezeigt. Hierbei wird zuerst der Attributwert Monument aus dem Diktionär ausgelesen. Anschließend wird über ein Python Skript (vgl. Anhang Aiii, Skript 10) eine Liste ausgegeben, die die Indizes der Bereiche enthält, welche als Monument deklariert sind. Aus der Liste aller platzierten Bereiche werden nun die Bereiche der entsprechend als Monumente gekennzeichneten Indizes entnommen.

Abschließend wird zwischen der Monumentkante und der Umrisslinie der Planungsfläche der geringste Abstand bestimmt. Alle Abstände werden aufsummiert, mit der Anzahl Überschneidungen verrechnet und der Zielwert ausgegeben. Durch die Implementierung ist ein Zielwert von null nicht ohne die Verletzungen der Restriktion „keine Überschneidungen" erreichbar, da das Model nicht zwischen Berührungen und Überschneidungen von Einheiten untereinander oder der Wand unterscheidet. Deshalb stellt die beste Bewertung eine Annäherung an den Wert null dar.

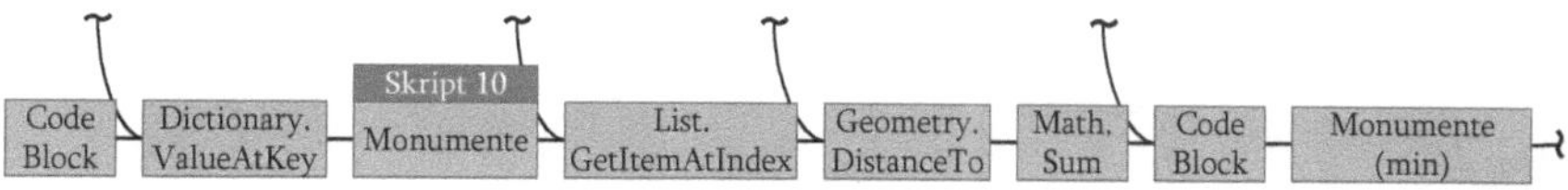


**Abbildung 54: Implementierung der Monumentbewertung - Dynamograph**

Für die Implementierung und Auswertung der Erweiterbarkeit wird der Zielwert der Metrik im Rahmen der Optimierung maximiert. Die Implementierung wird so vorgenommen, dass die Bewertung mehrerer Verbindungselemente in einem Layout ermöglicht wird. So weist der Zielwert einen besseren Wert für die Erweiterbarkeit auf, falls überhaupt eine Erweiterung zwischen Bereichen möglich ist. Weiter verbessert sich äquivalent der Zielwert, falls das Verbindungselement zwischen den zu verbindenden Bereichen möglichst klein ist. Für die Implementierung der Metrik ist zunächst die Erstellung der Verbindungselemente notwendig. Hierzu werden in einem ersten Schritt die Bereiche nach ihrem zugeordneten Medien-Attributwert eingeteilt. Anschließend werden Paare aus Bereichen desselben Attributwertes gebildet. Für jeden Bereich eines Paares werden jeweils die zwei Eckpunkte bestimmt, die den geringsten Abstand zum anderen Bereich aufweisen. Zwischen diesen vier so bestimmten Eckpunkten wird nun eine Verbindungsfläche aufgespannt. Anschließend wird überprüft, ob sich diese Fläche mit irgendeinem Bereich oder einem Hindernis überschneidet. Ist dies der Fall, wird diese Fläche verworfen. Anderenfalls wird die Verbindungsfläche sowie die der angrenzenden Bereiche zur Berechnung der Metriken verwendet. Abbildung 55 (vgl. Anhang Aii) zeigt die Auswertung der Erweiterbarkeitsmetrik in der visuellen Programmierumgebung Dynamo und die zugehörigen Python Skripte (vgl. Anhang Aiii, Skripte 13-16).

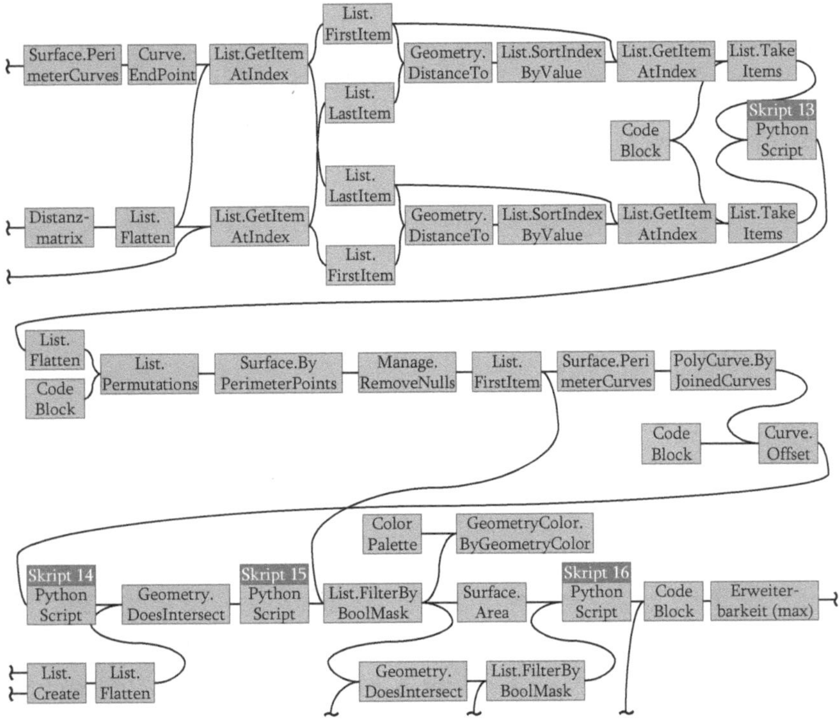


**Abbildung 55: Implementierung der Erweiterbarkeitsbewertung - Dynamograph**

In der Optimierung wird eine Maximierung des Zielwertes Erweiterbarkeit angestrebt. Dieser geht nach Definitionsbereich gegen unendlich. Dies ist im Rahmen dieses Modells jedoch nicht möglich, da die Bereiche sich zur Erfüllung der Layoutrestriktionen nicht berühren dürfen. Zudem werden die Einheiten auf der Planungsfläche über diskrete und nicht kontinuierliche Koordinaten positioniert.

### 5.4.3 Auswertung der Layoutoptimierung

Die auf den vorherigen Beschreibungen bestehende multikriterielle Optimierung wurde mit einer Population von 20 und auf 150 Generationen begrenzt durchgeführt. Die Problemstellung weist eine Berechnungskomplexität von $O(10 * 20^2)$ auf. Diese setzt sich aus der Anzahl der berücksichtigten Ziele (zehn) und der Anzahl der Populationsgröße (zwanzig) zusammen.[312] Die Berechnung einer LV dauerte im Schnitt 11,84 Sekunden. Um den Fortgang der Optimierung zu beschleunigen, wurden mehrere Auswertungen parallel durchgeführt. So ergab sich für die gesamte Optimierung eine Dauer von 21 Stunden und 30 Minuten.

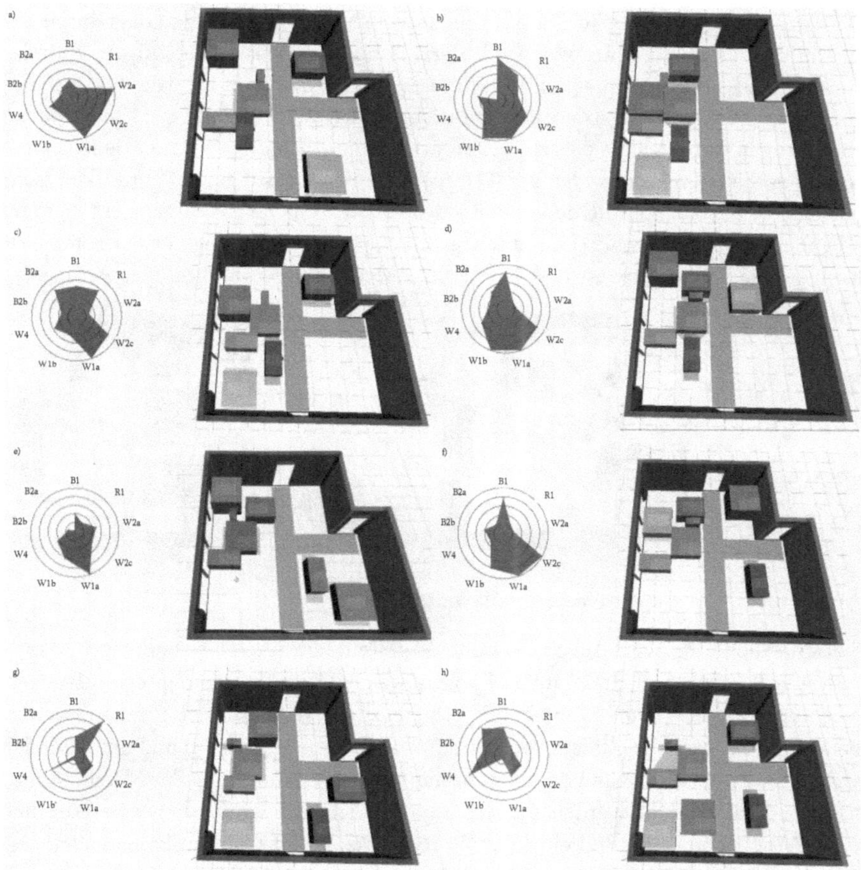


**Abbildung 56: Auswahl an ausgewerteten LV nach Optimierung**

[312] Vgl. Deb et al. (2002), A fast and elitist multiobjective genetic algorithm: NSGA-II, S. 182

Abbildung 56 zeigt eine Auswahl der durch die Optimierung gewonnenen LV. Die neben den LV dargestellten Netzdiagramme dienen der direkten Visualisierung der Stärken und Schwächen der jeweiligen LV. Eine große Fläche des Netzdiagramms zeigt dabei an, dass die LV hinsichtlich verschiedener Teilkriterien gut bewertet wurde. Dabei fallen die Bewertungen unterschiedlich gut aus hinsichtlich der Teilkriterien.

Die Umsetzung der Metriken in das Generative Design System zeigt, dass durch das Zusammenwirken verschiedener Teilkriterien und somit teils gegenläufigen Optimierungsrichtungen unterschiedlichste LV entstehen. Zu beachten ist, dass die Optimierung über weitere Generationen hätte durchgeführt werden können. Es kann davon ausgegangen werden, dass dies zu weiteroptimierten LV führen würde. Die Ergebnismenge enthält gemäß der Idee des GD, nicht intuitive Lösungen zu entdecken, sehr verschiedene LV. Unter diesen können jedoch auch ähnliche LV ausgemacht werden. So ähneln sich die Layouts (b) und (c) verstärkt in der Anordnung der Bereiche. Dies kann auf die Funktionsweise des Genetischen Algorithmus zurückgeführt werden.

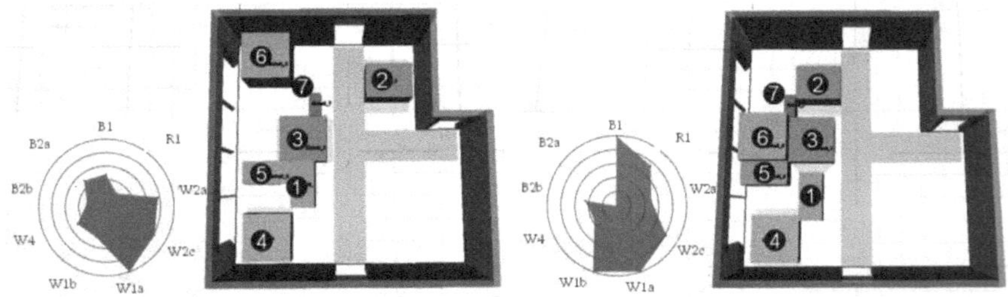


**Abbildung 57: Ausgewertete Beispiellayouts**

So ist in Abbildung 57 (links) eine Lösung dargestellt, die durch eine zentrierte Anordnung der Bereiche eins, drei, fünf und sieben, welche dasselbe Medienprofil aufweisen, einen hohen Wert für die Kompatibilitätsaggregation (W2b) als auch für die Erweiterbarkeit (W2a) erreicht. Zudem kann durch eine Anordnung des Monuments (Bereich sechs) direkt an einer Wand des Planungsraumes die Maximierung der Metrik Monumente (W1a) erreicht werden. In Abbildung 57 (rechts) wird durch eine räumlich dichte Anordnung aller Einheiten der Wert der Metrik Transportaufkommen (B1) erhöht. So werden insbesondere die Bereiche eins und sechs, zwei und sechs sowie drei und sieben, zwischen denen eine hohe Transportintensität herrscht, nah aneinander platziert. Jedoch führt diese dichte Anordnung der Bereiche auch zu einem schlechten Wert der Metrik Kreuzungen (B2a) sowie Gradlinigkeit (B2b). Der hohe Wert für die Mobilitätsaggregation (W1b) ist durch eine benachbarte Platzierung der Bereiche eins und fünf, zwei und sechs sowie drei und sieben erreicht, welche jeweils denselben Mobilitätswert (W1b) aufweisen. Auch in diesem Layout wird durch die Platzierung des Bereichs sechs der Wert der Metrik Monumente (W1a) maximiert. Ebenso werden hier die Bereiche eins, drei, fünf und sieben dicht platziert, was wiederum zu einem hohen Wert der Kompatibilitätsaggregation (W2b) führt. Weiterhin kann eine Erweiterung (W2a) zwischen den Bereichen drei und sieben, eins und fünf sowie eins und drei durchgeführt werden. Die Fläche der Verbindungselemente ist hierbei jedoch vergleichsweise groß. Dies führt zu einem vergleichsweise geringem Wert der Metrik Erweiterbarkeit (W2a).

Um neben der multikriteriellen Optimierung aller Metriken in dem vorher gezeigten Planungsfall die intendierte Wirkungsweise der exemplarisch implementierten Metriken eingängig zu demonstrieren, wird ein weiterer plakativer Planungsfall erstellt. In diesem wird eine Einzelkriterienoptimierung durchgeführt, das Layout wird also nach je nur einer Zielgröße optimiert. Dafür wird ein quadratisches Layout als Planungsraum erzeugt, in den vier Bereiche platziert werden sollen. Alle Optimierungen unterliegen hierbei denselben Einstellungen bei einer Population von 200 und 15 Generationen. Dabei wird davon ausgegangen, dass die Rahmenbedingungen ausreichen, um je ein simples Layout nach jeweils einem Teilkriterium zu optimieren. Im Folgenden soll anhand der entstandenen Layouts überprüft werden, inwieweit die Ergebnisse den erwarteten Resultaten entsprechen.

| Attributive Daten | |
|---|---|
| Name | Mobilität |
| A | 1 |
| B | 1 |
| C | 3 |
| D | 3 |

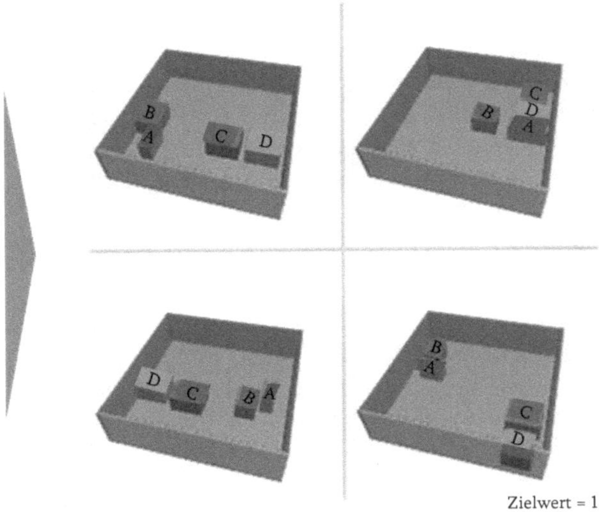


**Abbildung 58: Ergebnis der Optimierung nach der Mobilitätsaggregation**

Abbildung 58 stellt das Resultat des hinsichtlich der Mobilitätsaggregation optimierten Layouts nach fünfzehn Generationen dar. Dafür wurde in den attributiven Daten der Mobilitätswert eins für die Bereiche A und B und der Wert drei für die Bereiche C und D hinterlegt. Den Erwartungen entspräche gemäß der Gleichung 4.2 ein Layout, in welchem die Einheiten A und B sowie C und D angrenzend zueinander positioniert werden. Ein optimales Layout sollte den Zielwert eins erhalten. Die Abbildung der durch die Optimierung erhaltenen besten LV zeigt genau diese Anordnung. Ferner wird bei diesen vier LV der Zielwert von eins, also das Optimum dieser Metrik, erreicht.

| Attributive Daten | |
|---|---|
| **Name** | **Monument** |
| A | nein |
| B | nein |
| C | ja |
| D | ja |

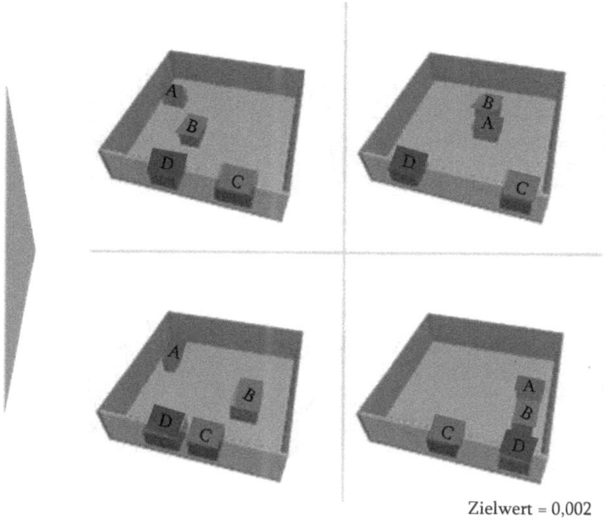


**Abbildung 59: Ergebnis der Optimierung nach den Monumenten**

Abbildung 59 zeigt die Anordnung des Layouts nach der Optimierung hinsichtlich der Bewertung der Monumente. Für die Bereiche C und D ist dabei in den attributiven Daten des digitalen Zwillings erkennbar, dass diese Monumente sind. Bereiche A und B haben eine höhere Mobilität. Den Erwartungen entspräche gemäß der Gleichung 4.1 ein Layout, dass eine Positionierung der Monumente an den Außenwänden vorsieht. Die anderen Bereiche können ohne weitere Optimierungskriterien frei platziert werden. In den vier entstandenen optimalen LV ist eine Positionierung der Monumentbereiche C und D nahe der Außenwände des Planungsraumes erkennbar. Der optimal zu erreichende Zielwert aus Gleichung 4.1 entspricht dem Wert null. Der Zielwert in der vorliegenden Optimierung liegt bei 0.002. Dies ist darin begründet, dass das Modell nicht zwischen Berührungen und Überschneidungen von Bereichen untereinander mit der Wand unterschieden kann. Ein Zielwert von null ist somit nicht ohne die Verletzungen der Restriktion, keine Überschneidungen zuzulassen, erreichbar. Es ist also nur eine Annäherung des Wertes null möglich. Die abgebildeten Ergebnisse dieser Optimierung entsprechen somit der zu erzielenden Funktionsweise.

| Attributive Daten | |
|---|---|
| **Name** | **Medien** |
| A | 3 |
| B | 1 |
| C | 3 |
| D | 1 |

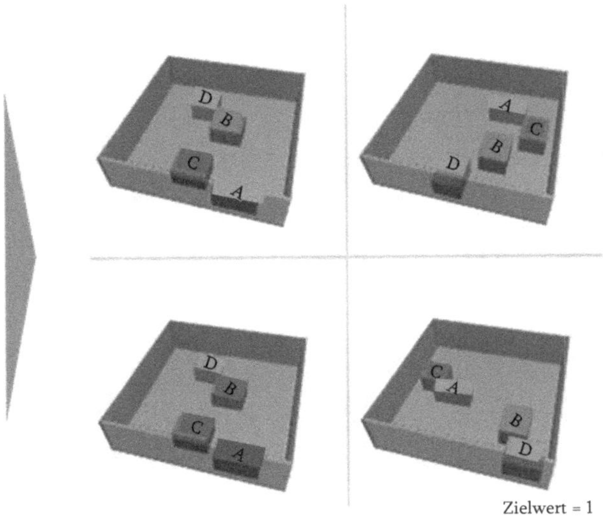


**Abbildung 60: Ergebnis der Optimierung nach der Kompatibilitätsaggregation**

Abbildung 60 zeigt die Anordnung des Layouts für die Optimierung hinsichtlich der Kompatibilitätsaggregation. Den Bereichen A und C wird dabei durch die attributiven Daten des digitalen Zwillings ein Medienprofil von drei zugewiesen. Den Bereichen B und D der Wert eins. Zu erwarten wäre gemäß Gleichung 4.5 somit eine angrenzende Positionierung der Einheiten A und C sowie B und D zueinander. Die vier aus der Optimierung entstandenen besten LV entsprechen diesen Erwartungen. Allerdings fällt auf, dass die Layouts sich teilweise nur in den Ecken berühren. Um eine gute LW zu erreichen, wäre es ggf. von Vorteil, wenn sie die Bereiche über ihre gesamten Kantenlängen zueinander platzieren. Dies sollte in zukünftigen Optimierungen als Einschränkung implementiert werden. Die gezeigten Ergebnisse entsprechen der korrekten Umsetzung der Metrik. Allerdings sollte für eine erwartete Umsetzung der Funktionsweise die zuvor beschriebene Einschränkung implementiert werden.

| Attributive Daten | |
|---|---|
| **Name** | **Medien** |
| A | 3 |
| B | 1 |
| C | 3 |
| D | 1 |

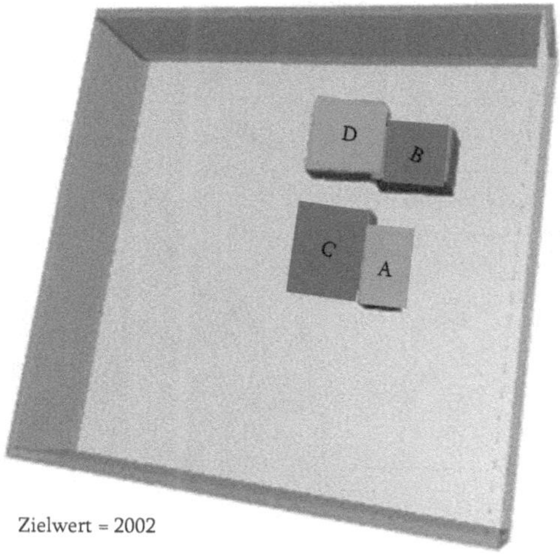


**Abbildung 61: Ergebnis der Optimierung nach der Erweiterbarkeit**

Abbildung 61 zeigt die Anordnung des Layouts nach der Optimierung hinsichtlich der Bewertung der Erweiterbarkeit. Die Werte der attributiven Daten bleiben gleich zu denen der Kompatibilitätsaggregation. Um eine Maximierung des Zielwertes Erweiterbarkeit zu erreichen, wird eine möglichst kleine Fläche des Verbindungselementes bei gleichzeitig möglichst großer Fläche der verbundenen Einheiten angestrebt. Im Rahmen dieser Optimierung wäre dies zu erreichen, indem die Bereiche B und D sowie A und C, welche jeweils dasselbe Medienprofil aufweisen, angrenzend aneinander platziert werden würden. Angrenzend aus dem Grund, dass sonst keine Einschränkungen in dem Layout vorgegeben sind und eine Minimierung der Erweiterungsfläche in diesem Fall einer Annäherung an den Wert null gleichkommt. Nach Ablauf des Optimierungsalgorithmus ist eine den Erwartungen entsprechende LV gefunden worden. Diese weist einen Zielwert von 2002,00 auf. Ein theoretisch möglicher Zielwert dieser Metrik, der gegen unendlich geht, ist im Rahmen dieser Modellierung nicht möglich. Dies ist damit zu begründen, dass sich die Bereiche zur Erfüllung der Restriktionen nicht berühren dürfen und die Bereiche auf der Planungsfläche über diskrete Koordinaten positioniert werden.

| Attributive Daten | | |
|---|---|---|
| Name | Fläche | zuk. Fläche |
| A | 2 | 3 |
| B | 3 | 5 |
| C | 4 | 4 |
| D | 4 | 5 |

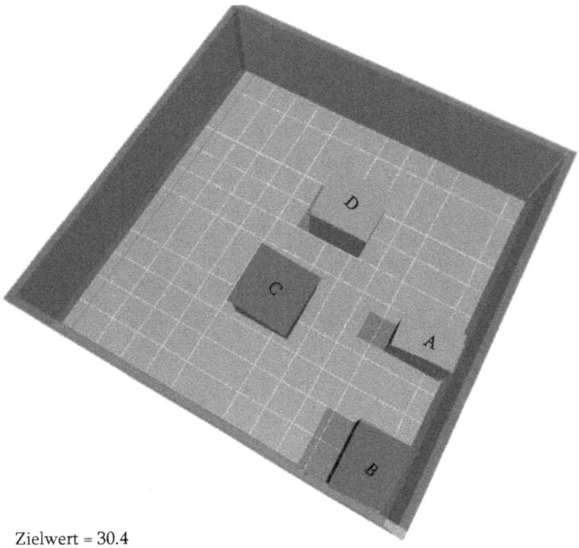


Zielwert = 30.4

**Abbildung 62: Ergebnis der Optimierung nach der Skalierbarkeit**

Die Abbildung 62 zeigt das Layout nach der durchgeführten Optimierung nach der Skalierbarkeit. Gemäß der entwickelten Metrik 4.8 müssen die Bereiche für eine Maximierung des Zielwertes so im Raum platziert werden, dass sie möglichst auf die im Datenmodell hinterlegten Zukunftsflächen des Wandlungsszenarios erweitert werden können. Dabei darf es zu keinen Überschneidungen mit der Wand oder anderen Bereichen kommen. Die Erwartungen einer Optimierung wären erfüllt, wenn die Einheiten mit dem Mindestabstand der im Datenmodell hinterlegten Differenzen der Zukunfts- und gegenwärtigen Flächenmaße im Layout platziert werden können. Die Abbildung zeigt die Einhaltung dieser Abstände. Damit ist erkennbar, dass dieses Optimierungsergebnis der Erwartung entspricht und die Funktionsweise der Metrik korrekt ist.

Die Ergebnisse der Optimierung nach den einzelnen Metriken den Erwartungen und es kann auf eine korrekte Funktionsweise der Metriken geschlossen werden. Die Demonstration zeigt, dass die verwendeten Metriken selbst gut in die Modellumgebung übertragen werden konnten und zu nachvollziehbaren Ergebnissen nach Durchführung der Optimierung führen.

Zusammenfassend werden die Modellierung und Demonstration des Artefakts dargestellt. Diese beruht auf dem bisher verborgenen, aber intuitiv angewendeten Expertenwissen zur LW-Bewertung. Dazu werden im Rahmen der Methodik der Kognitiven Modellierung der Aufbau, die Durchführung und die Ergebnisse der Expertenbefragung aufgezeigt. Die so ermittelten Zusammenhänge und Indikatoren zur Bewertung der LW werden in Metriken überführt. Das so modellierte Wissen wird für die automatisierte Layoutbewertung im digitalen Zwilling nutzbar gemacht. Dazu werden die für die Metriken benötigten geometrischen sowie attributiven Daten aufgezeigt. Da die LW durch ihre vielen Facetten nicht in ihrer Gesamtheit erfasst werden kann, wird sie über acht Teilkriterien mathematisch abgebildet. Daraus resultiert der Bedarf, die so entstehenden einzelnen Zielwerte zu einem aggregierten Zielfunktionswert zusammenzuführen. Dieser Gesamtzielwert bewertet die LW der jeweiligen LV ganzheitlich. Die Ermittlung des Gesamtzielwertes beruht auf der TOPSIS-Methode, die es ermöglicht, eine Rangfolge der LV zu bilden. Um die Reliabilität der erstellten Metriken zu gewährleisten, werden eine lokale sowie globale Sensitivitätsanalyse durchgeführt und resultierende Anpassungsbedarfe vorgenommen. Anschließend wird ein Generative Design System aufgebaut und die Metriken zur Bewertung der LW implementiert. Anhand eines einfachen Brownfieldplanungsfalles wird die automatisierte Layoutbewertung, als Teil des Optimierungsprozesses des zugrundeliegenden NSGA-II Algorithmus, demonstriert. Die Demonstration zeigt, dass die automatisiert erstellten Bewertungsergebnisse den erwarteten Ergebnissen entsprechen.

# 6 Evaluierung und kritische Reflexion

Der vorletzte **fünfte Schritt** im DSR ist die Evaluierung. Diese beinhaltet die Beobachtung als auch die Messung, wie gut das Artefakt der Problemlösung dient. Durch die Erkenntnisse dieses Schritts kann entweder eine neue Iteration zur Verbesserung des Artefakts eingeleitet oder zum letzten Schritt des DSR-Vorgehens übergeleitet werden.[313] In Kapitel 6.1 wird das verwendete Vorgehen zur Evaluierung vorgestellt. Im darauffolgenden Kapitel 6.2 werden die Ergebnisse und weitere Verbesserungspotenziale aufgezeigt. Kapitel 6.3 schließt die Evaluierung mit einer Zusammenfassung ab.

## 6.1 Vorgehen der Evaluierung

HEVNER ET AL. benennen verschiedene Methoden, um das entwickelte Artefakt zu evaluieren. Diese können observierend, analytisch, experimentell, testend oder beschreibend sein.[314] Um eine geeignete Methode auszuwählen, muss zuerst das Ziel der Evaluierung festgelegt werden.[315] Wie der Zielstellung dieser Arbeit zu entnehmen ist, soll die automatisierte Bewertung der LW zu vergleichbaren Ergebnissen wie bei der Bewertung durch menschliche Planende kommen. Hierbei muss bei der Auswertung der Evaluierungsergebnisse jedoch berücksichtigt werden, dass die menschliche Planung subjektiv ist und es mit hoher Wahrscheinlichkeit zu unterschiedlichen Bewertungsergebnissen bei den Bewertenden führt.

Um zu evaluieren, ob die automatisierte Bewertung mittels der entwickelten Metriken zu vergleichbaren Ergebnissen wie bei menschlichen Planenden führt, wird eine Vergleichsanalyse nach der Methodik des konfigurativen Vergleichs[316] durchgeführt. Dieser verbindet die Vorteile der qualitativen und quantitativen Forschung miteinander. Hierbei kann die Anzahl an zu untersuchenden Fällen frei gewählt werden. Vorteil bei

[313] Vgl. Pfeffers et al. (2007), A Design Science Research Methodology, S. 45ff.

[314] Vgl. Hevner et al. (2004), Design science in information systems research, S. 86

[315] Vgl. Lam et al. (2012), Seven Guiding Scenarios for Information Visualization Evaluation, S. 2

[316] Ragin et al. (1983), Theory and Method in Comparative Research; Nordbeck (2013), Die vergleichende Methode, S. 118ff.

einer mittleren Fallzahl (5-50) ist es, dass sowohl individuelle Merkmale eines jeden Falls erfasst, aber trotzdem fallübergreifende Muster herausgearbeitet werden können.[317] In dieser Arbeit wird der konfigurative Vergleich so aufgebaut, dass Fabrikplanungsexperten unabhängig voneinander verschiedene Layouts hinsichtlich Kriterien der LW bewerten. Dieselben Layouts werden mittels der entwickelten Metriken bewertet und die Ergebnisse der automatisierten Bewertung durch die Metriken (Vergleichsobjekt 1) mit denen der menschlichen Experten (Vergleichsobjekt 2) verglichen. Zusätzlich wird geprüft, ob der menschliche Experte dasselbe Layout wie der Algorithmus als das Beste auswählen würde. Dafür wird die durch den Algorithmus aufgestellte Rangfolge mit der durch die Experten ermittelte Reihenfolge der besten Layouts verglichen. Zusätzlich werden die relativen Abstände zwischen den Ergebnissen der metrikbasierten und der menschlichen Bewertung verglichen. Die absolute Ausprägung der Bewertung kann Einfluss auf die Rangfolge nehmen. D. h. wenn die Ausprägungen bei den beiden Bewertungen stark unterschiedlich ausfallen, kann sich die Rangfolge über die globale Betrachtung aller Teilkriterien ändern. Abschließend werden den Befragten die Bewertungsmetriken vorgestellt. Die Experten sollen einschätzen, ob die Metriken die relevanten Indikatoren und Zusammenhänge erfassen und gegebenenfalls Verbesserungspotenziale benennen. Durch das Vorgehen wird die Erfüllung der Voraussetzung, der Erhebung vorher festgelegter Variablenwerte, sichergestellt.[318]

Von jedem Experten müssen insgesamt acht Bewertungen durchgeführt werden. Zu jedem Teilkriterium der LW müssen die sieben befragten Experten eine absolute Bewertung auf einer Likert-Skala von 1 bis 5 vornehmen und jeweils die Rangfolge zwischen den betrachteten Layouts bilden. Die Bewertung wird anschließend auf den Definitionsbereich der jeweiligen Metrik normiert, um die Bewertungen vergleichbar zu machen. Die skalenbasierte Bewertung wird zudem zum Vergleich der relativen Einschätzung der Abstände zwischen den Bewertungsergebnissen herangezogen. Diese wird wiederum mit der relativen Einschätzung zwischen den Metriken verglichen. Es wurden möglichst prägnante Layouts ausgewählt, in denen das jeweilige Teilkriterium unterschiedlich stark ausgeprägt ist. Im Folgenden werden die zu bewertenden Layouts und die jeweiligen Ergebnisse der Expertenbewertung sowie der Bewertung mittels der Metriken vorgestellt.

[317] Vgl. Nordbeck (2013), Die vergleichende Methode, S. 118f.
[318] Vgl. Nordbeck (2013), Die vergleichende Methode, S. 122

## 6.2 Ergebnisse der Evaluierung und kritische Reflexion

Zur Bewertung der Mobilitätsaggregation wurden den Experten die folgenden drei Layouts vorgelegt:

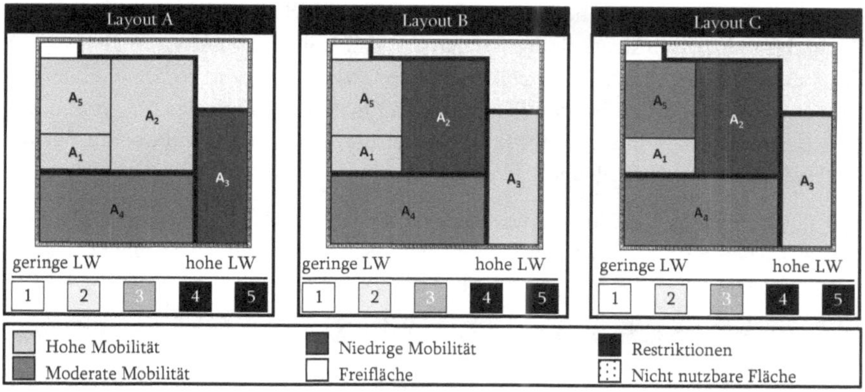


**Abbildung 63: Layouts zur Evaluierung der Mobilitätsaggregation**

Die Layouts in Abbildung 63 unterscheiden sich signifikant in der Anzahl der aggregierten Bereiche desselben Mobilitätsgrads (MG). In Layout A sind alle Bereiche mit unterschiedlichen MG aggregiert angeordnet. Dies führt zu einer optimalen Bewertung dieses Layouts von eins bei der automatisierten Bewertung mit der Bewertungsmetrik. In Layout B hingegen liegen nicht mehr alle Bereiche mit hohem MG aggregiert vor. Dies führt zu einem Bewertungsergebnis von 0,81 in der Metrikbewertung. In Layout C gibt es keine aggregierten Bereiche, sodass in die Bewertung durch die Metrik jeweils nur die größten Bereiche eines MG einfließen. Das Bewertungsresultat entspricht 0,77. Somit bildet sich die Rangfolge von Layout A (bestes Layout), Layout B und Layout C (schlechtestes Layout) durch die Metrikbewertung.

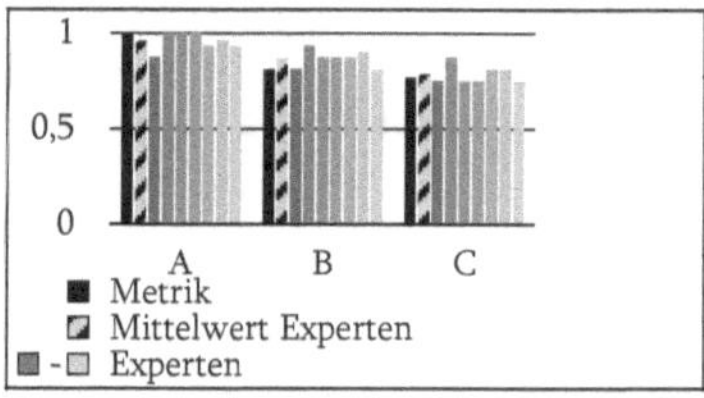


| Metrik | | Experte | | |
|---|---|---|---|---|
| Rang | Bewertung absolut | Rang | Bew. abs. Mittelwert | Median |
| A | 1,00 | A | 0,96 | 0,97 |
| B | 0,81 | B | 0,87 | 0,88 |
| C | 0,77 | C | 0,79 | 0,75 |

**Abbildung 64:Auswertung der Bewertung der Mobilitätsaggregation**

Abbildung 64 zeigt die Gegenüberstellung der Auswertung der Bewertung durch die Metriken und der Bewertung durch die Experten. Aufgetragen ist für die Experten die meistgenannte Rangfolge und die absolute Anzahl an Abweichungen im Vergleich zur Rangolge, die aus den Metrikbewertungen abgeleitet wurde. Bzgl. der Bewertung der Mobilitätsaggregation bestehen keine Abweichungen zwischen der Einschätzung der Rangfolge der LV. Hinsichtlich der absoluten Einschätzung der Bewertung haben sich die Experten mehr zur Mitte der Skala hin orientiert. Die Abstände zwischen den Layoutbewertungen sind bei den Experten gleichmäßig zwischen den LV verteilt. Bei dem Bewertungsergebnis der Metrik liegen die Bewertungen nur im oberen Bereich der Skala und haben unregelmäßige Abstände.

Für die Bewertung des Teilkriteriums „Monumente“ erhielten die Experten die Layouts aus Abbildung 65. Hier wurden jeweils sieben unbewegliche Elemente (Monumente) in den drei Layouts unterschiedlich angeordnet:

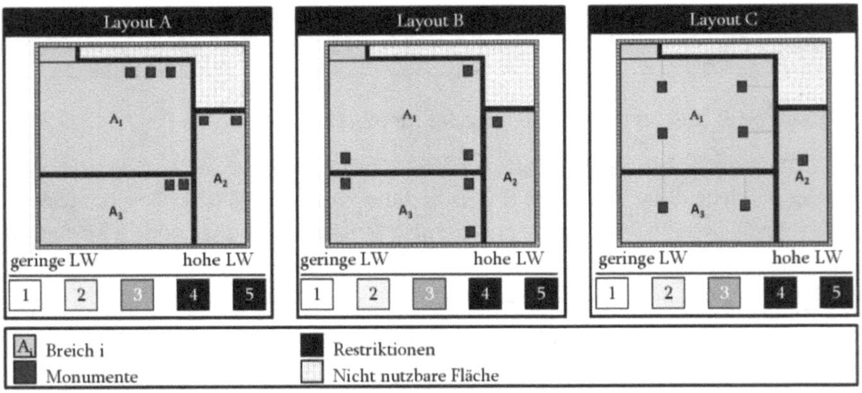


**Abbildung 65: Layouts zur Evaluierung der Monumente**

Die Bewertung durch die Metrik ergibt für Layout A eine Bewertung von 10, für Layout B den Wert 12 und für Layout C den Wert 47. Damit ergibt sich die Rangfolge von Layout A (bestes Layout), gefolgt von Layout B und Layout C. Es fällt auf, dass die Bewertung von Layout A und B nahezu identisch sind.

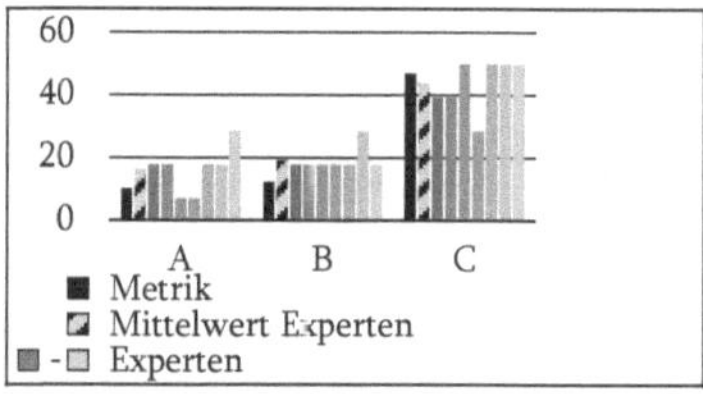


| Metrik | | Experte | | |
|---|---|---|---|---|
| Rang | Bewertung absolut | Rang | Bew. abs. Mittelwert | Median |
| A | 10,00 | A | 16,21 | 17,75 |
| B | 12,00 | B | 19,29 | 17,75 |
| C | 47,00 | C | 43,86 | 50,00 |

**Abbildung 66: Auswertung der Bewertung der Monumente**

Abbildung 66 zeigt den Vergleich der Metrik- und Expertenbewertung. Hier zeigt sich, dass die Experten zu einer sehr ähnlichen Bewertung kommen. Sowohl die Rangfolge als auch die absolute Bewertung stimmen stark überein. Dabei ist auffallend, dass in beiden Bewertungen eine fast gleiche Bewertung für Layout A und B abgegeben wurde. In beiden Fällen wurde jedoch Layout A etwas besser bewertet. Ein Experte hat abweichend Layout B besser als Layout A bewertet.

Zur Evaluierung der Bewertung des MG wurden die Layouts in Abbildung 67 herangezogen:

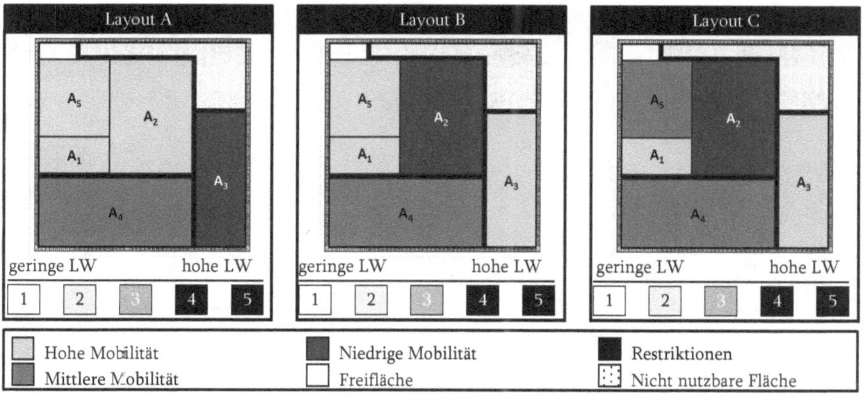


**Abbildung 67: Layouts zur Evaluierung des Mobilitätsgrads**

In den LV wurden jeweils die MG der Flächen verändert. Wie Abbildung 68 zeigt, weist Layout A einen MG von 0,77 auf. Layout B, in dem die MG der Flächen A2 und A3 vertauscht wurden, weist einen etwas schwächeren MG von 0,72 auf. Layout 3 ist mit 0,67 am schwächsten bewertet. Die Rangfolge ist also Layout A, B und C.

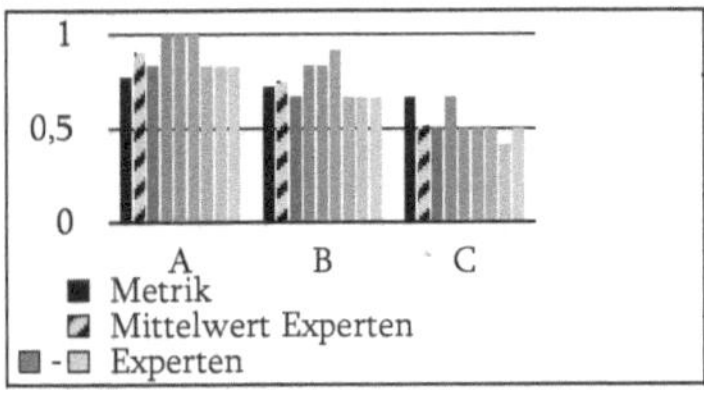


| Metrik | | Experte | | |
|---|---|---|---|---|
| Rang | Bewertung absolut | Rang | Bew. abs. Mittelwert | Median |
| A | 0,77 | A | 0,90 | 0,83 |
| B | 0,72 | B | 0,75 | 0,67 |
| C | 0,66 | C | 0,51 | 0,50 |

**Abbildung 68: Auswertung der Bewertung des Mobilitätsgrads**

Bei der Bewertung der Experten liegt keine Abweichung vor. Allerding wurde durch die Experten die Skala gleichmäßiger ausgenutzt als bei der Evaluierung durch die Metriken. Betrachtet man den Median, so wird sehr deutlich, dass die Experten die Abstände zwischen den Metriken sehr gleichmäßig abgestuft haben. Dies ist bemerkenswert, da Layout A und Layout B nur durch sehr genaues Betrachten der Bereichsgrößen in eine Rangfolge gebracht werden können.

Anhand der LV in Abbildung 69 wurde die Kompatibilitätsaggregation evaluiert. Die drei LV weisen unterschiedlich viele Flächen mit verschiedenen Medienprofilen auf. Je dunkler die Fläche eingefärbt ist, desto mehr Medien sind vorhanden.

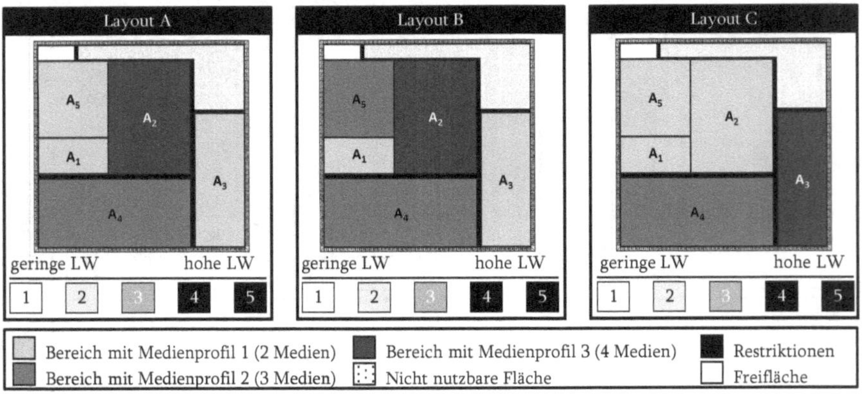


**Abbildung 69: Layouts zur Evaluierung der Kompatibilitätsaggregation**

Die Metrik, welche lediglich die Aggregation von Flächen desselben Medienprofils bewertet, bewertet Layout A mit einem Wert von 0,81. Layout B erhält den Wert 0,77 und Layout C erhält die Höchstbewertung von 1, da alle Bereiche eines Medienprofils aggregiert vorliegen. Somit ergibt sich eine Rangfolge von Layout C (beste Bewertung), Layout A und zuletzt Layout B.

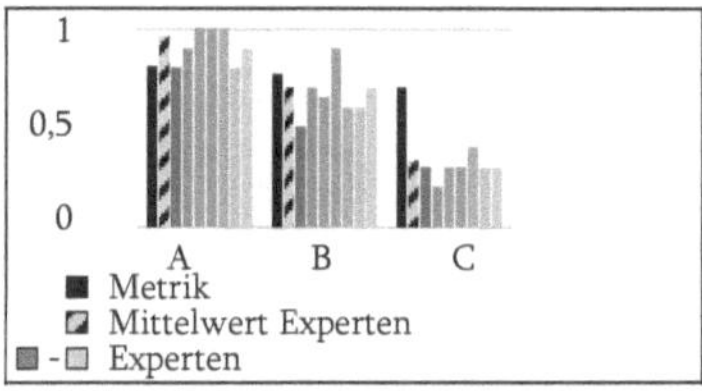


| Metrik | | Experte | | |
|---|---|---|---|---|
| Rang | Bewertung absolut | Rang | Bew. abs. Mittelwert | Median |
| C | 1,00 | C | 0,96 | 1,00 |
| A | 0,81 | A | 0,7 | 0,62 |
| B | 0,77 | B | 0,33 | 0,3 |

**Abbildung 70: Auswertung der Bewertung der Kompatibilitätsaggregation**

Die Bewertungsergebnisse der Experten legen dieselbe Rangfolge der LV fest (vgl. Abbildung 70). Allerdings wird auch hier wieder die Skala umfänglicher ausgenutzt. Layout C erzielt hier in der absoluten Bewertung fast den Höchstwert im Mittelwert von 0,96 und im Median von 1. Auch hier sind die Abstufungen zwischen allen Layouts sehr regelmäßig gewählt. So erhält Layout A den Wert 0,7 und Layout B den Wert 0,33. Die relativen Abstufungen von Metrik- und Expertenbewertung stimmen also nicht überein.

Zudem wird die Erweiterbarkeit anhand der Layouts aus Abbildung 71 evaluiert.

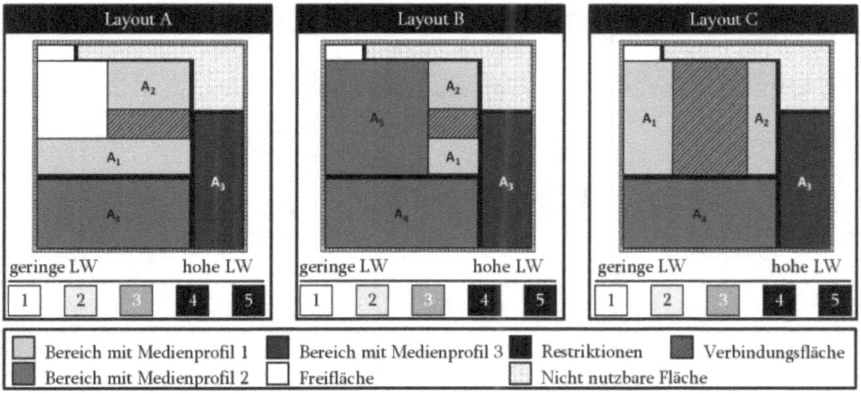


**Abbildung 71: Layouts zur Evaluierung der Erweiterbarkeit**

Die gestrichelten Bereiche zeigen die potenziellen Erweiterungsflächen. Hier wird durch die Metrik der Aufwand der Erweiterung erfasst. Je kleiner die Fläche ist, desto geringer ist der Erweiterungsaufwand und desto besser ist die Erweiterbarkeit bewertet. So erhält Layout A eine Bewertung von 0,2 durch die Metrik. Layout B ist mit 0,18 und Layout C mit 0,49 bewertet. Dies ergibt eine Rangfolge von Layout B als bestes Layout, gefolgt von Layout A und Layout C (vgl. Abbildung 72).

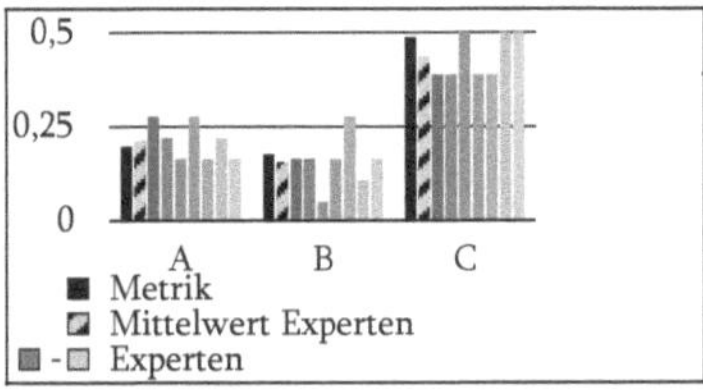


| Metrik | | Experte | | |
|---|---|---|---|---|
| Rang | Bewertung absolut | Rang | Bew. abs. Mittelwert | Median |
| B | 0,18 | B | 0,23 | 0,16 |
| A | 0,20 | A | 0,20 | 0,22 |
| C | 0,49 | C | 0,57 | 0,59 |

**Abbildung 72: Auswertung der Bewertung der Erweiterbarkeit**

In der Bewertung durch die Experten gibt es zwei Abweichungen in der Aufstellung der Rangfolge. Fünf Experten kommen auf dieselbe Rangfolge wie durch die Metrikbewertung. Ähnlich zu der Bewertung der Metrik schätzen die Experten den absoluten Wert von Layout A (0,23) und B (0,2) sehr ähnlich ein. Die Abstufung zu Layout C fällt ebenfalls größer aus. So erhält Layout C den Wert 0,57 durch die Experten. Dies führt insgesamt zu einer sehr ähnlichen Einschätzung der absoluten Werte und relativen Abstände zwischen den Layouts durch die Metrik- und Expertenbewertung.

Das nächste Teilkriterium Skalierbarkeit wird anhand Abbildung 73 evaluiert. Hier wurde als Anforderung festgelegt, dass die zukünftige Fläche voraussichtlich um 50 % wachsen soll.

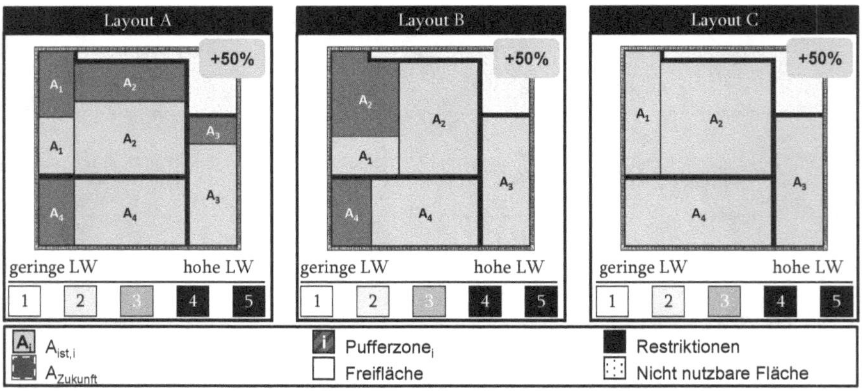


**Abbildung 73: Layouts zur Evaluierung der Skalierbarkeit**

Layout A zeigt ein Layout, wo ein ganzes Hallenschiff (Bereich $A_4$) für zukünftige Zwecke genutzt werden kann. Zusätzlich ist ein Teil der Fläche $A_3$ hierfür nutzbar. In Layout B fällt im Vergleich zu Layout A der Teil von Bereich $A_3$ für zukünftige Nutzungen weg. Layout C besitzt keine freien Flächen zur zukünftigen Nutzung. Der Ergebniswert der Bewertung durch die Bewertungsmetriken beträgt für Layout A 0,85 und ist somit am besten bewertet. Layout B ist mit 0,8 am zweibesten bewertet. Am Ende steht Layout C mit 0,67 in der Rangfolge.

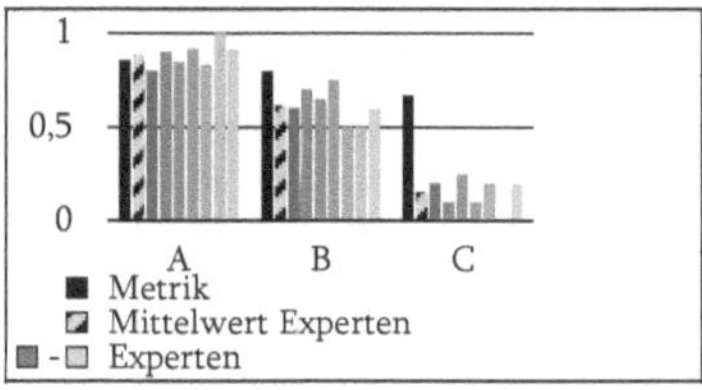


| Metrik | | Experte | | |
|---|---|---|---|---|
| Rang | Bewertung absolut | Rang | Bew. abs. Mittelwert | Median |
| A | 0,85 | A | 0,80 | 0,82 |
| B | 0,80 | B | 0,62 | 0,63 |
| C | 0,67 | C | 0,20 | 0,17 |

**Abbildung 74: Auswertung der Bewertung der Skalierbarkeit**

In der Bewertung durch die Experten gibt es keine Abweichungen in der entstehenden Rangfolge (vgl. Abbildung 74). Allerdings sind die Abstufungen zwischen den Bewertungsergebnissen deutlich größer und die Skala ist weiter ausgenutzt. So liegt die Bewertung des Layouts A mit 0,8 etwas unter der Bewertung der Metriken. Layout B ist mit 0,6 bewertet und hat einen deutlich größeren Abstand im Vergleich zur Bewertung durch die Metriken. Die Bewertung von Layout C mit 0,2 liegt deutlich unter der Bewertung durch die Metriken.

Zur Bewertung der Layoutform wurde Abbildung 75 herangezogen:

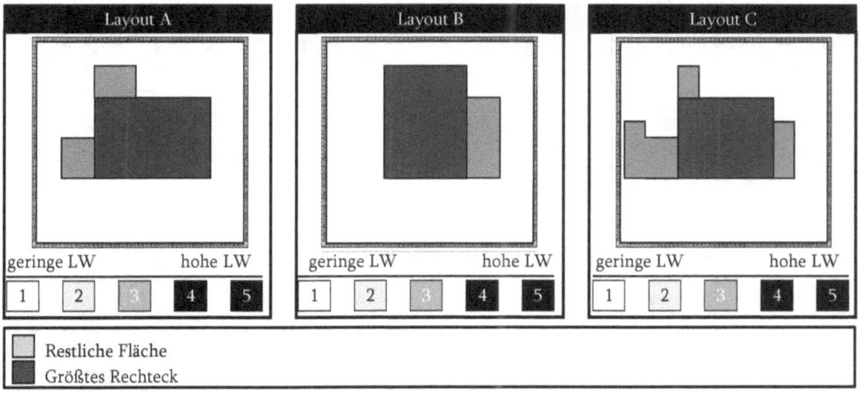


**Abbildung 75: Layouts zur Evaluierung der Layoutform**

Abbildung 75 zeigt jeweils eine dunkelgraue Fläche, die das größte Rechteck hervorhebt. Die hellgrauen Flächen stellen weitere Flächen des Layouts dar. Layout A zeigt ein großes Rechteck und zwei weitere kleinere Rechtecke. Layout B zeigt dieselbe größte Rechteckfläche und ein weiteres kleineres Rechteck. Die Größe des kleineren Rechtecks entspricht der der beiden kleineren Rechtecke aus Layout A. Layout C zeigt eine etwas kleinere Fläche des größten Rechtecks. Zudem besteht es aus drei weiteren kleineren Flächen, wobei eine der Flächen für die LP ungünstig verwinkelt ist. Durch die Bewertungsmetrik werden Layout A und B gleich gut bewertet mit 0,78. Layout C folgt mit einer Bewertung von 0,64.

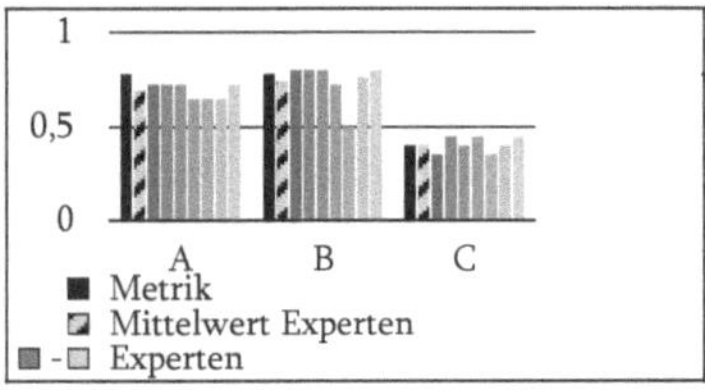


| Metrik | | Experte | | |
|---|---|---|---|---|
| Rang | Bewertung absolut | Rang | Bew. abs. Mittelwert | Median |
| A,B | 0,78 | B | 0,84 | 0,80 |
| A,B | 0,78 | A | 0,69 | 0,73 |
| C | 0,64 | C | 0,39 | 0,40 |

**Abbildung 76: Auswertung der Bewertung der Layoutform**

Die Experten weichen von der Rangfolge ab, indem Layout B besser bewertet wird als Layout A. Layout A erhält die absolute Bewertung von 0,84 und Layout B von 0,69. Layout C folgt mit größerem Abstand und erhält die Bewertung von 0,39 (vgl. Abbildung 76).

Die Modularität wurde anhand der Abbildung 77 evaluiert.

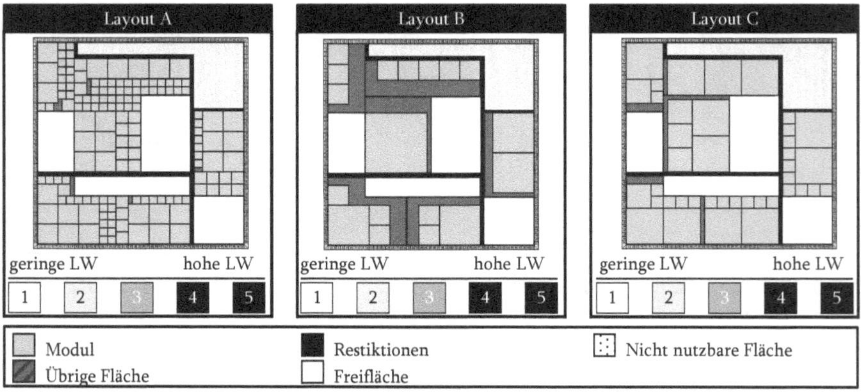


**Abbildung 77: Layouts zur Evaluierung der Modularität**

Layout A zeigt einen höchsten modularen Überdeckungsgrad. Dabei sind die Module auch am kleinsten gewählt. Layout B hingegen zeigt einen niedrigen Überdeckungsgrad. Die kleinste Modulgröße fällt deutlich größer aus als Layout A. Layout C zeigt im Vergleich zu den beiden anderen Layouts einen mittleren Überdeckungsgrad. Dabei liegt die kleinste Modulgröße zwischen denen aus Layout A und B. Gemäß der Metrik ist die Rangfolge Layout A, B und C. Dabei liegen die Bewertungen von Layout A (0,99) und B (0,94) eng beieinander. Layout C ist mit 0,66 relativ weit abgeschlagen. Die befragten Experten kommen auf dieselbe Rangfolge. Jedoch liegen die Bewertungen gleichmäßig verteilter auseinander (vgl. Abbildung 78).

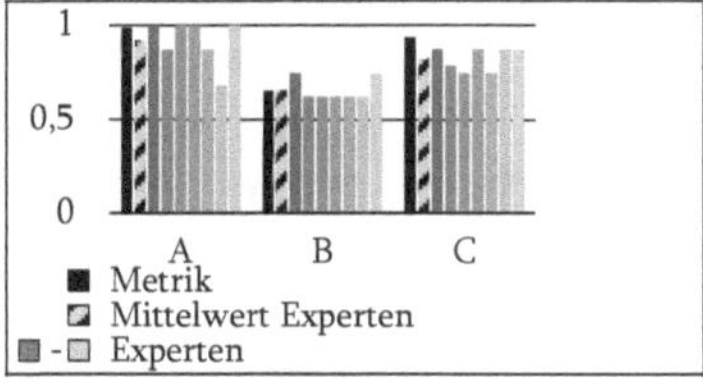


| Metrik | | Experte | | |
|---|---|---|---|---|
| Rang | Bewertung absolut | Rang | Bew. abs. Mittelwert | Median |
| A | 0,99 | A | 0,92 | 1,00 |
| C | 0,94 | C | 0,83 | 0,88 |
| B | 0,66 | B | 0,66 | 0,63 |

**Abbildung 78: Auswertung der Bewertung der Modularität**

Die Auswertungen zeigen, dass die Rangfolge, die durch die Metrikbewertungen getroffen wird, überwiegend mit den einzelnen Experteneinschätzungen, aber immer mit deren Konsens, übereinstimmt. Unterschiede zeigen sich jedoch in der absoluten Einschätzung der Güte einer LV auf einer definierten Skala. Hier zeigt sich, dass die Experten dazu neigen, die gesamte Skala gleichmäßig auszunutzen und die Randbereiche, also extrem gute oder schlechte Bewertungen, meiden. Dies könnte daran liegen, dass der Mensch einem Bias durch die Skala unterliegen. Hier könnte das Phänomen zur Tendenz zur Mitte aufgeführt werden. Dies tritt bei der Verwendung von Likert-Skalen[319] auf und zeigt, dass die Antworten oft um die Mitte der Skala herum gesucht werden.

Anschließend wurden den Experten die Metriken vorgestellt und die erfassten Zusammenhänge erläutert. Die Befragten wurden daraufhin gebeten, einzuschätzen, ob die aufgestellte Bewertungslogik grundsätzlich Akzeptanz bei den Experten findet und sie wurden nach Verbesserungsvorschlägen gefragt. Nach Vorstellung der Metriken haben alle Experten dem Bewertungsvorgehen der Metriken zugestimmt und die Bewertungslogik dahinter akzeptiert. Dennoch haben die Experten an einzelnen Stellen mögliche Verbesserungen vorgeschlagen. Bei der Bewertung der Monumente wurde

[319] Vgl. Bortz et al. (2006), Quantitative Methoden der Datenerhebung, S. 184

angemerkt, dass eine zweidimensionale Betrachtung der Distanzen zu einer noch besseren Einschätzung führen könnte. Damit würde nicht nur die kürzeste Distanz zu einer statischen Wand erfasst werden, sondern auch die zu einer zweiten. Dies könnte den Vorteil haben, dass Monumente, die in Ecken platziert wären, eine bessere Bewertung bekommen würden, als Monumente die z. B. mittig an einer Wand platziert sind. Hinsichtlich der Bewertung der Erweiterbarkeit merkte ein Experte an, dass die Distanz zwischen den Medienanschlüssen ggf. ein besseres Maß sei als die Betrachtung der gesamten Erweiterungsfläche. Zudem wurde kritisch angemerkt, dass eine Erweiterung verschiedener Medien unterschiedliche Aufwände mit sich bringt, die aktuell nicht differenziert werden. Bezüglich der Skalierbarkeit wurde kommentiert, dass es noch interessant wäre, Erweiterungsachsen in die Bewertung einzubeziehen. Zukünftig potenzielle Nutzflächen werden in der aktuellen Metrik über direkt klassifizierte angrenzende Flächen bewertet. Für die Greenfieldplanung könnte aber die Betrachtung von Erweiterungsachsen interessant sein. Anmerkungen für die Bewertung der Layoutform waren, dass die Seitenverhältnisse des Rechtecks einbezogen werden könnten. Kurze Seiten führen zu schlauchförmigen Räumen, die ungünstig zu planen sind. Zudem könnte als Maß das Verhältnis von Layoutfläche zu Layoutumfang herangezogen werden. Diese aufgezeigten Potenziale sollten in der nächsten Entwicklungsiteration des DSR berücksichtigt werden und könnten zu einer möglichen Optimierung des Artefakts führen.

## 6.3 Auswertung der Evaluierung

Die Evaluierung zeigt, dass die Experten überwiegend zu derselben Rangfolgebildung wie die Metriken bei der Bewertung von verschiedenen LV hinsichtlich der LW kommen. Bei der absoluten Bewertung der LV kommt es zu Abweichungen. Dies kann daran liegen, dass der Mensch in seiner Beurteilung dazu neigt, die gesamte Skala auszunutzen und so in seinem Bewertungsverhalten nicht unverankert ist. Durch die Bildung derselben Rangfolge kann jedoch abgeleitet werden, dass die Bewertung durch die Metriken in einem automatisierten System zur FP zu denselben Einschätzungen wie ein Mensch kommt. Hier kann das nicht Vorhandensein von Bias als Vorteil der Bewertung durch die Metriken gesehen werden, da dies eine objektive, unvoreingenommene Bewertung indiziert. Zudem konnte durch die Experten bestätigt werden, dass die Logik und Zusammenhänge der Metriken zur Bewertung der Teilkriterien der LW nachvollziehbar gewählt und für ihre Begriffe richtig modelliert wurden. Darüber hinaus konnten durch die Experten weitere zur Weiterentwicklung der Metriken gewonnen werden. Diese sollten im nächsten Designzyklus des Artefakts Berücksichtigung finden.

# 7 Zusammenfassung und Ausblick

Nach der Erarbeitung und Evaluierung des Artefakts erfolgt in diesem Kapitel eine zusammenfassende Darstellung der im Rahmen der vorliegenden Arbeit erlangten Ergebnisse sowie ein Ausblick für weitere Forschung. Zusammenfassend wurde ein Artefakt zur Bewertung der Layoutwandlungsfähigkeit in Form von Metriken entwickelt. Hierfür wurde in Kapitel 1 zunächst die rahmengebende Forschungsmethodik des Design Science Research vorgestellt. Zudem wurde dargelegt, dass durch die marktseitig vorhandenen Wandlungstreiber der Bedarf nach der Planung von wandlungsfähigen Fabriklayouts ständig wächst. Eine zusätzliche Herausforderung konnte in der zunehmenden Verkürzung der Planungszeiten identifiziert werden. Um diesen Herausforderungen zu begegnen, wurden Lösungsansätze in der Digitalisierung und der dadurch befähigten Automatisierung von Prozessen ermittelt. Hieraus ergab sich die Zielsetzung dieser Arbeit, die Layoutwandlungsfähigkeit so zu modellieren, dass sie automatisiert bewertet werden kann und sie für die automatisierte Planung wandlungsfähiger Fabriklayouts nutzbar wird.

In Kapitel 2 wurden die hierfür erforderlichen Grundlagen und die damit einhergehende Problemidentifikation dargelegt. Hierbei wurde ersichtlich, dass die Layoutbewertung eine Schlüsselfunktion innerhalb der Layoutplanung einnimmt. Zumeist aus dem Forschungsbereich des Operations Research stammend wurden einige Methoden vorgestellt, die die algorithmische Einbindung in die Layoutplanung adressieren. Allerdings fokussierten sich diese auf die Verwendung quantitativer Zielkriterien. Dies ist für die Layoutplanung von Fabriken jedoch nur ein Teilaspekt. Dabei wurde festgestellt, dass die Einbeziehung qualitativer Zielkriterien in die Layoutbewertung von realen Fabrikplanungen nicht vernachlässigt werden kann. Resultierend wurde die zentrale Herausforderung identifiziert, die qualitativen Zielkriterien maschineninterpretierbar zu modellieren. Damit einhergehend wurde dargelegt, dass zur Bewältigung dieser Herausforderung der digitale Zwilling als Umgebung der automatisierten Fabrikplanung notwendig ist. Durch die daraus resultierende Option der Formulierung von attributiven und geometrischen Informationen wurde die Chance zur Quantifizierung qualitativer Zielkriterien identifiziert. Allerdings wurde die softwaregerechte

Aufbereitung der maschinenlesbaren Formulierung der LW, zur Einbringung dieser in eine geeignete Schnittstelle, als weitere Herausforderung identifiziert. Dies setzt die Identifikation geeigneter bestehender Herangehensweisen voraus, das Design des Artefakts entsprechend zu adaptieren.

Ausgehend von den Grundlagen und dem identifizierten Problem wurden in Kapitel 3 Ansätze der wissenschaftlichen Literatur vorgestellt, die Anknüpfungspunkte zur Entwicklung des Artefakts versprechen. Zum einen konnte aus dem Stand des Wissens zur Bewertung der Layoutwandlungsfähigkeit die Nutzung der Wandlungsbefähiger - Mobilität, Kompatibilität, Skalierbarkeit, Universalität und Modularität - für eine erste Quantifizierung identifiziert werden. Allerdings kann aus den wissenschaftlichen Ansätzen noch kein vollständiges Zielsystem für die Bewertung LW abgeleitet werden, sodass die semantische Formulierung des Zielsystems und die anschließende Transformation in eine maschinenlesbare Modellierung durchgeführt werden muss. Zum anderen wurde das Generative Design als geeigneter Ansatz zur automatisierten Layoutplanung und Bewertung qualitativer Zielkriterien ermittelt. Das Generative Design basiert auf einem optimierenden Genetischen Algorithmus. In den bestehenden Ansätzen wurden auch qualitative Zielkriterien in die Bewertung des Layouts einbezogen. Auf dem Vorgehen der Erhebung von Informationen, beispielsweise durch Befragungen, und deren anschließender Transformation in Metriken wurde aufgebaut.

Basierend auf der Problemidentifikation und dem Stand des Wissens konnte in Kapitel 4 das Artefakt zur Bewertung der Wandlungsfähigkeit in der automatisierten Fabrikplanung aufgebaut werden. Dafür wurde die Kognitive Modellierung als leitende Methodik zur Artefakt-Entwicklung identifiziert. Resultierend daraus wurden Experteninterviews mit wissensdiagnostischen Methoden durchgeführt. Aus diesen wurden, basierend auf den Wandlungsbefähigern, die Indikatoren und Zusammenhänge zur Bewertung der Layoutwandlungsfähigkeit expliziert und so das Zielsystem semantisch formuliert. Daraus resultierend wurden acht Metriken zur Bewertung der Layoutwandlungsfähigkeit entwickelt: Monumente, Mobilitätsaggregation, Mobilitätsgrad, Erweiterbarkeit, Kompatibilitätsaggregation, Skalierbarkeit, Layoutfom und Modularität.

In Kapitel 5 wurde die Demonstration des Artefakts aufgezeigt. Dafür wurde die Konsolidierung der einzelnen Zielwerte der acht Metriken durch die TOPSIS-Methode (Technique for Order Preference by Similarity to Ideal Solution) zu einem Gesamtzielwert dargestellt. Um ungewollte Fehlfunktionalitäten der entwickelten Metriken und in der Konsolidierung zum Gesamtzielwert auszuschließen, wurde eine Sensitivitätsanalyse durchgeführt. Anschließend fand die Demonstration der Funktionsfähigkeit der automatisierten Bewertung der Layoutwandlungsfähigkeit statt, indem die Metriken erfolgreich in ein Generative Design System implementiert wurden.

Abschließend wurde in Kapitel 6 die Evaluierung des Artefakts vorgenommen. Dafür wurde die konfigurativ-vergleichende Methode angewandt. Als Grundlage des Vergleichs wurden für jede der acht Metriken drei verschiedene Layouts zugrunde gelegt. Die Bewertungsergebnisse hinsichtlich der Layouts wurden durch sieben menschliche Experten mit den Ergebnissen durch die Metriken der Layoutwandlungsfähigkeit. Als Resultat konnte ein Konsens hinsichtlich der Rangfolgebildung der Layouts ermittelt werden. Zudem konnten weitere Denkanstöße für die Weiterentwicklung von Metriken in einem weiteren Designzyklus identifiziert werden.

Die übergeordnete Vision, zu der die vorliegende Arbeit einen Beitrag leistet, besteht in der möglichst weitgehenden Automatisierung des Fabrikplanungsprozesses. Die mögliche Steigerung der Anwendbarkeit könnte durch die Modellierung weiterer qualitativer Zielkriterien erfolgen. In diese Vision zahlen ebenfalls die starken Weiterentwicklungstätigkeiten leistungsfähiger Rechner hin zu Quantencomputern ein. Diese können zum einen dazu beitragen, die Verarbeitung einer Vielzahl an Zielkriterien in angemessenen Rechenzeiten zu bewältigen. Zum anderen legen sie den Grundstein dazu, den Aufbau von komplexen digitalen Fabrikzwillingen in der Planung umsetzbar zu machen. Die so ermöglichte durchgängige Planung und modellbasierte Abbildung großer Datenmengen, die unter anderem alle Elemente und Informationen des Produktionssystems beinhalten, führt zu einer erstrebenswerten Single Source of Truth für die Layoutplanung. Durch die vollständige Umsetzung des Internet of Production kann die exhaustive Anwendbarkeit der automatisierten Fabrikplanung gegeben sein.

# Literaturverzeichnis


Abdul-Hamid; Kochhar; Khan, An analytic hierarchy process approach to the choice of manufacturing plant layout, In: Proceedings of the Institution of Mechanical Engineers, Part B: Journal of Engineering Manufacture, Nr. 4, 213. Jg., 1999, S. 397-406.

Aggteleky, Fabrikplanung - Werksentwicklung und Betriebsrationalisierung, Neuausgabe; Hanser, München, 1990.

Ahmad; Tasadduq; Imam; Shaban, Automated Discovery and Utilization of Tacit Knowledge in Facility Layout Planning and Optimization, In: Journal of Software & Systems Development, 2015, S. 1-13.

Albrecht; Faatz; Abele, Multidimensional evaluation of the changeability of interlinked production processes with material flow simulation, In: Procedia CIRP, 7. Jg., 2013, S. 139-144.

Alpaydın, Introduction to machine learning, 3. ed.; MIT Press, Cambridge, Mass., 2014.

Amiri; Sardroud; Soto, BIM-based Applications of Metaheuristic Algorithms to Support the Decision-making Process: Uses in the Planning of Construction Site Layout, In: Procedia Engineering, 196. Jg., 2017, S. 558-564.

Asiedu; Besant; Gu, HVAC Duct System Design Using Genetic Algorithms, In: HVAC&R Research, Nr. 2, 6. Jg., 2000, S. 149-173.

Asl; Bergin; Menter; Yan, BIM-based Parametric Building Energy Performance Multi-Objective Optimization, In: Fusion: Data Integration at is best, Vol. 2, 2014, S. 455-464.

Aurich, Entwicklung einer Methode zur quantitativen, mehrdimensionalen Fabriklayoutplanung - mittels mathematischer Modellierung von fabrikplanungsrelevanten Eigenschaften, Abschlussbericht, IPH, 2020.

Autodesk (2019), Dictionaries in Dynamo. URL: https://primer.dynamobim.org/en/09_Dictionaries/9_Dictionaries-In-Dynamo.html 25.04.2021.

Autodesk Inc. (2021), AutoCAD. URL: https://www.autodesk.ch/de/products/autocad/overview?term=1-YEAR&tab=subscription 30.11.2021.

Azadivar; Wang, Facility layout optimization using simulation and genetic algorithms, In: International Journal of Production Research, Nr. 17, 38. Jg., 2000, S. 4369-4383.

Azharr; Nadeem; Mok; Leung, Building Information Modeling (BIM) - A New Paradigm for Visual Interactive Modeling and Simulation for Construction Projects, In: First International Conference on Construction in Developing Countries (ICCIDC–I), 2008.

Bauernhansl et al., Fabrik im Wandel - Gestaltungsprinzipien der Veränderungsfähigkeit und ihre Vorteile für Produktionsunternehmen, Fachbeirat des Deutschen Fabrikplanungskongresses, 2016.

Behzadian; Khanmohammadi Otaghsara; Yazdani; Ignatius, A state-of the-art survey of TOPSIS applications, In: Expert Systems with Applications, Nr. 17, 39. Jg., 2012, S. 13051-13069.

Bengio; Lodi; Prouvost, Machine learning for combinatorial optimization - A methodological tour d'horizon, In: European Journal of Operational Research, 2020.

Bergholz, Objektorientierte Fabrikplanung, Shaker, Aachen, 2006.

Biggerstaff, Design recovery for maintenance and reuse, In: Computer, Nr. 7, 22. Jg., 1989, S. 36-49.

Binder; Kantowsky, Technologiepotentiale - Neuausrichtung der Gestaltungsfelder des strategischen Technologiemanagements, DUV, Dt. Univ.-Verl., Wiesbaden, 1996.

Bogner; Menz, The Theory-Generating Expert Interview: Epistemological Interest, Forms of Knowledge, Interaction, In: Bogner, A. (Hrsg.): Interviewing Experts, 1st ed. 2009; Palgrave MacMillan, 2016, S. 43-80.

Bohnacker; Groß; Laub, Generative Gestaltung - Entwerfen, programmieren, visualisieren, 1. Aufl.; Schmidt, Mainz, 2009.

Böning, Quantitative, mehrdimensionale ad hoc Fabrikbewertung mittels mathematischer Modellierung von fabrikplanungsrelevanten Eigenschaften, Abschlussbericht, IPH, 2017.

Booth, "Brimful of STARLITE": toward standards for reporting literature searches, In: Journal of the Medical Library Association, Nr. 4, 94. Jg., 2006, S. 421-429.

Borrmann; Beetz; Koch; Liebich, Industry Foundation Classes – Ein herstellerunabhängiges Datenmodell für den gesamten Lebenszyklus eines Bauwerks, In: Borrmann, A.; König, M.; Koch, C.; Beetz, J. (Hrsg.): Building Information Modeling, Springer Fachmedien Wiesbaden, Wiesbaden, 2015, S. 83-127.

Borrmann; Berkhahn, Grundlagen der geometrischen Modellierung, In: Borrmann, A.; König, M.; Koch, C.; Beetz, J. (Hrsg.): Building Information Modeling, Springer Fachmedien Wiesbaden, Wiesbaden, 2015, S. 25-41.

Borrmann; König; Koch; Beetz, Einführung, In: Borrmann, A.; König, M.; Koch, C.; Beetz, J. (Hrsg.): Building Information Modeling, Springer Fachmedien Wiesbaden, Wiesbaden, 2015, S. 1-21.

Bortz; Döring, Quantitative Methoden der Datenerhebung, In: Bortz, J.; Döring, N. (Hrsg.): Forschungsmethoden und Evaluation - Für Human- und Sozialwissenschaftler, 4., überarb. Aufl., Springer-Medizin-Verl., Heidelberg, 2006, S. 137-293.

Bracht; Geckler; Wenzel, Anwendungen der Digitalen Fabrik, In: Bracht, U.; Geckler, D.; Wenzel, S. (Hrsg.): Digitale Fabrik, Springer Berlin Heidelberg, Berlin, Heidelberg, 2018, S. 259-373.

Bracht; Geckler; Wenzel, Anwendungsfelder der Digitalen Fabrik im Überblick, In: Bracht, U.; Geckler, D.; Wenzel, S. (Hrsg.): Digitale Fabrik, Springer Berlin Heidelberg, Berlin, Heidelberg, 2018, S. 26-53.

Bracht; Geckler; Wenzel, Einleitung, Definition und Stand der Umsetzung sowie der Bezug zu Industrie 4.0, In: Bracht, U.; Geckler, D.; Wenzel, S. (Hrsg.): Digitale Fabrik, Springer Berlin Heidelberg, Berlin, Heidelberg, 2018, S. 1-25.

Burggräf; Wagner; Heinbach, Bibliometric Study on the Use of Machine Learning as Resolution Technique for Facility Layout Problems, In: IEEE Access, 9. Jg., 2021, S. 22569-22586.

Burggräf; Adlon; Hahn; Schulz-Isenbeck, Fields of action towards automated facility layout design and optimization in factory planning – A systematic literature review, In: CIRP Journal of Manufacturing Science and Technology, 35. Jg., 2021, S. 864-871.

Burggräf; Dannapfel; Hahn; Preutenborbeck, Uncovering the human evaluation of changeability for automated factory layout planning: an expert survey, In: Production Engineering, 2021, S. 285-298.

Burggräf; Dannapfel, Hahn, Schulz-Isenbeck, Sensitivity analysis of specific metrics for automated evaluation of layout changeability, In: Production Engineering, 2022

Burggräf; Ebade; Dannapfel; Bertling, Factory-BIM zur integrierten Produktions- und Gebäudeplanung, In: Conference VPP, 2018.

Burggräf; Koch; Ebade Esfahani; Vierschilling; Hahn, Layoutplanung, In: Burggräf, P. (Hrsg.): Fabrikplanung - Handbuch Produktion und Management 4, 2nd ed.; Springer Berlin / Heidelberg, Berlin, Heidelberg, 2021, S. 409-454.

Campolongo; Cariboni; Saltelli, An effective screening design for sensitivity analysis of large models, In: Environmental Modelling & Software, Nr. 10, 22. Jg., 2007, S. 1509-1518.

Chen, Information management for factory planning and design, Industrial Engineering and Management, KTH Royal Institute of Technology, Stockholm, 2012.

Chikofsky; Cross, Reverse Engineering And Design Recovery - A Taxonomy, In: IEEE Software, Nr. 1, 7. Jg., 1990, S. 13-17.

Clarivate (2021), Web of Science Core Collection. URL: https://clarivate.com/webofsciencegroup/solutions/web-of-science-core-collection/ 15.06.2021.

Cooper, Organizing knowledge syntheses: A taxonomy of literature reviews, In: Knowledge in Society, Nr. 1, 1. Jg., 1988, S. 104-126.

Dangelmaier, Fertigungsplanung - Planung von Aufbau und Ablauf der Fertigung ; Grundlagen, Algorithmen und Beispiele, Springer, Berlin, 1999.

Dangelmaier, Planung innerbetrieblicher Strukturen, In: Dangelmaier, W. (Hrsg.): Fertigungsplanung - Planung von Aufbau und Ablauf der Fertigung Grundlagen, Algorithmen und Beispiele, 2. Auflage; Springer Berlin Heidelberg, Berlin, Heidelberg, s.l., 2001, S. 247-446.

Deb; Pratap; Agarwal; Meyarivan, A fast and elitist multiobjective genetic algorithm: NSGA-II, In: IEEE Transactions on Evolutionary Computation, Nr. 2, 6. Jg., 2002, S. 182-197.

DIN IEC 60050-351:2014-09 - Internationales Elektrotechnisches Wörterbuch-Teil_351: Leittechnik (IEC_60050-351:2013), Beuth Verlag GmbH, Berlin, 2014.

Dombrowski; Ernst; Reimer, Fabrikplanung, In: Dombrowski, U.; Marx, S. (Hrsg.): KlimaIng - Planung klimagerechter Fabriken, Springer Berlin Heidelberg, Berlin, Heidelberg, 2018, S. 51-80.

Domschke; Drexl; Klein; Scholl, Simulation, In: Domschke, W.; Drexl, A.; Klein, R.; Scholl, A. (Hrsg.): Einführung in Operations Research, Springer Berlin Heidelberg, Berlin, Heidelberg, 2015, S. 233-248.

ElMaraghy; Wiendahl, Changeability – An Introduction, In: ElMaraghy, H. A. (Hrsg.): Changeable and Reconfigurable Manufacturing Systems, Springer London, London, 2009, S. 3-24.

ElMaraghy; Wiendahl, Changeable Manufacturing, In: Chatti, S.; Tolio, T. (Hrsg.): CIRP Encyclopedia of Production Engineering, Springer Berlin Heidelberg; Imprint: Springer, Berlin, Heidelberg, 2020, S. 1-7.

Elsevier (2021), Über Scopus. URL: https://www.elsevier.com/de-de/solutions/scopus 15.06.2021.

Erlach, Die schlanke Fabrik, In: Erlach, K. (Hrsg.): Wertstromdesign - Der Weg zur schlanken Fabrik, 2. Aufl. 2010; Springer Berlin Heidelberg, Berlin, Heidelberg, 2010, S. 281-306.

Fuller; Kuromiya, Cosmography - A posthumous scenario for the future of humanity, Macmillan; Maxwell Macmillan Canada; Maxwell Macmillan International, New York, Toronto, New York, 1992.

Funke, Methoden der Kognitiven Psychologie Handbuch Quantitative Methoden, 1996, S. 515-528.

Funken, Modellierung der Welt - Wissenssoziologische Studien zur Software-Entwicklung, VS Verlag für Sozialwissenschaften, Wiesbaden, 2001.

Garcia Hernandez; Arauzo Azofra; A.; Pierreval, H., Corchado, E., Facility layout design using a multi-objective interactive genetic algorithm to support the DM, In: Expert Systems, Nr. 32(1), 2016. Jg., 2016, S. 94-107.

Geldermann; Lerche, Leitfaden zur Anwendung von Methoden der multikriteriellen Entscheidungsunterstützung - Methode: PROMETHEE, Georg-August-Universität, 2014.

Ginevičius, Normalization of Quantities of Various Dimensions, In: Journal of Business Economics and Management, Nr. 1, 9. Jg., 2008, S. 79-86.

Graefenstein; Winkels; Scholz, Automatisierte Konfiguration von Fabrikplanungsverläufen, In: Fabriksoftware, 03/2018, 2018, S. 58-60.

Grundig, Grundlagen der Fabrikplanung, In: Grundig, C.-G. (Hrsg.): Fabrikplanung - Planungssystematik - Methoden - Anwendungen, 5., aktualisierte Aufl.; Hanser, München, 2015, S. 11-36.

Heger, Bewertung der Wandlungsfähigkeit von Fabrikobjekten, Zugl.: Hannover, Univ., Dissertation, PZH, Produktionstechn. Zentrum, 2007.

Heinen; Hirsch; Hyhuis, Wandlungsfähigkeit durch Mitarbeiterkompetenz - Entwicklung eines mitarbeiterorientierten Planungsmodells zur Steigerung der Wandlungsfähigkeit von Fabriken, In: ZWF, Nr. 10, 104. Jg., 2009, S. 836-841.

Hernández; Wiendahl, Die wandlungsfähige Fabrik - Grundlagen und Planungsansätze, Erfolgsfaktor Flexibilität, 2005, S. 203-228.

Herrmann, Evaluating Design Optimization Models, In: ISR Technical Report, 2007.

Hevner, A Three Cycle View of Design Science Research, In: Scandinavian Journal of Information Systems, Nr. 19(2), 2007. Jg., 2007, S. 87-92.

Hevner; March; Park; Ram, Design science in information systems research, In: MIS Quarterly, Vol. 28 No. 1, March 2004, 2004, S. 75-105.

Hevner; March; Park; Ram, Design Science in Information Systems Research, In: MIS Quarterly, Nr. 1, 28. Jg., 2004, S. 75.

Hoes; Trcka; Hoekstra Bonnema, Optimizing Building Designs Using A Robustness Indicator - With Respect To User Behavior, 2011, S. 1710-1717.

Hosseini-Nasab; Fereidouni; Fatemi Ghomi; Fakhrzad, Classification of facility layout problems - A review study, In: The International Journal of Advanced Manufacturing Technology, Nr. 1-4, 94. Jg., 2018, S. 957-977.

Jasperneite; Hinrichsen; Niggemann, "Plug-and-Produce" für Fertigungssysteme - Anwendungsfälle und Lösungsansätze, In: Informatik-Spektrum : Organ der Gesellschaft für Informatik e.V. und mit ihr assoziierter Organisationen, Nr. 3, 38. Jg., 2015, S. 183-190.

Berquist; Tessier; O'Brien; Attar; Khan, An Investigation of Generative Design for Heating, Ventilation, and Air-Conditioning, In: Proceedings of the 2017 Symposium on Simulation for Architecture and Urban Design (SimAUD 2017), Society for Modeling and Simulation International (SCS), 2017.

Kensek, Visual Programming for Building Information Modeling - Energy and Shading Analysis Case Studies, In: Journal of Green Building, Nr. 4, 10. Jg., 2015, S. 28-43.

Khajavi; Motlagh; Jaribion; Werner; Holmstrom, Digital Twin: Vision, Benefits, Boundaries, and Creation for Buildings, In: IEEE Access, 7. Jg., 2019, S. 147406-147419.

Klemke; Mersmann; Nyhuis, Wandlungsfähige Produktionssysteme - Methodik zur Bewertung und Gestaltung der Wandlungsfähigkeit, In: wt Werkstattstechnik online, Nr. 4, Jahrgang 102, 2012, S. 222-227.

Klemke; Nyhuis, Lean Changeability – Evaluation And Design Of Lean And Transformable Factories, 2009.

Krebs; Goßmann; Erohin; Bertsch; Deuse; Nyhuis, Standardisierung im wandlungsfähigen Produktionssystem, In: ZWF, Nr. 12, 106. Jg., 2011, S. 912-917.

Kritzinger; Karner; Traar; Henjes; Sihn, Digital Twin in manufacturing: A categorical literature review and classification, In: IFAC-PapersOnLine, Nr. 11, 51. Jg., 2018, S. 1016-1022.

Krüger, Entwicklung einer Gesamtmethodik zur Kombination von mathematischer Anordnungsoptimierung und Materialflusssimulation für die Produktionslayoutplanung, Dissertation, Shaker Verlag; Shaker Verlag, 2019.

Krunke, Reifegradmanagement in der Fabrikplanung, Dissertation, Apprimus Verlag, 2017.

Kundu; Dan, Metaheuristic in facility layout problems: current trend and future direction, In: International Journal of Industrial and Systems Engineering, Nr. 2, 10. Jg., 2012, S. 238.

Lam; Bertini; Isenberg; Plaisant; Carpendale, Seven Guiding Scenarios for Information Visualization Evaluation - Research Report, 2012.

Lanza; Nyhuis; Fisel; Jacob; Nielsen, Wandlungsfähige, menschzentrierte Strukturen in Fabriken und Netzwerken der Industrie 4.0 (acatech Studie), Herbert Utz Verlage, München, 2018.

Li; Qian; Wu; Chen, Sensitivity analysis of TOPSIS method in water quality assessment: I. Sensitivity to the parameter weights, In: Environmental monitoring and assessment, Nr. 3, 185. Jg., 2013, S. 2453-2461.

Lindow, Smarte Fabrik 4.0 - Digitaler Zwilling, 2021.

Löffler, Systematik der strategischen Strukturplanung für eine wandlungsfähige und vernetzte Produktion der variantenreichen Serienfertigung, Jost-Jetter, Heimsheim, 2011.

Loos, Daten- und termingesteuerte Entscheidungsmethodik der Fabrikplanung unter Berücksichtigung der Produktentstehung, Print on demand; Technische Informationsbibliothek u. Universitätsbibliothek; KIT Scientific Publishing, Hannover, Karlsruhe, 2013.

March; Smith, Design and natural science research on information technology, In: Decision Support Systems, Nr. 4, 15. Jg., 1995, S. 251-266.

Mateus, Optimisation of the Facility Layout Problem, Unpublished, 2000.

McKnight, Generative Design: What it is? How is it being used? Why it's a game changer, In: KnE Engineering, Nr. 2, 2. Jg., 2017, S. 176.

Meckelnborg, Integrative Fabrikplanung durch effiziente Koordinationsmodelle, 1. Aufl.; Apprimus Verlag, Aachen, 2015.

Meller; Gau, The facility layout problem: Recent and emerging trends and perspectives, In: Journal of Manufacturing Systems, Nr. 5, 15. Jg., 1996, S. 351-366.

Meuser; Nagel, The Expert Interview and Changes in Knowledge Production, In: Bogner, A. (Hrsg.): Interviewing Experts, 1st ed. 2009; Palgrave McMillan, 2016, S. 17-42.

Moher; Liberati; Tetzlaff; Altman, Preferred reporting items for systematic reviews and meta-analyses: the PRISMA statement, In: BMJ (Clinical research ed.), 2009, b2535.

Morris, Factorial Sampling Plans for Preliminary Computational Experiments, In: Technometrics, Nr. 2, 33. Jg., 1991, S. 161-174.

Mottura; Viganò; Greci; Sacco; Carpanzano, New challenges in collaborative virtual factory design, In: Azevedo, A. (Hrsg.): Innovation in Manufacturing Networks - Eighth IFIP International Conference on Information Technology for Balanced Automation Systems, Porto, Portugal, June 23–25, 2008, Springer, New York, NY, Berlin, Heidelberg, 2008, S. 17-24.

Nagy; Villaggi;, Benjamin (2018), Generative Urban Design: Integrating Financial and Energy Goals for Automated Neighborhood Layout. In: Proceedings of the Simposium on Simulation for Architecture and Urban Design, 2018.

Nagy; Lau; Locke, Project Discover - An Application of Generative Design for Architectural Space Planning, In: SimAUD Conference, 2017.

Nagy; Villaggi; Stoddart; Benjamin, The Buzz Metric: A Graph-based Method for Quantifying Productive Congestion in Generative Space Planning for Architecture, In: Technology|Architecture + Design, Nr. 2, 1. Jg., 2017, S. 186-195.

Nagy; Villaggi; Zhao; Benjamin, Beyond Heuristics - A Novel Design Space Model for Generative Space Planning in Architecture, In: ACADIA 2017| Disciplines + Disruption, 2017. Jg., 2017, S. 436-446.

Nöcker, Zustandsbasierte Fabrikplanung, 1. Aufl.; Apprimus-Verl., Aachen, 2012.

Nordbeck, Die vergleichende Methode als Forschungsansatz, In: Nordbeck, R. (Hrsg.): Internationaler Politiktransfer und nationaler Politikwandel, Springer Fachmedien Wiesbaden, Wiesbaden, 2013, S. 109-144.

Nyhuis, Wandlungsfähige Produktionssysteme - Heute die Industrie von morgen gestalten, PZH Produktionstechnisches Zentrum, Garbsen, 2008.

Nyhuis, Wandlungsfähige Produktionssysteme, Gito, Berlin, 2010.

OCLC (2021), WorldCat - Überblick. URL: https://www.oclc.org/de/worldcat.html 15.06.2021.

Okpala; Chukwumuanya, Plant Layouts' Analysis and Design, In: International Journal of Advanced Engineering Technology, 2016, S. 201-206.

Papageorgiou; Leibold; Buss, Einleitung, In: Papageorgiou, M.; Leibold, M.; Buss, M. (Hrsg.): Optimierung, Springer Berlin Heidelberg, Berlin, Heidelberg, 2015, S. 1-7.

Pawellek, EDV-Unterstützung, In: Pawellek, G. (Hrsg.): Ganzheitliche Fabrikplanung, Springer Berlin Heidelberg, Berlin, Heidelberg, 2014, S. 353-436.

Pawellek, Strategieplanung, In: Pawellek, G. (Hrsg.): Ganzheitliche Fabrikplanung, Springer Berlin Heidelberg, Berlin, Heidelberg, 2014, S. 83-147.

Pawellek, Strukturplanung, In: Pawellek, G. (Hrsg.): Ganzheitliche Fabrikplanung, Springer Berlin Heidelberg, Berlin, Heidelberg, 2014, S. 149-236.

Pfeffers; Tuure Tuunanen; Marcus A. Rothenberger; Samir Chatterjee, A Design Science Research Methodology for Information Systems Research, In: Journal of Management Information Systems, Nr. Volume 24 Issue 3, Winter 2007-8, 2007, S. 45-78.

Ragin; Zaret, Theory and Method in Comparative Research: Two Strategies, In: Social Forces, Nr. 3, 61. Jg., 1983, S. 731-754.

Rao, The finite element method in engineering, Butterworth-Heinemann, [Place of publication not identified], 2017.

Rauch, Konzept eines wandlungsfähigen und modularen Produktionssystems für Franchising-Modelle, Fraunhofer-Verl., Stuttgart, 2013.

Reinhart, Mit Schwung zum Aufschwung - Information - Inspiration - Innovation, mi Verl. Moderne Industrie, Landsberg/Lech, 1997.

Reinhart, Im Denken und Handeln wandeln, In: Reinhart, G. (Hrsg.): Tagungsband Münchner Kolloquium, München, 2000.

Rudtsch, Methodik zur Bewertung von Produktionssystemen in der frühen Entwicklungsphase, 2016.

Rummukainen; Jukka K. Nurminen; Timo Syrjänen; J.-P. Numminen, Machine Learning from Prior Designs for Facility Layout Optimization, 2018.

Ruppert; Abonyi, Integration of real-time locating systems into digital twins, In: Journal of Industrial Information Integration, 20. Jg., 2020, S. 100174.

Schäfer, Intuitive digitale Fabriklayoutplanung, Dissertation, Shaker; Shaker Verlag, 2019.

Schanz, Wissenschaftsprogramme der Betriebswirtschaftslehre - Allgemeine Betriebswirtschaftslehre: mit zahlreichen Übersichten, Lucius & Lucius, Stuttgart, 2009, S. 81-159.

Schenk; Wirth; Müller, Fabrikplanungsaufgaben, -Vorgehensweise und -schritte, In: Schenk, M.; Wirth, S.; Müller, E. (Hrsg.): Fabrikplanung und Fabrikbetrieb, Springer, Berlin, Heidelberg, 2014, S. 283-348.

Schenk; Wirth; Müller, Wandlungsfähige Fabrikmodelle, In: Schenk, M.; Wirth, S.; Müller, E. (Hrsg.): Fabrikplanung und Fabrikbetrieb, Springer, Berlin, Heidelberg, 2014, S. 649-678.

Scholz, Layoutplanung / Innerbetriebliche Standortplanung, In: Scholz, D. (Hrsg.): Innerbetriebliche Standortplanung, Gabler, Wiesbaden, 2010, S. 3-20.

Schuh; Gottschalk, Skalierbare Produktionslinien in der Automobilindustrie, In: ZWF Zeitschrift für wirtschaftlichen Fabrikbetrieb, Nr. 7-8, 99. Jg., 2004, S. 376-380.

Schuh; Potente; Fuchs; Hausberg, Methodology for the Assessment of Changeability of Production Systems Based on ERP Data, In: Procedia CIRP, 3. Jg., 2012, S. 412-417.

Sepehri, Just-in-time, not just in Japan - Case studies of American pioneers in JIT implementation, Falls Church, Va., 1986.

Shahin; Poormostafa, Facility Layout Simulation and Optimization: an Integration of Advanced Quality and Decision Making tools and Techniques, In: Modern Applied Science, Nr. 4, 5. Jg., 2011.

Shariatzadeh; Sivard; Chen, Software Evaluation Criteria for Rapid Factory Layout Planning, Design and Simulation, In: Procedia CIRP, 3. Jg., 2012, S. 299-304.

Siebertz; van Bebber; Hochkirchen, Sensitivitätsanalyse, In: Siebertz, K.; van Bebber, D.; Hochkirchen, T. (Hrsg.): Statistische Versuchsplanung, Springer Berlin Heidelberg, Berlin, Heidelberg, 2017, S. 415-430.

Singh; Sharma, A review of different approaches to the facility layout problems, In: The International Journal of Advanced Manufacturing Technology, Nr. 5-6, 30. Jg., 2006, S. 425-433.

Singh; Singh, An improved heuristic approach for multi-objective facility layout problem, In: International Journal of Production Research, Nr. 4, 48. Jg., 2010, S. 1171-1194.

Springer (2021), Willkommen bei SpringerLink. URL: https://www.springer.com/de/hilfe/willkommen-bei-springerlink/18632 15.06.2021.

Stäbler; Weber, Jakob (1); Paetzold, Kristin (2), Literature Review Of Existing Evaluation Methods In The Context Of Changeability, 2016.

Stengel, Die Neuerfindung der Ökonomie, In: Redlich, T.; Moritz, M.; Wulfsberg, J. P. (Hrsg.): Interdisziplinäre Perspektiven zur Zukunft der Wertschöpfung, Springer Fachmedien Wiesbaden, Wiesbaden, 2018, S. 9-19.

Tisch; Laudemann; Kreß; Metternich, Utility-based Configuration of Learning Factories Using a Multidimensional, Multiple-choice Knapsack Problem, In: Procedia Manufacturing, 9. Jg., 2017, S. 25-32.

Ulkucu; Alacam, A Decision Support Framework for FLP in the Context of Industrial Facilities by the Use of BIM, In: ECAADE SIGRADI 2019: Architecture in the age of the 4$^{th}$ industrial revolution, Vol. 2, 2019, S. 269-278.

Ulrich; Hill, Wissenschaftstheoretische Grundlagen der BWL, In: WiSt, 1976.

Vajna; Weber; Bley; Zeman; Hehenberger, Grundlagen der Modellbildung - CAx für Ingenieure, Springer Berlin Heidelberg, Berlin, Heidelberg, 2009, S. 97-157.

Vajna; Weber; Bley; Zeman; Hehenberger, Modellerstellung und -anwendungCAx für Ingenieure, Springer Berlin Heidelberg, Berlin, Heidelberg, 2009, S. 159-357.

VDI-Fachbereich Fabrikplanung und -betrieb, VDI 3633 Blatt 1 - Simulation von Logistik-, Materialfluss- und ProduktionssystemenVDI-Handbuch Produktionstechnik und Fertigungsverfahren, 2014.

VDI-Fachbereich Produktentwicklung und Mechatronik, VDI 2249 Informationsverarbeitung in der Produktentwicklung - Berechnungen in der KonstruktionVDI-Handbuch Informationstechnik - Band 1: Angewandte Informationstechnik, 2011.

Verein Deutscher Ingenieure, VDI 4499 - Digital factory, VDI manual Technical Logistics, 2011.

Verein Deutscher Ingenieure, VDI 5200 Blatt 1 - Fabrikplanung - Planungsvorgehen, 2: Modellierung und Simulation, 2011.

Vermeulen, From Design Automation to Generative Design in AEC, 2021.

Villaggi; Stoddart; Nagy; Benjamin, Survey-Based Simulation of User Satisfaction for Generative Design in Architecture, In: Rycke, K. de; Gengnagel, C.; Baverel, O.; Burry, J.; Mueller, C.; Nguyen, M. M.; Rahm, P.; Thomsen, M. R. (Hrsg.): Humanizing Digital Reality, Springer Singapore, Singapore, 2018, S. 417-430.

Voet, Baukastensysteme für die Fabrikplanung in kleinen und mittleren Unternehmen, 1. Auflage; Apprimus Verlag, Aachen, 2018.

Vom Brocke; A. Simons; B. Niehaves; K. Riemer; R. Plattfaut; A. Cleven, Reconstructing the giant - On the importance of rigour in documenting the literature search process, In: 17th European Conference on Information Systems (ECIS), 2009. Jg., 2009.

Wadhwa; Rao; Chan, Flexibility-enabled lead-time reduction in flexible systems, In: International Journal of Production Research, Nr. 15, 43. Jg., 2005, S. 3131-3162.

Wallach, Kognitionswissenschaft, In: Wallach, D. (Hrsg.): Komplexe Regelungsprozesse, Deutscher Universitätsverlag, Wiesbaden, 1998, S. 9-62.

Wang; Yan; Zhang; Shangguan; Xiao, A simulation optimization approach for facility layout problem2008 IEEE International Conference on Industrial Engineering and Engineering Management, IEEE, 08.12.2008 - 11.12.2008, S. 734-738.

Warnecke; Dangelmaier, Layoutplanung - der Stand der Technik, In: Operations-Research-Spektrum, Nr. 1, 3. Jg., 1981, S. 1-20.

Wäscher, Ziele und Restriktionen der innerbetrieblichen Standortplanung, In: Besters, H.; Colbe, W. B. von; Engelhardt, W.; Jaeger, A.; Laßmann, G.; Wartmann, R.; Wäscher, G. (Hrsg.): Innerbetriebliche Standortplanung bei einfacher und mehrfacher Zielsetzung, Gabler Verlag, Wiesbaden, 1982, S. 33-89.

Werkzeugmaschinenlabor der RWTH Aachen Universität (2021), Kompetenz- und Forschungsbereich Layoutplanung mit dem Fabrikplanungs-PowerPoint-AddIn (FP-PPT) - Layoutplanung mit komplexitätsgerechten Softwaretools. URL: http://wzl.rwth-aachen.de/__C1256E970034898A.nsf/html/de_4d2e871cdd10c6acc1257bc80049c8e3.htm 03.01.2021.

Wesebaum; Mach, Fabrikbewertung durch mathematische Modellierung, 2016.

Wesebaum; Mach, F., Ullmann, G, Grundzüge einer objektiven, mehrdimensionalen Fabrikbewertung, In: VDI-Z Integrierte Produktion, Nr. 9, 158. Jg., 2016, S. 86-88.

Westkämper; Wurst; Wiendahl; Spath; Schön; Bantel; Berger; Bungard; Brinzer; Constantinescu; Dunker; Erke; Fisser; Heisel; Horvath; Jöns; Kapp; Kircher; Klemm; Kornienko; Kornienko; Kremer; Langer; Le Blond; Lehr; Levi; Löffler; Mangold; Meitzner; Meyer; Minning; Mitschang; Nowak; Priese; Pritschow; Racky; Rantzau; Heinkel, Das Stuttgarter Unternehmensmodell in der Theorie, In: Westkämper, E.; Zahn, E. (Hrsg.): Wandlungsfähige Produktionsunternehmen, Springer Berlin Heidelberg, Berlin, Heidelberg, 2009, S. 67-201.

Wiendahl; ElMaraghy; Nyhuis; Zäh; Wiendahl; Duffie; Brieke, Changeable Manufacturing - Classification, Design and Operation, In: CIRP Annals, Nr. 2, 56. Jg., 2007, S. 783-809.

Wiendahl; H.-P., Wandlungsfähigkeit - Schlüsselbegriff der zukunftsfähigen Fabrik, In: wt Werkstattstechnik online, Nr. 4, 92. Jg., 2002, S. 122-127.

Wiendahl; Heger, Justifying Changeability. A Methodical Approach to Achieving Cost Effectiveness, In: Journal for Manufacturing Science and Production, Nr. 1-2, 6. Jg., 2004, S. 33-40.

Wiendahl; Reichardt; Nyhuis, Planungsbasis, In: Wiendahl, H.-P.; Reichardt, J.; Nyhuis, P. (Hrsg.): Handbuch Fabrikplanung - Konzept, Gestaltung und Umsetzung wandlungsfähiger Produktionsstätten, 2., überarbeitete und erweiterte Auflage; Hanser; Ciando, München, Wien, München, 2014, S. 19-40.

Wiendahl; Reichardt; Nyhuis, Projektmanagement, In: Wiendahl, H.-P.; Reichardt, J.; Nyhuis, P. (Hrsg.): Handbuch Fabrikplanung - Konzept, Gestaltung und Umsetzung wandlungsfähiger Produktionsstätten, 2., überarbeitete und erweiterte Auflage; Hanser; Ciando, München, Wien, München, 2014, S. 533-575.

Wiendahl; Reichardt; Nyhuis, Systematik der Veränderungsfähigkeit, In: Wiendahl, H.-P.; Reichardt, J.; Nyhuis, P. (Hrsg.): Handbuch Fabrikplanung - Konzept, Gestaltung und Umsetzung wandlungsfähiger Produktionsstätten, 2., überarbeitete und erweiterte Auflage; Hanser; Ciando, München, Wien, München, 2014, S. 117-150.

Zäh, Münchener Kolloquium - Innovation für die Produktion - Produktionskongress, 2008.

# A Anhang

## A.1 Layoutontologien

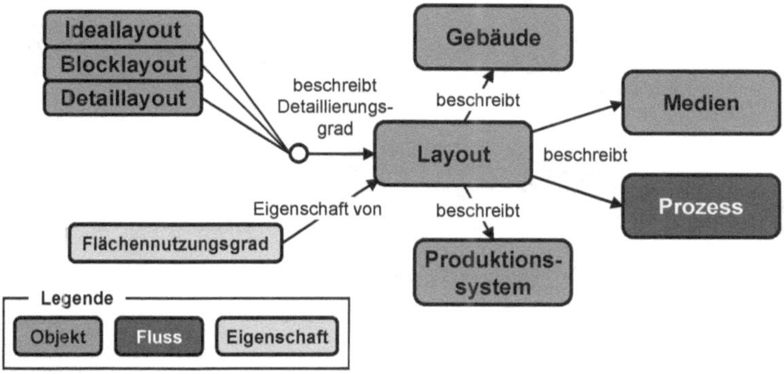


Abbildung 79: Übergeordenete Layoutontologie

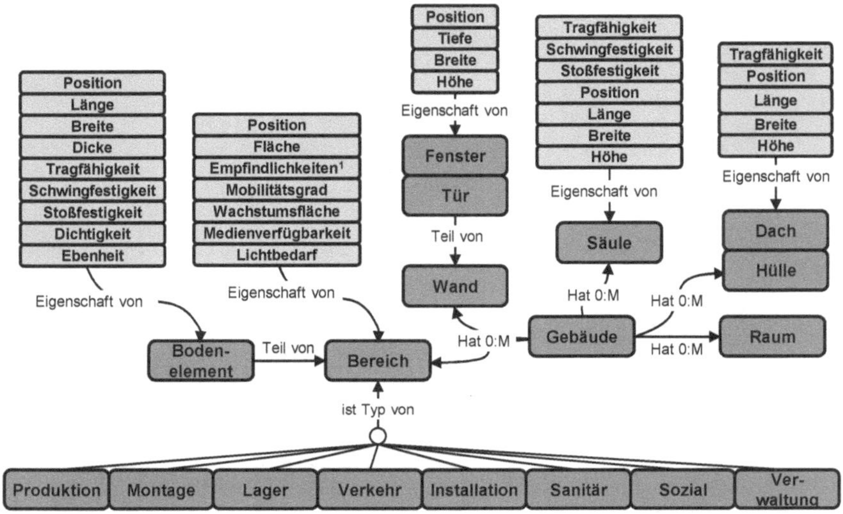


[1]Erschütterungs-, Lärm-, und Klimaempfindlichkeit

Abbildung 80: Detailontologie Gebäude

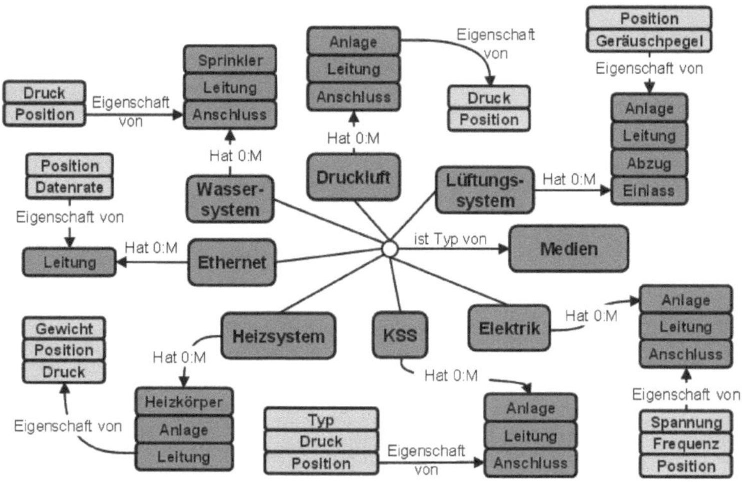


Abbildung 81: Teilontologie Medienversorgung

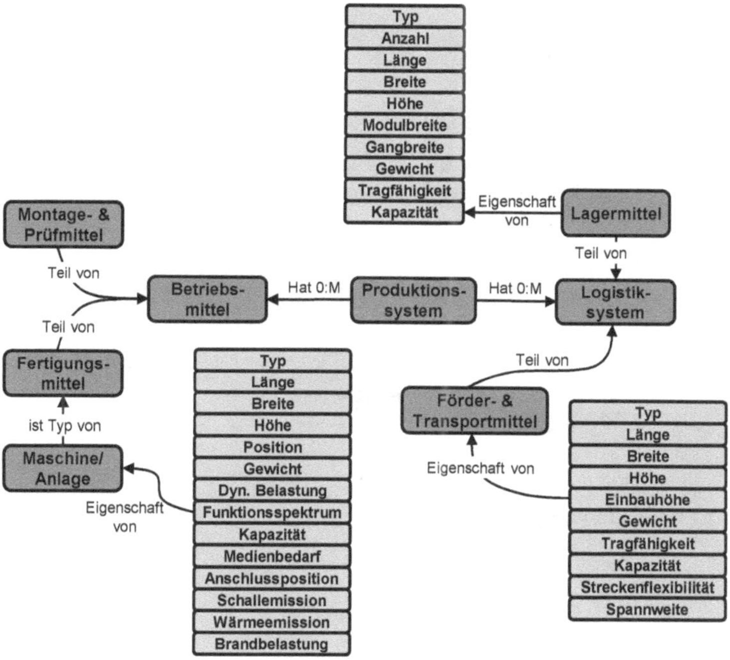


Abbildung 82: Teilontologie Produktionssystem

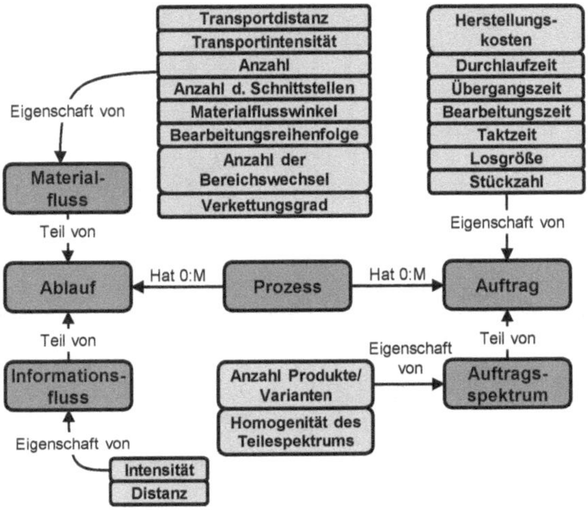


Abbildung 83: Teilontologie Prozess

## A.2 Generative Design Implementierung

### i. Metriken zur Bewertung der Materialflusseffizienz

$$\text{B1: Transportaufwand} = \sum_{i,j=1}^{n} m_{ij} s_{ij} \tag{A.1}$$

mit

$m_{ij}$ Transportmenge während einer Zeiteinheit von der Organisationseinheit i zur Organisationseinheit j

$s_{ij}$ Entfernung zwischen den Organisationseinheiten i und j

n Anzahl aller Organisationseinheiten

$$\text{B2a: Gradlinigkeit} = \sum_{i=1}^{n-1} \alpha_{i,i+1} \tag{A.2}$$

mit

$\alpha_{i,i+1}$ Winkel zwischen dem Transportwegen i und dem angrenzenden Transportweg i+1

$$\text{B2b: Kreuzungen} = \sum_{i=1}^{n-1} \sum_{j=i+1}^{n-1} k_{ij} \tag{A.3}$$

mit

$k_{ij}$ Binärer Wert, der ausdrückt, ob sich die Transportwege i und j kreuzen

n Anzahl platzierter Einheiten

## ii. Dynamographen

Übersicht Gesamtgraph:

Detailgraph:

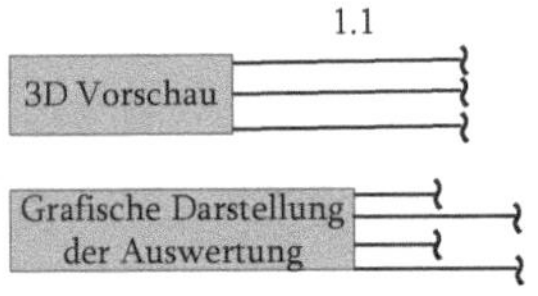


Importiert sonstige bauliche Hindernisse

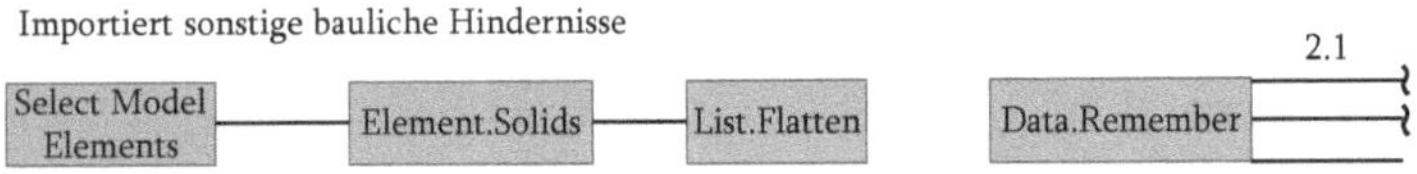


Importiert Boden

Importiert Gebäude & stellt es dar

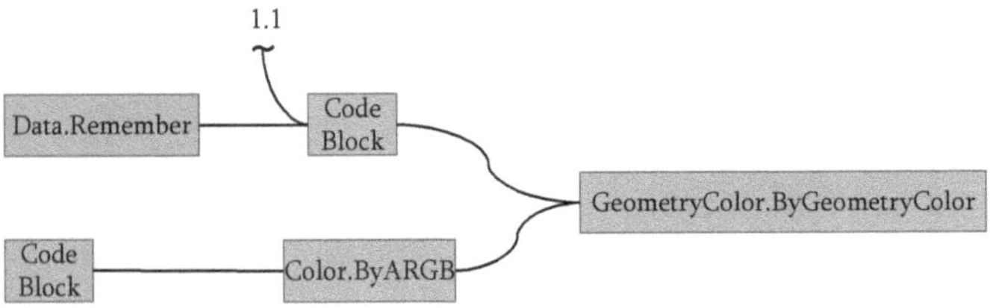

Importiert Excel Tabelle

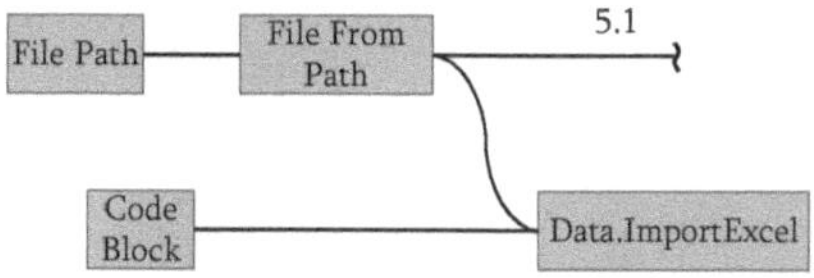


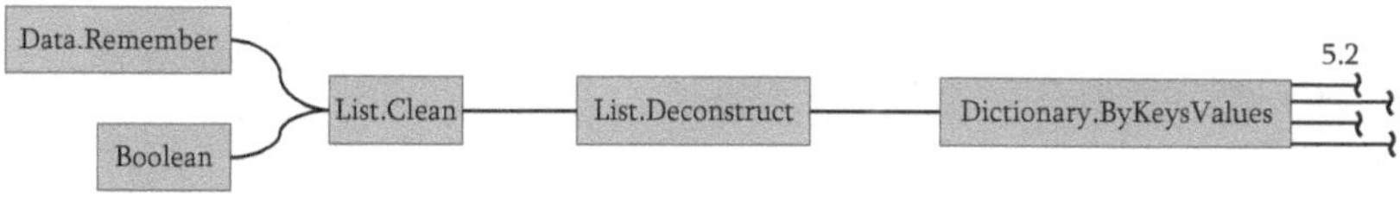


Erstellt Grundflächen der Hindernisse

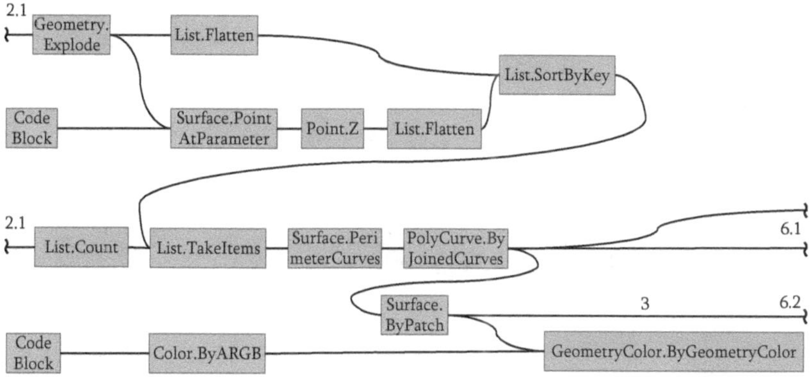

Erstellt Raster zur Verschiebung der Einheiten

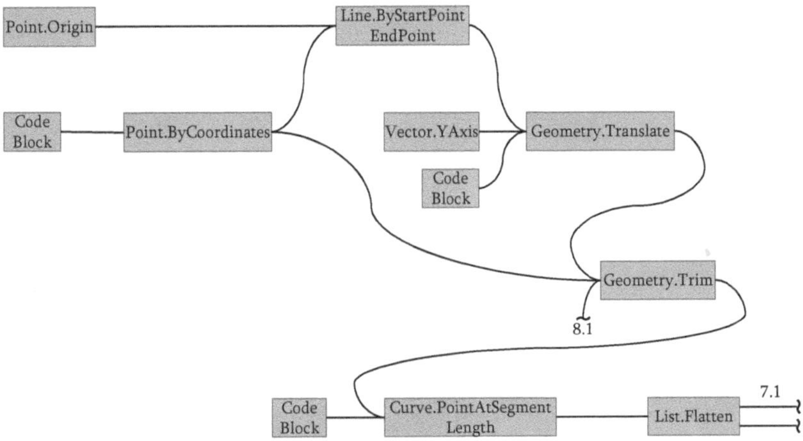


Erstellt Grundfläche

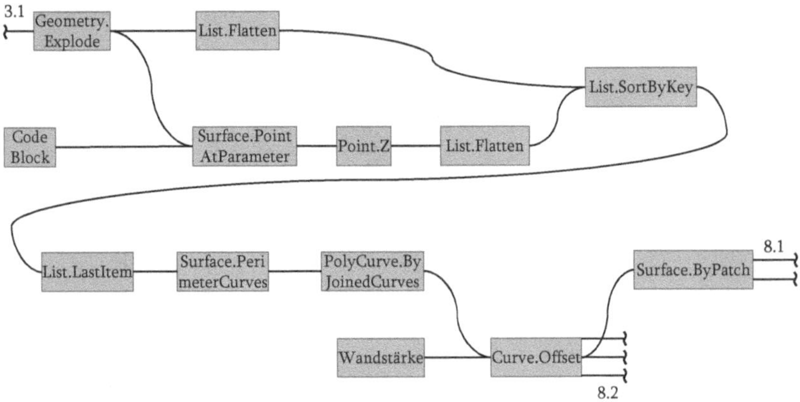

Erstellt Flächen der Einheiten ohne Erweiterung und ggf. mit

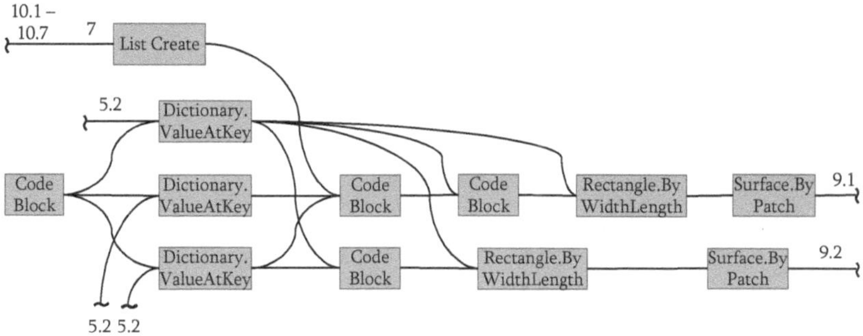


Input - Erweiterung

Input - Rotation

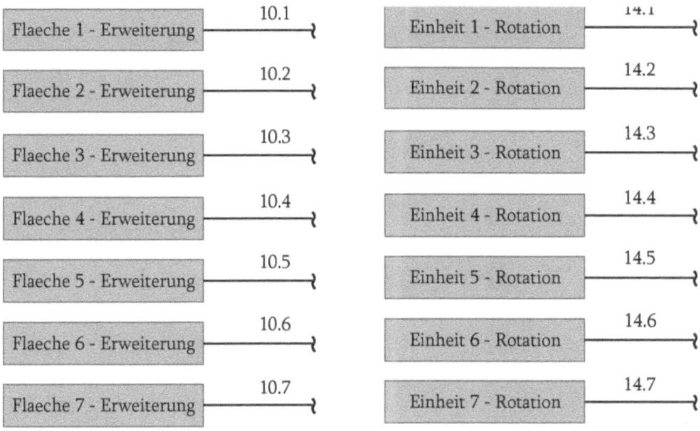

Entfernt Überschneidungen mit Hindernissen aus Raster

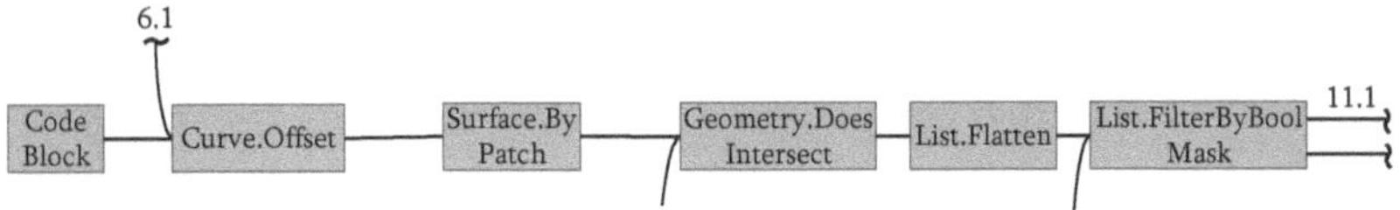


Entfernt Randpunkte aus Raster

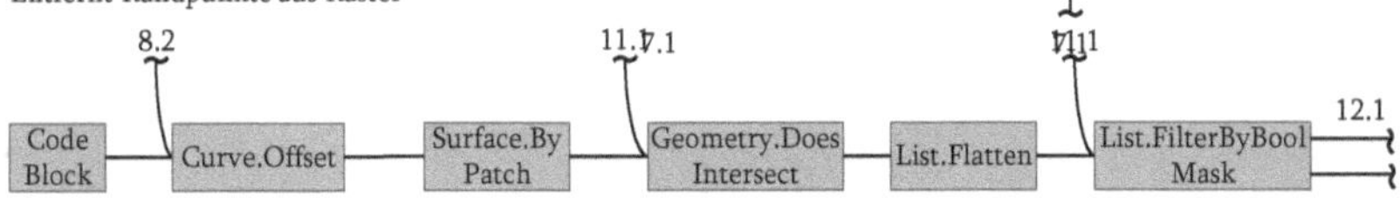


Verschiebt und rotiert Einheiten

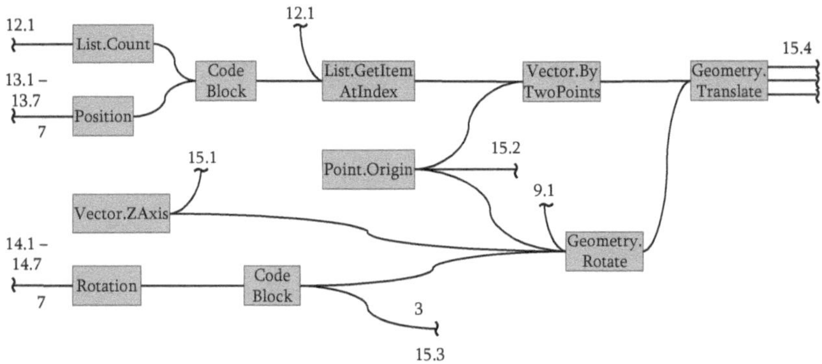


Randlinie

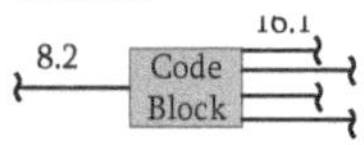

Verschiebt Einheiten, die die Wand schneiden

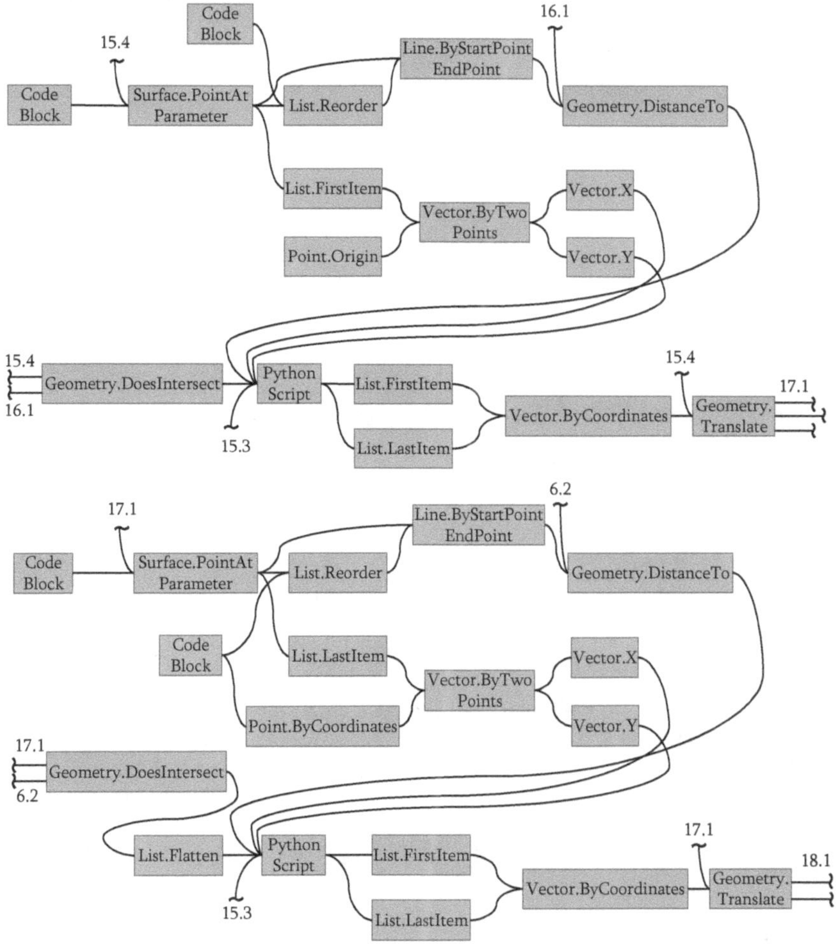

Verschiebt nicht erweiterte Einheiten

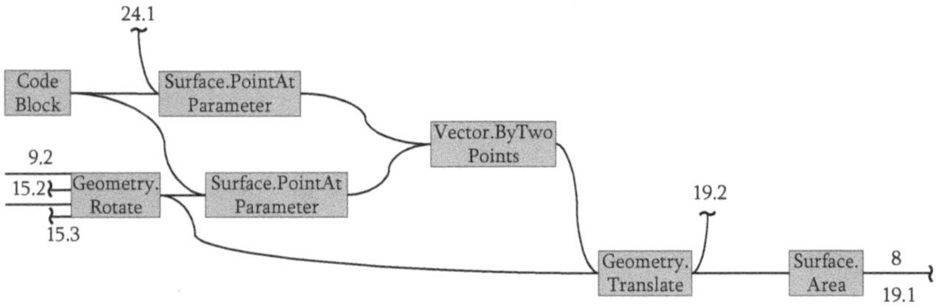


Beschriftet Einheiten

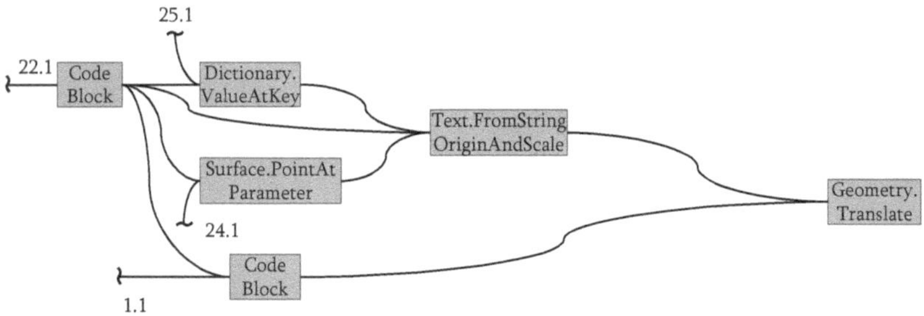


Erstellt Farben

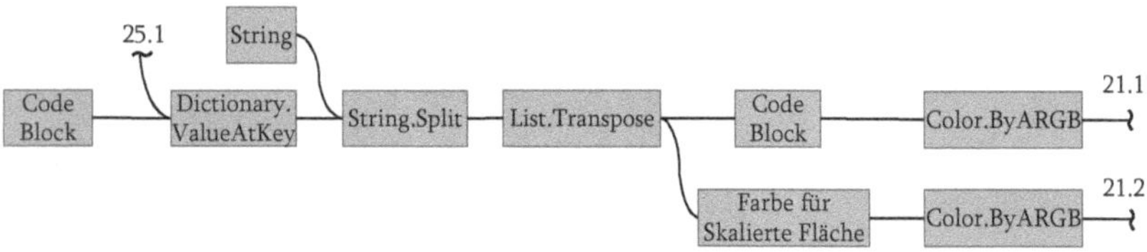

Extruiert & färbt Einheiten

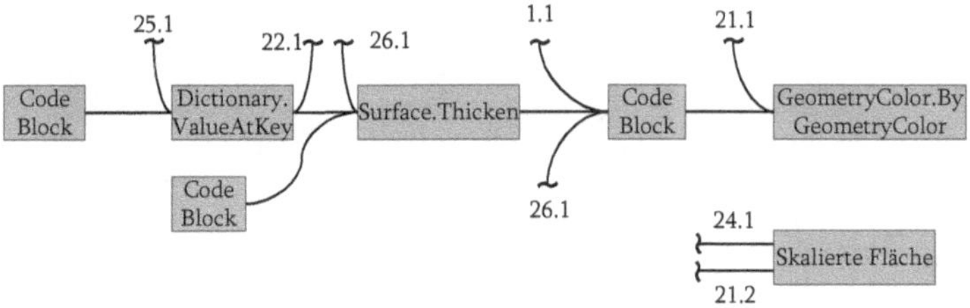


Importiert Transportmatrix

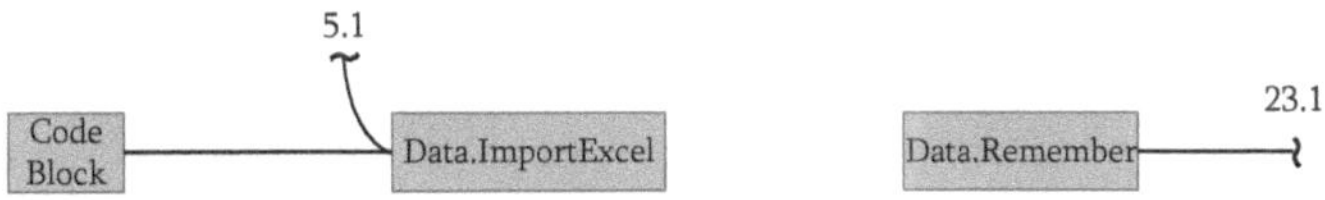


Verschobene & skalierte Einheiten

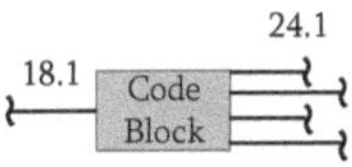


Dictionary

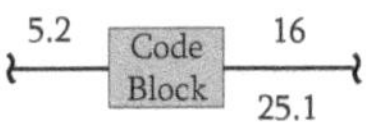


Einheiten

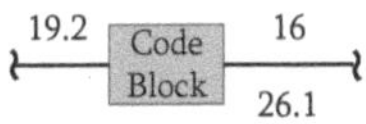


Restriktion – keine Überschneidungen

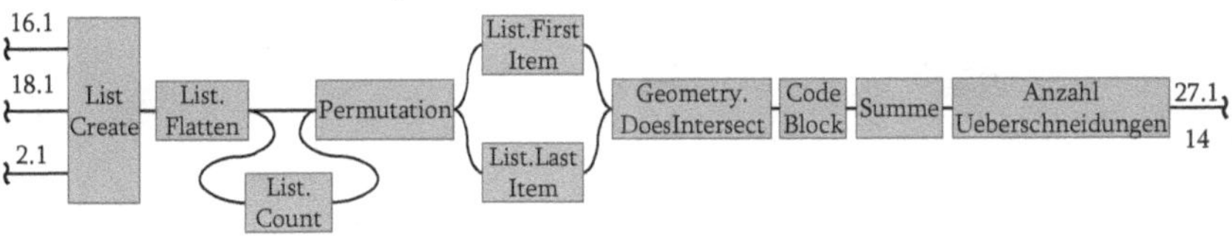

Auswertung – Transportaufkommen

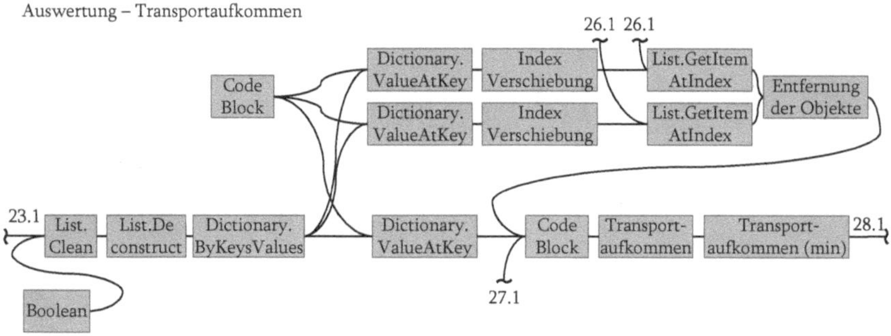


Auswertung – Kreuzungen

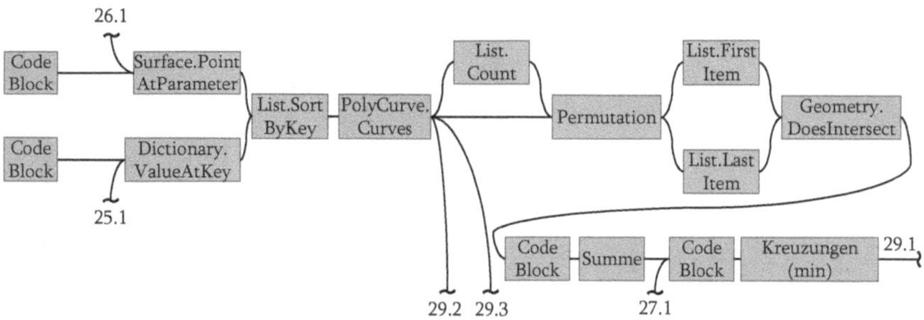


Auswertung – Gradlinigkeit

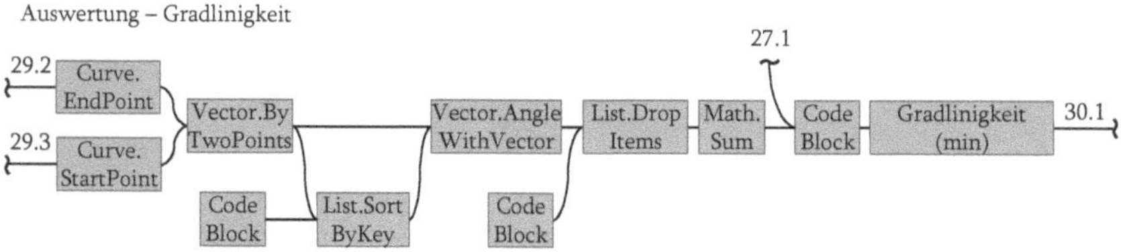

Berechnet Freie Fläche

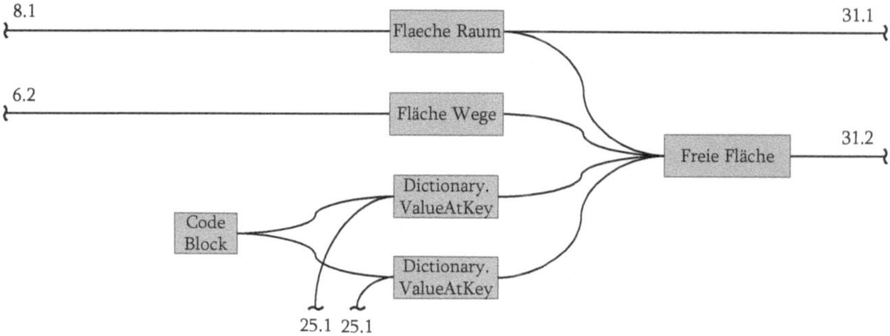


Auswertung - Skalierbarkeit

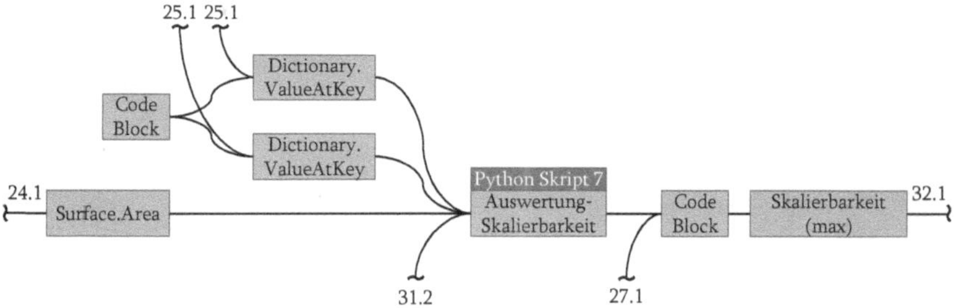


Auswertung - Modularität

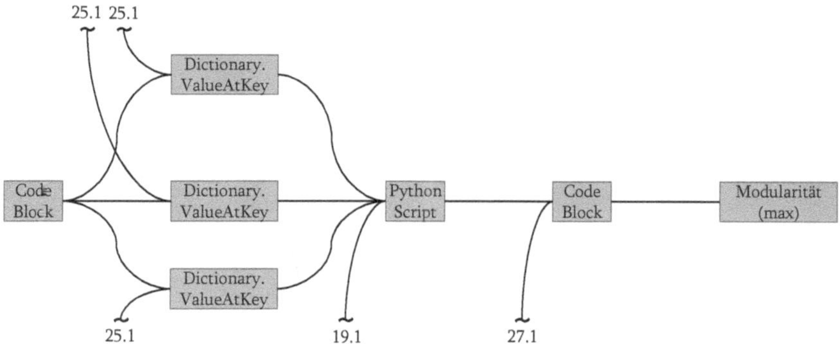

Auswertung - Mobilitätsaggregation

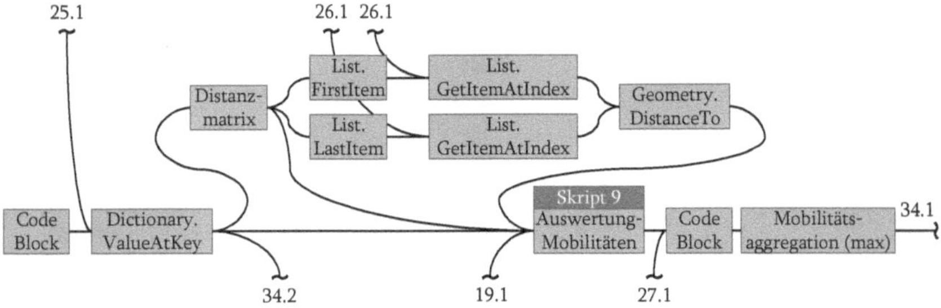


Auswertung - Monumente

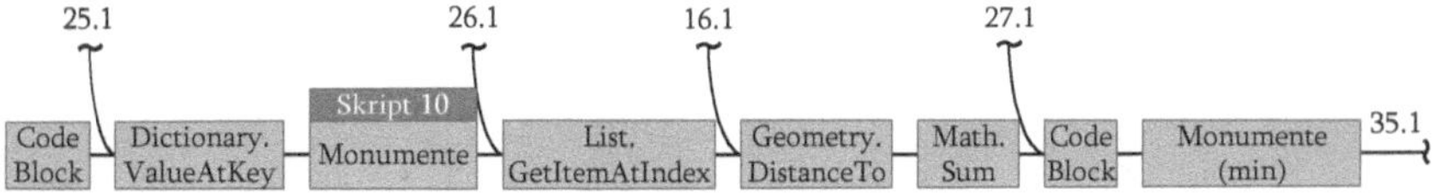


Auswertung - Mobilitätsgrad

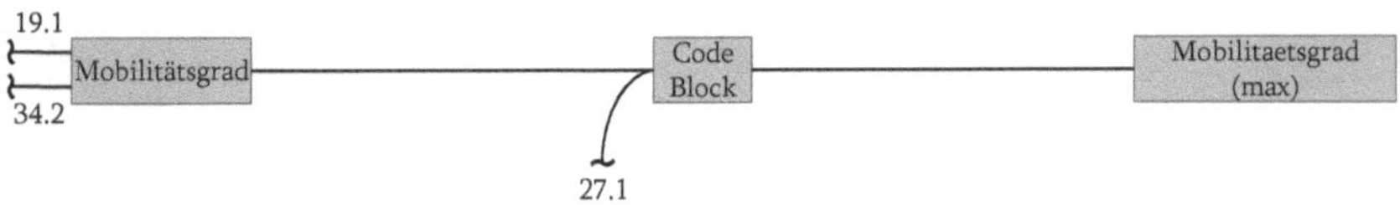


Auswertung - Kompatibilitätsaggregation

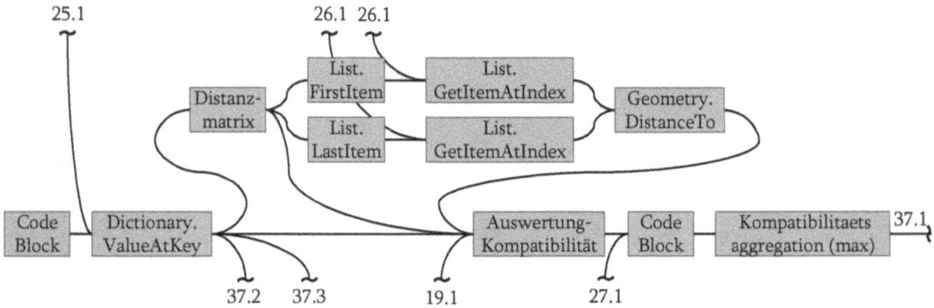

Auswertung - Erweiterbarkeit

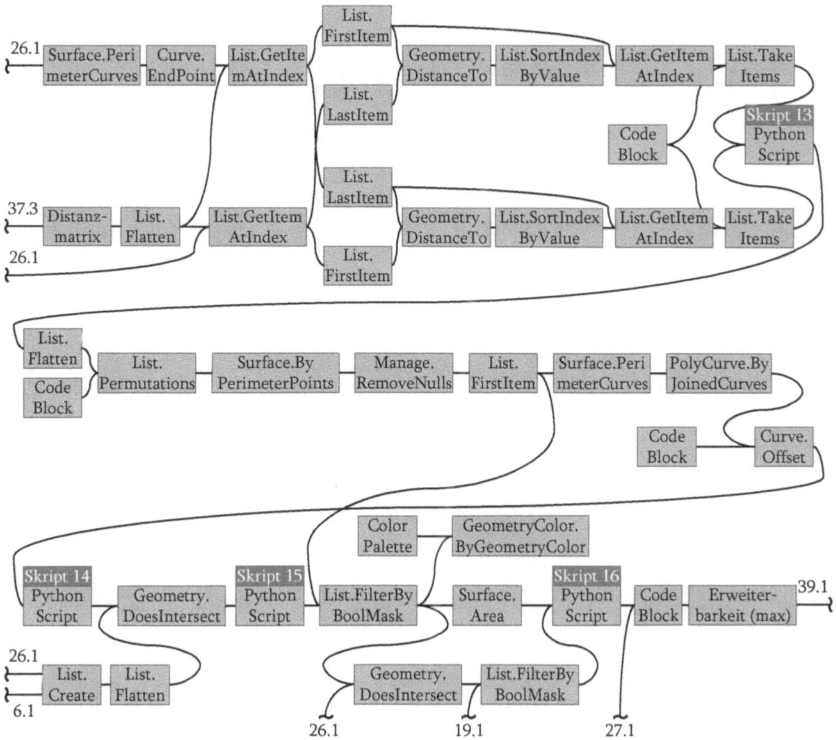

Auswertung – Bodentraglast

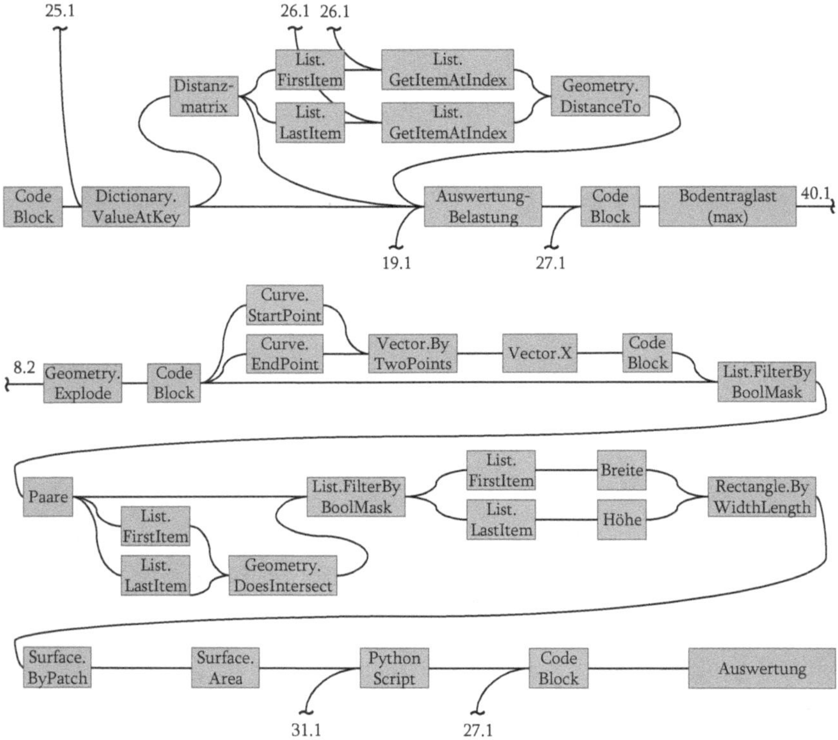

Erstellt Netzdiagramm

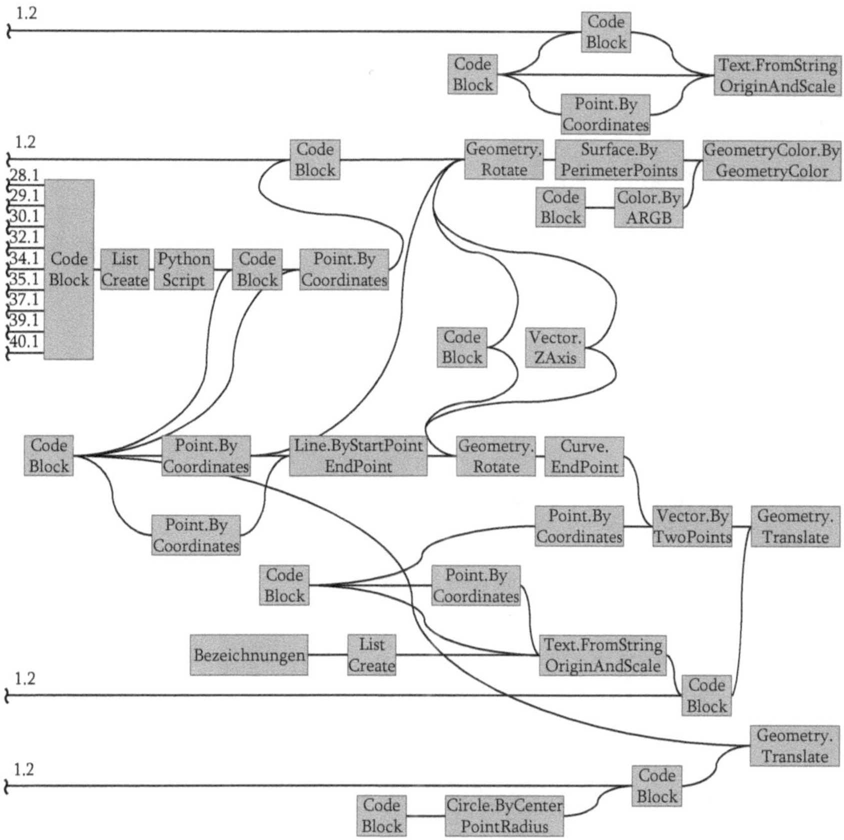

## iii. Pythonskripte

### Skript 1

```
Distance = IN[0]
VectorX = IN[1]
Doesintersect = IN[2]
VectorY= IN[3]
Rotation = IN[4]

RichtungX=[]
RichtungY=[]

puffer = 0.01
i = 0
for DI in Doesintersect:
    if DI:
        if Rotation[i] >= 90:
            if Distance[i][1] == 0 or Distance[i][2] == 0:
                if VectorY[i] >= 5:
                    RichtungY.append(-Distance[i][3] -
puffer)
                elif VectorY[i] < 5:
                    RichtungY.append(Distance[i][0] +
puffer)
            else:
                RichtungY.append(0)

            if Distance[i][0] == 0 or Distance[i][3] == 0:
                if VectorX[i] >= 5:
                    RichtungX.append(-Distance[i][2] -
puffer)
                elif VectorX[i] < 5:
                    RichtungX.append(Distance[i][1] +
puffer)
            else:
                RichtungX.append(0)
        else:
            if Distance[i][1] == 0 or Distance[i][2] == 0:
                if VectorX[i] >= 5:
```

```
                    RichtungX.append(-Distance[i][3] -
puffer)
                elif VectorX[i] < 5:
                    RichtungX.append(Distance[i][0] +
puffer)
            else:
                RichtungX.append(0)

            if Distance[i][0] == 0 or Distance[i][3] == 0:
                if VectorY[i] >= 5:
                    RichtungY.append(-Distance[i][1] -
puffer)
                elif VectorY[i] < 5:
                    RichtungY.append(Distance[i][2] +
puffer)
            else:
                RichtungY.append(0)
    else:
        RichtungX.append(0)
        RichtungY.append(0)

    i+=1

Richtungen=(RichtungX, RichtungY)
OUT=Richtungen
```

**Skript 2**

```
Distance = IN[0]
VectorX = IN[1]
Doesintersect = IN[2]
VectorY= IN[3]
Rotation = IN[4]

RichtungX =[]
RichtungY=[]

puffer=0.001
i=0
for d in Distance[0]:
    if Doesintersect[i]:
        if Rotation[i] ==0:
            if VectorX[i]<0:
                RichtungX.append(-d[3]-puffer)
```

```
                RichtungY.append(0)
            elif VectorY[i]>=0:
                RichtungX.append(d[0]+puffer)
                RichtungY.append(d[2]+puffer)
            else:
                RichtungX.append(d[0]+puffer)
                RichtungY.append(-d[1]-puffer)
        else:
            if VectorX[i] < 0:
                RichtungX.append(-d[2]-puffer)
                RichtungY.append(0)
            elif VectorY[i] >= 0:
                RichtungX.append(d[1]+puffer)
                RichtungY.append(d[0]+puffer)
            else:
                RichtungX.append(d[1]+puffer)
                RichtungY.append(-d[3]-puffer)

    else:
        RichtungX.append(0)
        RichtungY.append(0)
    i+=1

Richtungen=(RichtungX,RichtungY)

OUT=Richtungen
```

### Skript 3

```
objekte = IN[0]
anzahl = IN[1]

i = 0
matrix = []

while i < anzahl:
    k = i +1
    while k < anzahl:
        paar = objekte[i], objekte[k]
        matrix.append(paar)
        k += 1
```

```
    i += 1

OUT = matrix
```

**Skript 4**

```
punkte = IN[0]
anzahl = IN[1]

i = 0
matrix = []

while i < anzahl:
    k = i + 2
    while k < anzahl:
        paar = punkte[i], punkte[k]
        matrix.append(paar)
        k += 1

    i -= 1

OUT =matrix
```

**Skript 5 - Freie Fläche**

```
FlaecheRaum = IN[0]
FlaecheHindernisse = IN[1]
eFlaechen = IN[2]
zFlaechen = IN[3]

i=0
FlaecheEinheiten=0
for zF in zFlaechen:
    if zF >= eFlaechen[i]:
        FlaecheEinheiten += zF
    else:
        FlaecheEinheiten += eFlaechen[i]
    i += 1

fbelegt=0

for w in FlaecheHindernisse:
    fbelegt += w
```

```
FreieFlaeche = FlaecheRaum - fbelegt - FlaecheEinheiten
OUT = FreieFlaeche
```

**Skript 6**

```
punkte = IN[0]
anzahl = IN[1]

i = 0
matrix = []

while i < anzahl:
    k = i + 2
    while k < anzahl:
        paar = punkte[i], punkte[k]
        matrix.append(paar)
        k += 1

    i += 1

OUT = matrix
```

**Skript 7 - Auswertung Skalierbarkeit**

```
Ai = IN[0]
Afuture = IN[1]
Aact = IN[2]
Afree = IN[3]

Skalierbarkeit = 0
i = 0
for A in Ai:
    if Aact[i] <= Afuture[i]:
        Skalierbarkeit += (A + Afree) / Afuture[i]
    else:
        Skalierbarkeit += Afuture[i] / (A + Afree)
    i += 1

OUT = (round(Skalierbarkeit / i, 3))
```

**Skript 8 – Auswertung Modularität**

```
Flächen = IN[0]
ModulS = IN[1]
ModulM = IN[2]
```

```
ModulL = IN[3]

#Fläche Modul S
FS = 0.25
#Fläche Modul M
FM = 1
#Fläche Modul L
FL = 2.25

Ages = 0
for f in Flächen:
    Ages += f

Summe = 0
i = 0
for f in Flächen:
    Summe += ModulS[i] * FS + ModulM[i] * FM + ModulL[i] *
FL
    i += 1

OUT = Summe / Ages
```

**Skript 9 - Auswertung**

```
Distanzen = IN[0]
disMatrix = IN[1]
Flaechen = IN[2]
Attribute = IN[3]

attributGruppen = [[], [], []]
i = 0
# sortiert Einheiten in Gruppen abhängig nach Attributwert
for d in Attribute:
    attributGruppen[int(d - 1)].append(i)
    i += 1

# erstellt Gruppen der Distanzpaare, die einen Abstand ge-
ringer als 1 haben.
c = 0
level = 0
gruppenMatrix = [[], [], []]

for m in disMatrix:
    for i in m:
```

```
        if 0 <= Distanzen[c] < 1:
            gruppenMatrix[level].append(i)
        c += 1
    level += 1

# erstellt Dictionary, in dem jeder Einheit die Einheiten
zuweist, die einen Abstand kleiner 1 haben
d = {}
for lst in gruppenMatrix:
    for lst2 in lst:
        d.setdefault(lst2[0], []).extend(lst2)

# entfernt duplikate aus dictionary
for key in d:
    d[key] = list(set(d[key]))

# fügt den Einheiten im Dictionary die Einheiten hinzu, die
angrenzenden Einheiten angrenzend sind
for key in d:
    for key2 in d:
        if key != key2 and key in d[key2]:
            d.setdefault(key, []).extend(d[key2])

# entfernt Duplikate aus Dictionary
for key in d:
    d[key] = list(set(d[key]))

# tauscht im Dictionary die Einheiten Namen durch deren
Flächen aus und summiert diese
for key in d:
    zs = []
    for Einheit in d[key]:
        zs.append(Flaechen[Einheit])
    summe = 0
    for fl in zs:
        summe += fl
    d[key] = summe

# sucht die größte zusammenhängende Fläche jedes Mobili-
tätsgrades raus und fügt sie in die Liste flaechen ein
flaechen = []
for g in attributGruppen:
    groessteFlaeche = 0
```

```
    for i in g:
        if d[i] > groessteFlaeche:
            groessteFlaeche = d[i]
    flaechen.append(groessteFlaeche)

# summiert die größten zusammenhängenden Flächen
Aj = 0
for i in flaechen:
    Aj += i

# summiert alle Flächen
Ages = 0
for i in Flaechen:
    Ages += i

OUT = Aj/Ages
```

**Skript 10 - Monumente**

```
Attribute = IN[0]

fixpoints = []

for Einheit in enumerate(Attribute):
    if Einheit[1] == "ja":
        fixpoints.append(Einheit[0])

OUT = fixpoints
```

**Skript 11 - Mobilitätsgrad**

```
Flächen = IN[0]
Mobilitätswert = IN[1]

maxMobwert=0
for m in Mobilitätswert:
    if m > maxMobwert:
        maxMobwert = m

summeFlächen = 0
for f in Flächen:
    summeFlächen += f

Summe = 0
k = 0
```

```
for i in Flächen:
    Summe += i * Mobilitätswert[k]
    k += 1

OUT = Summe/(maxMobwert * summeFlächen)
```

**Skript 12 - Kompatibilitätsgrad**

```
Flächen = IN[0]
Medienwert = IN[1]

n = len(set(Medienwert))

# Bereinigt Medienwerte. Jeder Wert kommt hierdurch einmal
vor.
bMw = list(set(Medienwert))

# Summe der Flächen
Ages = 0
for f in Flächen:
    Ages += f

summe = 0

for p in bMw:
    Pp = 0
    Ap = 0
    z = 0
    for m in Medienwert:
        if m == p:
            Pp += 1
            Ap += Flächen[int(z)]
        z += 1
    summe += Ap * Pp


OUT = summe/(Ages * n)
```

**Skript 13**

```
p1 = IN[0]
p2 = IN[1]

points = []
i = 0
```

```
for p in p1:
    points.append([p,p2[i]])
    i += 1

OUT = points
```

**Skript 14**

```
Kurven = IN[0]
Gruppen = []
for k in Kurven:
    Gruppen.append([k])
OUT = Gruppen
```

**Skript 15**

```
bolList = IN[0]

ListN = []
for b in bolList:
    w = False
    for i in b:
        if i:
            w = True
    ListN.append(w)
OUT = ListN
```

**Skript 16 – Auswertung Erweiterbarkeit**

```
#Flächen Verbundener Einheiten
FE = IN[0]
# Flächen Verbindungselemente
FV = IN[1]

summe = 0
i=0
for Av in FV:
    Ap = 0 # Fläche beider verbundener Einheiten zusammen
    for e in FE[i]:
        Ap += e

    summe +=  (Av + Ap) / Av
    i += 1

OUT = summe
```

**Skript 17 - Distanzmatrix**

```
Attribute = IN[0]

attributGruppen = [[], [], []]
disMatrix = [[], [], []]
i = 0

# sortiert Einheiten in Gruppen abhängig nach Attributwert
for d in Attribute:
    attributGruppen[int(d - 1)].append(i)
    i += 1

# erstellt Distanzmartix
m = 0
for i in attributGruppen:
    j = 0
    while j < len(i):
        k = j
        while k < len(i):
            DZ = [i[j], i[k]]
            disMatrix[m].append(DZ)
            k += 1
        j += 1
    m += 1

OUT = disMatrix
```

**Skript 18 – Auswertung Raumhöhe**

```
Flächen = IN[0]
Höhen = IN[1]
hmax = IN[2]


Summe = 0
i = 0
for h in Höhen:
    if h >= hmax:
        Summe += Flächen[i]
    i += 1

Ages = 0
for f in Flächen:
```

```
    Ages += f

OUT = Summe / Ages
```

**Skript 19**

```
SeitenX = IN[0]
SeitenY = IN[1]

Matrix = []

z = 0
for x in SeitenX:
    for y in SeitenY:
        Matrix.append([x,y])

OUT = Matrix
```

**Skript 20**

```
#Fläche Raum
FR = IN[0]
# Quader des Raums
FL = IN[1]

max = 0
for f in FL:
    if f < FR and f > max:
        max = f
```

**Skript 21**

```
Werte = IN[0]

outputs = []
for i in Werte:
    if 0<i<=1:
        outputs.append(i*2.5)
    elif i<=0:
        outputs.append(0.01)
    elif i>1:
        outputs.append(2.5)

OUT = outputs
```

```
OUT = max / FR
```

In der Reihe **Ergebnisse aus der Produktionstechnik** zuletzt erschienen:

Hahn, Viviane:
**Bewertung der Wandlungsfähigkeit in der automatisierten Fabrikplanung**
ISBN: 978-3-98555-102-6
Erscheinungsdatum: 10.10.2022

Schäkel, Martin:
**Adaptiver laserunterstützter Tapewickelprozess für die Herstellung von Druckbehältern aus endlosfaserverstärkten Thermoplasten**
ISBN: 978-3-98555-107-1
Erscheinungsdatum: 12.08.2022

Henkel, Jérôme
**Strategien zur Steigerung der Flächeneffizienz von Fabriken im urbanen Umfeld ISBN**
ISBN: 978-3-98555-098-2
Erscheinungsdatum: 27.07.2022

Eßer, Bastian:
**Analyse des Betriebsverhaltens von Kugelgewindetrieben unter statischen axialen Betriebslasten**
ISBN: 978-3-98555-065-4
Erscheinungsdatum: 11.07.2022

Schulz, Martin:
**Optimierung des Temperaturfeldes beim Laserstrahlhärten**
ISBN: 978-3-98555-078-4
Erscheinungsdatum: 23.06.2022

Ebade Esfahani, Matthias:
**Ontologie der Fabrikplanung mit Hilfe von Building Information Modeling (BIM)**
ISBN: 978-3-98555-084-5
Erscheinungsdatum: 07.06.2022

Solf, Mareike:
**Modellierung der Schleifkraft beim Kegelradschleifen**
ISBN: 978-3-98555-106-4
Erscheinungsdatum: 12.08.2022

Elser, Hannes:
**Fähigkeit von Bluetooth Low Energy zur signalstärkebasierten Rückverfolgung von Bauteilen in der Einzel- und Kleinserienfertigung**
ISBN: 978-3-98555-099-9
Erscheinungsdatum: 12.08.2022

Busch, Max:
**Intelligente Produktionsplanungsprozesse im Werkzeugbau**
ISBN: 978-3-98555-095-1
Erscheinungsdatum: 14.07.2022

Fölling, Carsten:
**Komplexitätsbeherrschung durch hybride Montageplanung**
ISBN: 978-3-98555-090-6
Erscheinungsdatum: 30.06.2022

Ays, Johanna:
**Kontextbasierte Integration agiler und plangetriebener Entwicklungsprozesse**
ISBN: 978-3-98555-087-6
Erscheinungsdatum: 23.06.2022

Maslo, Semir:
**Simulation of the Dynamic Vibration Behaviour and Spindle Speed Optimization During the Milling Process of Turbomachinery Components**
ISBN: 978-3-98555-082-1
Erscheinungsdatum: 25.05.2022

Edition Wissenschaft
Apprimus

Schmitz, Seth:
**Datenbasierte Beschreibung der Prozessperformance in der Auftragsabwicklung**
ISBN: 978-3-98555-079-1
Erscheinungsdatum: 19.05.2022

Scholz, Paul:
**Applikation maschinell lernender Systeme in der vernetzten adaptiven Produktion**
ISBN 978-3-98555-069-2
Erscheinungsdatum: 28.04.2022

Ochs, Jelena Katherina:
**Model-Based Process Prediction for Predictive-Reactive Scheduling in Automated Stem Cell Production**
ISBN 978-3-98555-059-3
Erscheinungsdatum: 22.04.2022

Fränken, Bastian:
**Standortrollen in Produktionsnetzwerken**
ISBN 978-3-98555-052-4
Erscheinungsdatum: 13.04.2022

Schäfer, Alexander:
**Werkzeugseitiger Einsatz von NiTi-FGL zur Verbesserung der dynamischen Prozessstabilität bei der Fräsbearbeitung**
ISBN 978-3-98555-060-9
Erscheinungsdatum: 11.04.2022

Goertz, David:
**Gestaltungsmodell für eine vernetzte adaptive Montage im Werkzeugbau**
ISBN 978-3-98555-072-2
Erscheinungsdatum: 05.05.2022

Wollbrink, Moritz:
**Methodik zur Integration pulverbettbasierter additiver Fertigungstechnologien in Fertigungsprozessketten**
ISBN 978-3-98555-070-8
Erscheinungsdatum: 22.04.2022

Menges, Alexander:
**Bewertung von Produktvarianten mittels Process Data Mining**
ISBN 978-3-98555-066-1
Erscheinungsdatum: 13.04.2022

Krauß, Jonathan:
**Optimizing Hyperparameters for Machine Learning Algorithms in Production**
ISBN 978-3-98555-020-3
Erscheinungsdatum: 13.04.2022

Schwenzer, Max:
**Closing the Loop of Model Predictive Force Control in Milling with Ensemble Kalman Filtering**
ISBN 978-3-98555-057-9
Erscheinungsdatum: 11.04.2022

Edition Wissenschaft
Apprimus